NEUROHACKS

Friederike Fabritius
Hans Werner Hagemann

NEUROHACKS

Gehirngerecht und glücklicher arbeiten

Aus dem Englischen
von Stephan Gebauer

Campus Verlag
Frankfurt/New York

Die englische Originalausgabe erschien 2017 bei TarcherPerigee unter dem Titel *The Leading Brain. Powerful Science-Based Strategies for Achieving Peak Performance.*

This edition published by arrangement with TarcherPerigee, an imprint of Penguin Publishing Group, a division of Penguin Random House LLC.

MIX
Papier | Fördert gute Waldnutzung
FSC® C089473

ISBN 978-3-593-51486-4 Print
ISBN 978-3-593-44860-2 E-Book (PDF)
ISBN 978-3-593-44859-6 E-Book (EPUB)

Umschlaggestaltung: *zeichenpool, München
Umschlagmotiv: © shutterstock, GarryKillian
Satz: Publikations Atelier, Dreieich
Gesetzt aus der Minion und der Myriad
Druck und Bindung: Beltz Grafische Betriebe GmbH, Bad Langensalza
Beltz Grafische Betriebe GmbH sind ein Unternehmen mit finanziellem Klimabeitrag (ID 15985-2104-1001).
Printed in Germany
Werderstr. 10, 69469 Weinheim, info@campus.de
www.campus.de

Friederike:

Für meinen Mann Jochen und unsere Kinder Benita, Wolf, Heinrich, Sylvester und Nike.
Ihr füllt mein Leben mit Liebe und Freude.

Hans:

Für meine Frau Heinke und unsere Kinder Oskar, Anton und Tom.
Es ist wunderbar, mein Leben mit euch zu teilen.

Inhalt

Einleitung

Führung – Kunst oder Wissenschaft?

Die Führung wird seit langem als eine Kunst betrachtet, eine verschwommene Philosophie, in der es weniger um Fakten, sondern eher um rasch wechselnde Moden geht. Das erklärt den endlosen Strom von »revolutionären« Managementbüchern, die fast so schnell kommen und gehen wie die neueste Mode aus Paris. Und es erklärt, warum der Managementguru, der gestern noch in aller Munde war, heute eine vergessene Fußnote ist.

Aber wirksame Führung ist keine Kunst. Sie ist eine Wissenschaft. Sie sollte sich nicht an Modeworten oder Slogans orientieren. Stattdessen sollte sie auf dem soliden Fundament unserer Kenntnis des menschlichen Gehirns beruhen. Unser Handeln, unsere Reaktionen und unsere Interaktionen sind allesamt Produkte von kognitiven und emotionalen Prozessen. Was uns als Individuen und Gruppen motiviert und langweilt, wie wir auf Bedrohungen und Belohnungen reagieren, hängt von den Abläufen in komplexen neuronalen Netzen ab.

Noch vor kurzer Zeit war das Gehirn eine Art von Blackbox für uns. Vieles von dem, was darin vorgeht, war ein Geheimnis. Aber dank bahnbrechender Entwicklungen in der Neurowissenschaft, darunter die funktionelle Magnetresonanztomographie (fMRT), sind wir bei der Beschreibung der Arbeitsweise des Gehirns nicht mehr auf bloße Spekulation angewiesen. Wir können es tatsächlich in Aktion beobachten. Das, was uns die wissenschaftliche Forschung gelehrt hat, kann die Art und Weise, wie wir Menschen führen und erfolgreich arbeiten, vollkommen verändern.

Plötzlich jagt eine Neuigkeit aus der Neurowissenschaft die andere. Was in den Forschungslabors seit Jahren bekannt ist und diskutiert wird, findet endlich seinen Weg in Bestseller-Bücher. Anscheinend möchte fast jeder mehr darüber wissen, wie unser Gehirn funktioniert, und dieses Wissen nutzen, um unser privates und berufliches Leben zu verbessern.

Das war nicht immer so. Noch vor wenigen Jahren, als einer von uns Autoren in einer großen Beratungsfirma arbeitete, zeigte niemand in dieser Firma Interesse an der Neurowissenschaft. Und auf der anderen Seite war die Begeisterung genauso gering: Als wir mehrere führende Gehirnforscher fragten, ob sie Möglichkeiten sähen, ihre Erkenntnisse in Unternehmen praktisch anzuwenden, waren die meisten von ihnen entweder unwillig oder außerstande, Verbindungen herzustellen.

So kam es, dass wir, als wir diese faszinierenden Entdeckungen in Managementseminaren und Coaching-Sitzungen zu nutzen begannen, zu einer winzigen Gruppe von nur einer Handvoll Beratern zählten, die diesen bedeutsamen Zusammenhang herstellten. Aber nachdem wir unseren gehirnbasierten Ansatz Unternehmen in aller Welt präsentiert hatten, erhielten wir von hochrangigen Führungskräften fast durchweg begeistertes Feedback.

Wenn man bedenkt, mit welcher Art von Klienten wir es zu tun hatten, war das gleichermaßen überraschend wie befriedigend. Menschen im Spitzenmanagement können ein ziemlich herausforderndes Publikum sein. Viele von ihnen sind skeptisch gegenüber Coaching und Führungskräfteentwicklung, was oft nachvollziehbar ist. Diese Disziplinen scheinen ihnen zu »weich« zu sein. Unser auf wissenschaftlichen Erkenntnissen beruhender Zugang schloss tatsächlich eine Lücke. Es war erstaunlich und auch sehr befriedigend zu sehen, wie sich Personen und Organisationen wandelten, seit wir begonnen hatten, die Ergebnisse der Hirnforschung auf ihre Tätigkeit anzuwenden und eine Verbindung herzustellen, die im Rückblick wie eine natürliche Brücke zwischen Neurowissenschaft und Unternehmenstätigkeit wirkt. Viele Klienten lobten den praktischen Nutzen unserer Seminare, und einige erklärten sogar, die neuen Methoden hätten ihr Leben verändert.

Am Ende unserer Seminare wurden wir ein ums andere Mal gefragt, ob wir ein auf die Unternehmenswelt anwendbares Buch empfehlen könnten, in dem die im Seminar behandelten neurowissenschaftlichen

Erkenntnisse genauer erläutert würden. Aber zu jener Zeit gab es kein solches Buch. Jetzt gibt es eines.

In den neun Kapiteln von *Neurohacks* nehmen wir Sie auf eine Reise mit, auf der wir Ihnen zunächst zeigen werden, wie man die Erkenntnisse der Neurowissenschaft nutzen kann, um individuelle Höchstleistungen zu erbringen. Sodann werden wir erklären, wie Sie diese Erkenntnisse auch einsetzen können, um besonders leistungsfähige Teams aufzubauen.

In Teil 1 – »Potenziale voll ausschöpfen« – erklären wir, wie man sein optimales Leistungsniveau nicht nur erreichen, sondern auch halten kann. In Kapitel 1 (»Persönliche Bestleistung erreichen«) beschreiben wir die Bestandteile des neurochemischen Cocktails, der Höchstleistungen möglich macht, und erklären anschließend, warum dieses Rezept oft von einem Menschen zum anderen variiert. In Kapitel 2 (»Die Emotionen regulieren«) beschäftigen wir uns mit dem Zusammenhang zwischen Emotionen und Höchstleistung. In Kapitel 3 (»Gezielt aufmerksam sein«) geben wir eine auf der Gehirnforschung beruhende Antwort auf eine drängende Frage: Wie kann man in einer Welt des Informationsüberflusses die Konzentration dauerhaft aufrechterhalten?

In Teil 2 – »Das Gehirn verändern« – untersuchen wir den Mythos, die Prozesse in unserem Gehirn seien ab einem bestimmten Alter unveränderlich. In Kapitel 4 (»Gewohnheiten managen«) werden wir sehen, dass man sie sehr wohl verändern kann. Wenn man versteht, wie Gewohnheiten funktionieren, kann man sie kontrollieren und sich gute Gewohnheiten angewöhnen und schlechte abgewöhnen. In Kapitel 5 (»Das Unbewusstsein von der Leine lassen«) gehen wir noch einen vielversprechenden Schritt weiter und zeigen, wie wir die beeindruckende Stärke und Effizienz jenes Teils des Gehirns nutzen können, dessen wir uns per definitionem nicht bewusst sind. In Kapitel 6 (»Das Lernen fördern«) stellen wir das faszinierende Konzept der Neuroplastizität vor und zeigen, wie man das eigene Gehirn sein Leben lang neu verdrahten und seine Fähigkeiten verbessern kann.

In Teil 3 – »Dream-Teams aufbauen« – kombinieren wir die in den vorhergehenden Kapiteln beschriebenen Erkenntnisse über das Gehirn miteinander und wenden sie auf einen Gruppenkontext an. In Kapitel 7 (»Erfolg durch Diversität«) wird das Konzept der Diversität neu definiert; wir untersuchen die chemischen Prozesse im Gehirn, die für die

Unterschiede zwischen Menschen verantwortlich sind, und beschreiben, wie man die beste Kombination von Mitarbeitern zusammenstellen kann. Kapitel 8 (»Vertrauen schaffen«) ist einem besonders wichtigen, aber zu wenig beachteten Merkmal effektiver Teams gewidmet und enthält eine Beschreibung der Faktoren, die Menschen in einem Team zusammenschweißen oder einander entfremden können. In Kapitel 9 (»Das Team der Zukunft entwickeln«) erklären wir Ihnen, wie man den Zusammenhalt eines Teams stärken kann. Wir untersuchen, wie man gestützt auf wissenschaftliche Erkenntnisse talentierte Menschen finden und schulen kann, und beschreiben die Faktoren, die es Teams ermöglichen, ein bemerkenswertes Maß an Energie, Produktivität und Zufriedenheit zu erreichen.

Die Forschungsarbeit für dieses Buch und die Arbeit am Text sowie die vielen Stunden, die wir mit hochrangigen Führungskräften in aller Welt gearbeitet haben, haben uns in der Überzeugung bestärkt, dass die Wissenschaft von der Funktionsweise des Gehirns gewaltige Auswirkungen auf die Unternehmenstätigkeit haben kann. Wir sind sicher, dass die Erkenntnisse der Neurowissenschaft die Art und Weise verändern werden, wie wir in Unternehmen führen, kommunizieren und interagieren. Die in diesem Buch beschriebenen Erkenntnisse sind nicht nur wissenschaftlich fundiert, sondern wurden auch in bemerkenswert vielfältigen Unternehmensumgebungen erfolgreich angewandt, wo sie für mehr Zufriedenheit und bessere Leistungen gesorgt haben. Wir stehen am Anfang einer neuen Ära der Unternehmensführung, in der wir unseren Umgang miteinander grundlegend ändern und die Kommunikation in den Unternehmen auf ein neues Niveau heben werden.

Noch eine Anmerkung zur vorliegenden deutschen Ausgabe in eigener Sache: Mittlerweile arbeiten wir nicht mehr zusammen. Friederike Fabritius arbeitet selbständig als Keynote-Speaker für das Topmanagement internationaler Firmen. Dr. Hans W. Hagemann ist als Managing Partner der Munich Leadership Group Ansprechpartner von Vorständen und Unternehmensführern für kulturelle Transformationsprozesse und innovative Führungskräfteentwicklung.

Friederike Fabritius und Dr. Hans W. Hagemann, August 2021

TEIL 1

Potenziale voll ausschöpfen

KAPITEL 1 – Persönliche Bestleistung erreichen
KAPITEL 2 – Die Emotionen regulieren
KAPITEL 3 – Gezielt aufmerksam sein

Kapitel 1
Persönliche Bestleistung erreichen

Die richtige Mischung von Neurochemikalien im Gehirn, wenn man sie braucht

Kurz vor Sonnenaufgang an einem Maimorgen stieg Leroy Gordon Cooper Jr., der einen neuen Anzug trug und einen Metallkasten von der Größe eines großen Aktenkoffers bei sich hatte, in den Aufzug und fuhr zehn Stockwerke hinauf.[1] Als sich die Aufzugtür öffnete, nahmen ihn mehrere Betreuer in weißen Kitteln in Empfang, die ihn zu einem gepolsterten Sessel führten und darauf festgurteten. Er saß jetzt in einem extrem beengten Raum, vergleichbar einer Flugzeugtoilette. Aber Cooper, den seine Freunde »Gordo« nannten, befand sich nicht in einem Flugzeug. Er war in einer kegelförmigen Raumkapsel aus Aluminium eingeschlossen, die über Tanks mit 90 Tonnen leicht entflammbarem, flüssigem Sauerstoff angebracht war und wenige Augenblicke später zu einer Reise von fast 900 000 Kilometern aufbrechen würde.[2]

Es war der 15. Mai 1963, und der Astronaut Gordo Cooper schickte sich an, als sechster US-Amerikaner in den Weltraum aufzubrechen. Es würde keine Vergnügungsreise werden. Bei mehreren vorangegangenen Flügen hatte es Probleme gegeben. Gravierende Probleme. Vor etwas mehr als einem Jahr war Coopers Kollege John Glenn beinahe in der Erdatmosphäre verbrannt, weil sich der Hitzeschild seiner Raumkapsel gelöst hatte.[3] Obwohl die Astronauten allesamt erfahrene Piloten waren, die wegen ihrer psychischen Belastbarkeit ausgewählt worden waren, musste Coopers Mission sogar den härtesten Kampfpiloten unter erheblichen Stress setzen.

Mehrere Unterbrechungen des Countdowns für den Start wurden selbst für die erfahrenen Techniker im Kontrollzentrum eine schwer erträgliche Tortur. Während Cooper eine weitere Verzögerung erdulden musste, beobachteten die Ärzte seine telemetrisch erfassten biomedizinischen Werte. Was sie in ihren Datenblättern sahen, schockierte sie: So unglaublich es schien, der Astronaut machte tatsächlich ein Nickerchen![4]

Mehr als ein Jahrhundert vor Gordo Coopers Reise in den Weltraum wanderte im französischen Lille ein Mann mehrere Stunden nach Feierabend in einem langen Korridor vor einem einfachen Labor auf und ab. Er hinkte. Der bärtige Mann in dunkler Weste und Sakko war tief in Gedanken versunken und klimperte gelegentlich mit den Schlüsseln in seiner Tasche, um seinen Überlegungen einen Rhythmus zu geben.[5]

Der Name des Mannes war Louis Pasteur. Seine unerschütterliche Hingabe für Wissenschaft und Forschung sollte die Praktiken sowohl in der Medizin als auch in der Industrie revolutionieren. Er ging stets sehr bedacht vor und überließ nichts dem Zufall.[6] Um optimale Leistungen zu erzielen, brauchte Pasteur ungeheure Geduld und andauernde Konzentration. Er war ein umsichtiger, nachdenklicher Mann und wusste genau, was das Geheimnis seines Erfolgs war: »Meine Stärke«, sagte er, »liegt ausschließlich in meiner Hartnäckigkeit.«[7]

Auf der Suche nach der Leistungsgrenze

Niemand hätte den forschen, stets glattrasierten Gordo Cooper mit dem nachdenklichen, bärtigen Louis Pasteur verwechselt, und die beiden hätten nie die Berufe tauschen können. Aber beide waren Meister darin, ein Niveau der Vortrefflichkeit zu erreichen, das wir als Leistungsoptimum bezeichnen. Pasteurs Höchstleistungen ermöglichten bahnbrechende naturwissenschaftliche und medizinische Entdeckungen. Cooper erreichte seine Leistungsspitze nicht im Schlaf. Aber die Tatsache, dass er in der Lage war, während der Vorbereitung auf eine gefährliche Reise zu schlafen, zeigt deutlich, dass Menschen unter sehr unterschiedlichen Bedingungen ihre besten Leistungen bringen. Cooper hatte das Temperament eines Sprinters, Pasteur die Mentalität eines Marathonläufers.

Obwohl Cooper in seiner beengten Raumkapsel, die er auf den Namen *Faith 7* getauft hatte, friedlich schlief, bevor die *Atlas*-9-Rakete von der Abschussrampe abhob, standen ihm seine große Herausforderung und der entscheidende Moment der Höchstleistung noch bevor.

Das U, das uns motiviert

Jeder, der schon einmal einen Tennisschläger, einen Baseballschläger oder einen Golfschläger geschwungen hat, kennt den optimalen Punkt, jenen Punkt, an dem man den Ball so trifft, dass er genau die richtige Flugbahn nimmt. Wir sind alle bemüht, optimale Leistungen aus uns herauszuholen und in die Zone zu gelangen, in der wir besonders produktiv und effektiv sein werden. Und die meisten von uns wissen, wann sie sich in dieser Zone befinden. Aber *wie* gelangen wir dorthin? Was brauchen wir dafür? Ohne Kenntnis der Funktionsweise des Gehirns und ohne die Fähigkeit, dieses Wissen zu nutzen, vergeuden wir Chancen auf Bestleistungen und schöpfen unser Potenzial für große Erfolge nicht aus. Die gute Nachricht ist, dass wir die Fähigkeiten, die wir brauchen, um das Potenzial unseres Verstands in Beruf und Leben optimal zu nutzen, erlernen, trainieren und verbessern können.

Im Jahr 1908 fanden die Psychologen Robert Yerkes und John Dillingham Dodson heraus, dass man die Leistungen von Ratten, die einen Weg durch ein Labyrinth suchten, verbessern konnte, indem man den Tieren leichte Elektroschocks verabreichte. Wurde die Stärke der Stromstöße jedoch über ein bestimmtes Maß hinaus erhöht, so sank die Fähigkeit der Ratten, sich in dem Labyrinth zurechtzufinden, deutlich. Anstatt konzentriert und aufmerksam zu sein, gerieten die Nagetiere in Panik und versuchten ziellos zu fliehen. Yerkes und Dodson bezeichneten die Elektroschocks als *arousal* (Erregung/Aktivierung). Heute sprechen wir in diesem Zusammenhang sehr oft von »Stress«.

Die beiden Psychologen veranschaulichten die Beziehung zwischen Aktivierung und Leistung anhand eines bemerkenswert einfachen Diagramms, einer umgekehrten U-Kurve, die als Yerkes-Dodson-Kurve bekannt geworden ist (siehe Abb. 1). Die Bestleistung wird am höchsten Punkt der Kurve erreicht, an dem Punkt, an dem die Erregung ausreicht, um optimale Konzentration und Aufmerksamkeit zu ermöglichen. Ohne angemessene Erregung fühlen wir uns gelangweilt oder apathisch. Und wenn die Erregung zu stark ist? In diesen Fällen verwandelt sich unsere Konzentration in Stress – oder schlimmer noch: in Panik. In unserem Streben nach Höchstleistung ähneln wir ein wenig Goldlöckchen, das den Brei der drei Bären kostet: Wir suchen nach dem Niveau, das weder zu heiß noch zu kalt, sondern gerade richtig ist.

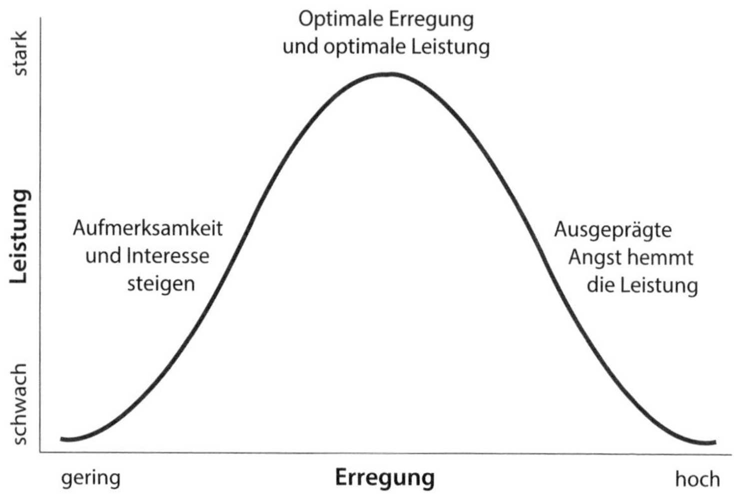

Abbildung 1: Leistungskurve
Quelle: Robert M. Yerkes und John D. Dodson

Obwohl es hilfreich ist, sich ein Bild von Höchstleistung zu machen, ist das offensichtlich nicht dasselbe wie tatsächlich das Leistungsoptimum zu erreichen. Wenn wir besser verstehen wollen, was erforderlich ist, um diesen Punkt zu finden und Höchstleistungen aus uns herauszuholen, müssen wir uns ansehen, was in unserem Gehirn vorgeht, wenn wir Spitzenleistungen vollbringen – und was dort geschieht, wenn wir nicht dazu imstande sind.

Die Anatomie der Aktivierung

Die Verdrahtung unseres Gehirns ist in Wahrheit natürlich keine Verdrahtung. Stattdessen springen Signale von einer Zelle zur anderen. Gemeinsam sind diese mikroskopischen Boten verantwortlich für unsere Aktionen, Reaktionen und Emotionen. Dazu zählt auch der Zustand, den Yerkes und Dodson als Erregung oder Aktivierung bezeichneten.

Neurotransmitter

In unserem Gehirn gibt es etwa eine Billion Nervenzellen, die jeweils eine Größe von etwa einem Hundertstelmillimeter haben.[8] Eine Nervenzelle, die als Neuron bezeichnet wird, sieht ein wenig wie ein Klecks auf der Küchenanrichte aus: Vom Fleck in der Mitte streben winzige Tentakel aus Nervenmasse weg. Form und Funktion verschiedener Neuronen unterscheiden sich geringfügig, aber die Gestalt des Kleckses ist im Grunde immer dieselbe. Obwohl sich Milliarden Neuronen im Gehirn drängen, gibt es keine physische Verbindung zwischen ihren Tentakeln. Es gibt mikroskopisch kleine Lücken zwischen ihnen, die als Synapsen bezeichnet werden. Um diese Lücken zu überbrücken, werden Botenstoffe eingesetzt, genannt Neurotransmitter. Wie winzige Mobiltelefone können die Neuronen Signale sowohl senden als auch empfangen.

Das Axon

Weitergeleitet werden die Signale vom Axon, und jedes Neuron hat nur ein solches Axon. Hingegen weist die Nervenzelle zahlreiche Dendriten auf, die, obwohl ihr Name an Mitglieder einer obskuren religiösen Sekte denken lässt, tatsächlich die Signalempfänger des Neurons sind. Die Tatsache, dass die Nervenzellen nicht physisch miteinander verbunden sind, ist ein Vorteil, denn das verleiht ihnen die bemerkenswerte Fähigkeit, vollkommen neue, als neuronale Pfade bezeichnete Schaltkreise zu bilden, ohne dass dafür ein Lötkolben benötigt würde oder ein Elektriker gerufen werden müsste. Und so wie ein Trampelpfad, der entsteht, wenn Leute, um den Weg abzukürzen, regelmäßig am Ende eines Häuserblocks vom Gehsteig abbiegen und über den Rasen eines Nachbarn laufen, werden diese neuronalen Pfade umso leichter passierbar, je öfter sie genutzt werden (obwohl sie kein Gras zerstören).

Diese Eigenschaft der Nervenzellen ist nicht auf die Leistung beschränkt. Sie erklärt auch, wie wir lernen und wie uns gute und schlechte Gewohnheiten schließlich zur zweiten Natur werden, ohne dass wir darüber nachdenken: Der Pfad wird im Lauf der Zeit ausgetreten, sodass die Neurotransmitter den Weg fast mit geschlossenen Augen zurücklegen können. Oder wie es bei den Kognitionsforschern heißt: Neuronen, die zusammen feuern, werden sich zusammenschließen (»Neurons that fire together wire together«). Diese Verbindung ist nicht permanent, so wie ein Pfad nicht permanent ist. Aber wenn er regelmäßig genutzt wird, wird er so gut passierbar wie eine asphaltierte Straße. Hören wir umgekehrt auf, diesen Pfad zu benutzen, so wächst nach einer Weile wieder Gras darüber. Das erklärt teilweise, warum wir uns unsere Telefonnummer relativ leicht merken können, während wir das vor vielen Jahren in der Schule gelernte Französisch vergessen haben.

Mittlerweile sind mehr als hundert Neurotransmitter identifiziert worden, aber für Höchstleistungen sind hauptsächlich drei wirklich wichtig: *D*opamin, *N*oradrenalin und *A*cetylcholin. Wir bezeichnen sie als »DNA der Höchstleistung«. Gemeinsam mit anderen Neurochemikalien wir Endorphinen, Serotonin, Oxytocin und Anandamid sorgen sie dafür, dass wir nicht nur Höchstleistung erreichen, sondern uns auch großartig dabei fühlen.

Dopamin

Ein Journalist hat Dopamin einmal als »Kim Kardashian der Neurotransmitter« bezeichnet, weil es die Wissenschaftsseiten der Zeitungen mit Geschichten über Genuss, Sucht und Belohnung füllt.[9] Dopamin hat das Interesse und die Fantasie der Öffentlichkeit geweckt, was vermutlich damit zu tun hat, dass es mit Spannung, Neuheit und Risiko zu tun hat.

Dopamin hat Einfluss auf unsere Fähigkeit, die im Gedächtnis gespeicherte Information zu aktualisieren, und wirkt sich auf unsere Fähigkeit aus, uns auf eine Aufgabe zu konzentrieren.[10] Es erzeugt ähnlich wie eine Droge ein Belohnungsempfinden, das in uns den Wunsch nach mehr weckt. Und wie bei vielen Drogen verfliegt das Hochgefühl wieder, und beim nächsten Mal brauchen wir eine höhere Dosis, um dieselbe Wirkung zu erzielen. Deshalb kann man Dopamin auch als Neuheitsneurotransmitter bezeichnen. Seine Wirkung ist am stärksten, wenn der Reiz neu ist. Das erklärt teilweise, warum wir zu Beginn eines neuen Projekts Begeisterung verspüren, die normalerweise jedoch abnimmt, nachdem wir eine Weile an diesem Projekt gearbeitet haben.

Dopamin erfüllt eine Reihe von Funktionen im Körper. Unter anderem trägt es zur motorischen Steuerung bei. Aber wenn es um das Gehirn und Höchstleistungen geht, ist es die Spaßchemikalie. Um wirklich Leistungen auf höchstem Niveau bringen zu können, sollte man Spaß haben. Die Erfahrung sollte als lohnend empfunden werden. Wenn wir keine Freude daran haben, können wir durchaus überdurchschnittliche Leistungen bringen, aber das Optimum holen wir wahrscheinlich nicht aus uns heraus.

Wieso all die Aufregung? Noradrenalin!

Fast jeder kennt das Noradrenalin (auch als Norepinephrin bekannt) – oder glaubt zumindest, es zu kennen. Es ist verantwortlich für die Aufregung, in die wir geraten, wenn wir zum Bungee-Jumping gehen oder plötzlich vom »freundlichen« Hund eines Nachbarn angesprungen werden. Die Hauptaufgabe von Noradrenalin ist es, unser Überleben zu sichern. Die Evolution hat es entwickelt, um uns dabei zu helfen, rasch auf tatsächliche oder vermeintliche Bedrohungen zu reagieren. Zu diesem Zweck reguliert es unsere Aufmerksamkeit und Wachsamkeit. Studien haben gezeigt, dass ein erhöhter Noradrenalinausstoß die Fähigkeit erhöht, in visuellen Tests Fehler zu erkennen. Noradrenalin sorgt dafür, dass wir hellwach, aufmerksam und der Aufgabe gewachsen sind.

Der Noradrenalinspiegel ist optimal, wenn wir uns ein klein wenig überfordert fühlen. Dies löst folgende Reaktion aus: »Das ist schwierig, aber ich glaube, ich kann es schaffen.« Dieser Botenstoff wird auch freigesetzt, wenn wir uns antreiben, eine schwierige Aufgabe besser, schneller oder mit geringeren Ressourcen zu bewältigen.

Vom Rampenlicht zum Laser: Acetylcholin

Der dritte Baustein der Hochleistungs-DNA ist Acetylcholin, das bei einer Bevölkerungsgruppe, bei der man es nicht erwarten würde, im Überfluss vorhanden ist. Es gibt eine ganz spezielle Gruppe von Menschen, von denen wir wahrscheinlich eine Menge über Höchstleistungen lernen können. Wenn wir uns in unserer Umgebung umsehen, werden wir feststellen, dass sie fast überall zu finden sind. Sind es engagierte Forscher aus der Chemie? Spitzensportler? Risikofreudige Unternehmensgründer? Schachgroßmeister? Preisgekrönte Verkäufer? Politiker? Weit gefehlt. Aber vielleicht lebt einer von diesen Menschen in Ihrem Haus. Und nein, es ist nicht Ihre Schwiegermutter. Es ist auch nicht der missmutige Jugendliche, der schon über zwanzig ist, aber immer noch zu Hause wohnt und sein Elternhaus irrtümlich für eine Kombination von kostenlosem Büffet und Selbstbedienungswäscherei hält. Nein, es ist ein sehr kleines Kind. Ja, das ist richtig: ein Baby!

Wenn Sie schon einmal Zeit mit einem Baby verbracht haben, dann werden Sie wahrscheinlich bestätigen, dass sie zu den aufmerksamsten kleinen Leuten und zu den besten Beobachtern auf dem Planeten zählen. Es stimmt, sie geben übelriechende Dinge von sich, aber sie sind auch hochtourige, windeltragende kognitive Staubsauger mit Turbolader, die unentwegt Anblicke, Klänge, Geschmäcker und Gerüche aufsaugen. Denselben Mechanismus, den wir hin und wieder nutzen, um Höchstleistungen zu vollbringen, setzt ein Baby in den ersten Lebensjahren praktisch unentwegt ein. Und die Chemikalie, die diese außerordentliche Leistung ermöglicht, ist das Acetylcholin.

Acetylcholin wird in einem Teil des Gehirns produziert, der als Nucleus basalis bezeichnet wird. Babys setzen automatisch Acetylcholin frei. Die Neurowissenschaftler sprechen von der »kritischen Phase der Neuroplastizität«: In dieser Zeit sind nagelneue Gehirne extrem empfänglich für neue Informationen und legen unablässig neuronale Pfade an. In der Phase der kritischen Plastizität ist »die Lernmaschinerie ständig in Betrieb«, wie der Neurowissenschaftler Michael Merzenich erklärt.[11] Als Erwachsene können wir davon nur träumen: Der automatische Mechanismus für außergewöhnliche Konzentration wird bereits in einem relativ frühen Alter abgeschaltet; von da an muss die Freisetzung von Acetylcholin manuell in Gang gesetzt werden.

Wie legen wir als Erwachsene den Schalter um, um Acetylcholin freizusetzen? Wenn die Phase der kritischen Plastizität beendet ist, gibt es nur noch einige wenige Methoden, um das zu bewerkstelligen: indem wir uns bewusst um Aufmerksamkeit bemühen, indem wir uns körperlich anstrengen oder indem wir uns etwas Wichtigem, Überraschendem oder Neuem aussetzen – also indem unser Gehirn Dopamin freisetzt.

Wir können uns die DNA der Höchstleistung auch als ein besonders gelungenes Foto vorstellen: Noradrenalin bewegt uns dazu, die Kamera in die richtige Richtung zu halten, Dopamin hilft uns, einen visuell ansprechenden, gefälligen Bildausschnitt zu wählen, und Acetylcholin versetzt uns in die Lage, die Brennweite des Objektivs zu verändern, bis wir ein gestochen scharfes Bild haben. Wenn wir eines oder zwei dieser Elemente optimieren, erhalten wir einen Schnappschuss. Wenn wir auch das dritte hinzufügen, haben wir ein Kunstwerk.

Es gibt keine Einheitsgröße, die allen passt

Die Leistungskurve, die ein einfaches umgekehrtes U darstellt, liefert eine klare und präzise Erklärung dafür, wie Leistung funktioniert. Aber wie Ihnen vielleicht schon aufgefallen ist, enthält das Diagramm keinerlei Einheiten. Wie misst man die Erregung? In Zentimetern? In Erg? In Scoville-Einheiten?* Anders ausgedrückt: Wie stark muss die Erregung

* Anhand der Scoville-Skala wird die Schärfe von Chilischoten gemessen. Während eine erfrischende Jalapeño-Schote eine Schärfe von 3 500–10 000 Scoville-Einheiten hat, kann Habanero-Chili zwischen 10- und 100-mal schärfer sein und 100 000 bis 350 000 Scoville-Einheiten aufweisen.

genau sein, damit Höchstleistungen möglich werden? Die kurze Antwort ist, dass wir es nicht wirklich sagen können. Die lange Antwort lautet, dass dieser Wert von Person zu Person und von Situation zu Situation erheblich schwanken kann. Es gibt keinen universellen Maßstab für die optimale Erregung. Was das anbelangt, hat die Erregung Ähnlichkeit mit scharfen Speisen.

Es gibt keinen universellen Maßstab für die optimale Erregung.

Scharf, aber nicht so scharf wie ihres

Versetzen Sie sich für einen Augenblick in die Rolle eines Kellners in einem thailändischen Restaurant in Kalifornien. Ein gut gekleidetes Paar schlendert herein und lässt sich in einer Nische unter den gerahmten Fotos des Königspaars nieder. Als Sie an den Tisch treten, um die Bestellungen der beiden aufzunehmen, wählt sie »Thai-Basilikum mit Schweinefleisch, sehr scharf«. Er möchte dasselbe, aber mit Huhn, und er fügt beiläufig hinzu: »Aber bitte nicht so scharf wie ihres.« Was werden Sie dem Koch sagen? Sie ahnen, dass die Gäste, wenn er die Speisen gemessen an den Maßstäben seines Heimatdorfs unweit von Bangkok »sehr scharf« zubereitet, zu zweit eine Dürre in Kalifornien heraufbeschwören werden, weil sie nicht mehr aufhören werden, Wasser zu bestellen. Vielleicht werden sie sogar das Restaurant verklagen.

Die Definition der Schärfe in einem thailändischen Restaurant hat ein wenig Ähnlichkeit mit der Definition der Erregung in einem Yerkes-Dodson-Diagramm. Die Maßstäbe einer Person dafür, was eine Erregung darstellt, können von denen einer anderen Person abweichen. Einige von uns sind »rechtsseitige Höchstleister« wie Gordo Cooper, andere »linksseitige Höchstleister« wie Louis Pasteur. Wieder andere sind irgendwo zwischen diesen Polen angesiedelt. Zum Glück gab es in unseren damaligen Seminaren eine Art von Schärfetest, den wir mit unseren Teilnehmern durchführten, um ihr optimales Erregungsniveau zu bestimmen.

Auf den letzten Drücker

Stellen Sie sich vor, Sie geraten in folgende Notlage: Sie und Ihre Kollegen nehmen an einem unserer Hochleistungsseminare teil. Bisher haben Sie viel Spaß gehabt. Sie finden, dass die Sitzungen interessant, informativ, unterhaltsam und nützlich sind. Aber kurz nachdem wir die Teilnehmer auf Gruppen verteilt haben, eröffnen wir Ihnen, dass Ihr Chef einen Überraschungsbesuch angekündigt hat. Jede Gruppe hat nur etwas mehr als eine Stunde Zeit, um eine Präsentation vorzubereiten, die am Abend in seiner Gegenwart stattfinden soll.

Wie würden Sie sich in dieser Situation fühlen? Nun, als wir unsere Seminarteilnehmer mit dieser Neuigkeit überraschten, waren einige Gruppen entsetzt von der Aussicht, während andere die Ankündigung als Ansporn betrachteten und sich auf den Abend zu freuen schienen.

Wir hätten diese Reaktionen vorhersagen können.

Der Grund dafür war, dass wir die Teilnehmer ohne ihr Wissen abhängig davon auf die Gruppen verteilt hatten, wie sie im State-Trait-Angstinventar abgeschnitten hatten, einem Test, mit dem festgestellt wird, bei welchem Maß an Erregung eine Person Höchstleistungen erbringt.

Wir ordneten die rechtsseitigen Höchstleister einer Gruppe und die linksseitigen Höchstleister einer anderen zu und verteilten die übrigen Teilnehmer, die in verschiedenen Bereichen des Leistungskontinuums gelandet waren, auf entsprechende Gruppen.

Wie nicht anders zu erwarten war, fühlte sich die Gruppe, die im linken Bereich des Kontinuums gelandet war, unter erheblichen Druck gesetzt und hielt es für unmöglich, die Präsentation rechtzeitig fertigzustellen. Hingegen schien die Gruppe auf der rechten Seite die Herausforderung zu genießen. Diesen Teilnehmern machte der plötzliche Kurswechsel überhaupt nichts aus.

Dann ließen wir die nächste Bombe platzen.

Unsere Ankündigung der bevorstehenden Ankunft ihres Chefs war ein Schwindel gewesen. Der Chef würde überhaupt nicht kommen, und sie mussten keine Präsentation vorbereiten.

Man konnte Seufzer der Erleichterung in einem Teil des Raums hören, während aus dem anderen enttäuschtes Gemurmel kam. Und einige

Teilnehmer murrten tatsächlich. Aber zum Glück griff niemand zu Fackeln und Mistgabeln, um uns aus der Stadt zu jagen.

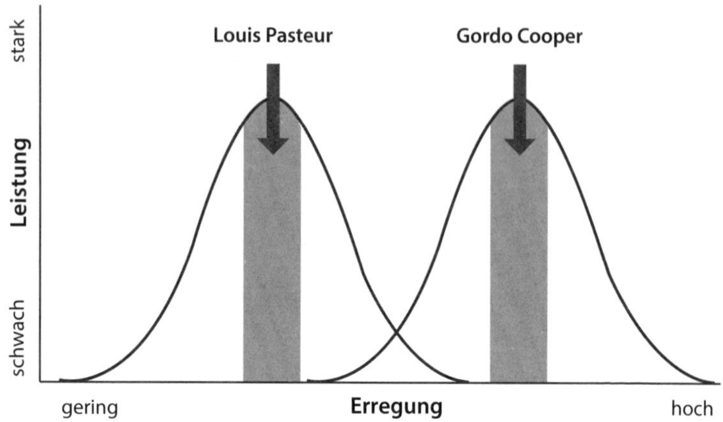

Abbildung 2: Sowohl Louis Pasteur als auch Gordo Cooper erreichten ihr optimales Leistungsniveau, wenn auch bei sehr unterschiedlichen Erregungsniveaus.

Wir überlebten alle das Experiment und gewannen eine wichtige Erkenntnis: Nicht alle Menschen erreichen auf dieselbe Art ihre Leistungsspitze. Das Maß an emotionaler Erregung, bei dem wir Höchstleistungen erbringen können, ist von Person zu Person sehr unterschiedlich (siehe Abb. 2).

Personen auf der rechten Seite

Je weiter rechts auf der Skala wir uns befinden, desto leichter fällt es uns, unter Druck Höchstleistungen zu erzielen. Vielleicht langweilen wir uns an einem normalen Tag im Büro, aber wenn eine Krise ausbricht, sind wir in unserem Element. Ein klassisches Beispiel dafür ist Gordo Cooper.

In vielen Unternehmen genießen Personen, die auf der rechten Seite der Skala zu finden sind, einen Heldenstatus. Ihre Erfolge im Büro und außerhalb des Büros werden mit gedämpfter Ehrfurcht kommentiert. Beeindruckte Nachwuchsführungskräfte schreiben es sich hinter die Ohren, wenn einer der Partner beiläufig erzählt, dass er am Wochenende Paragliding gehen muss, um sich entspannen zu können. In einer Atmosphäre, in der Mottos wie »Diamanten entstehen nur unter hohem Druck« die inoffizielle Firmenpolitik sind, überrascht es nicht, wenn sich alle Mitarbeiter – bewusst oder unbewusst – an diesem Ideal orientieren.

Wie halten es um starke Emotionen bemühte Rechtsseitige in einer manchmal lähmenden Arbeitsumgebung aus? Tatsächlich halten es viele von ihnen nicht aus. Führungskräfte, die mit solchen Bedingungen umgehen können, haben im Lauf der Zeit ihre Geheimwaffen entwickelt. Um ihrer Arbeit weiterhin mit Engagement nachgehen zu können, beschwören sie manchmal Notsituationen herauf, um den chemischen Cocktail in ihren Köpfen zu erzeugen, den sie für optimale Leistungen brauchen: Sie beginnen mit der Arbeit an einer wichtigen Präsentation, wenn nur noch wenige Stunden bleiben, bis sie aufs Podium steigen müssen. Sie brechen in letzter Sekunde zum Flughafen auf, um einen internationalen Flug zu erwischen. Wir kennen einen um starke Emotionen bemühten Zeitungsredakteur, der oft wenige Minuten bevor die Zeitung in Druck gehen musste, die erste Seite umbaute. Viele seiner Kollegen hielten ihn für einen Sadisten, aber in Wahrheit erhöhte er vermutlich nur künstlich den Einsatz, um das Beste aus sich herausholen zu können. Ein Maß an Erregung, das bei anderen Herzrasen auslösen würde, erhöht bei diesen Rechtsseitigen lediglich Konzentration und Kreativität. Sie leiden bei Routinetätigkeiten und in langen, unproduktiven Sitzungen unter sehr viel größerem Stress als beim Fallschirmspringen, und sie checken häufig ihre Smartphones auf neue E-Mails und Textnachrichten, um sich von einer für sie beinahe unerträglichen Langeweile abzulenken.

Es überrascht nicht, dass Menschen, die sich auf der rechten Seite der Erregungsskala befinden, keine besonders gute Meinung von den Linksseitigen haben. Als wir eine Gruppe von rechtsseitigen Führungskräften fragten, welche Art von Tätigkeiten sie Personen empfehlen würden, die weit links in der Skala angesiedelt sind, mussten sie nicht lange nachdenken. »Grundschullehrer«, meinte jemand. »Beamter«, warf ein anderer ein. Sie schienen keinen großen Respekt für Personen zu hegen, die Vorhersehbarkeit und Gewissheit brauchen, Regeln und Systeme mögen und knappe Fristen, Notsituationen und jede Art von Stress verabscheuen. Sie zögerten nicht, jene, die ihre besten Leistungen weit links auf der Skala erbringen, als Minderleister einzustufen.

Personen auf der linken Seite

Die reflexartige Neigung dieser Führungskräfte, Personen, die ihre besten Leistungen im linken Bereich der Erregungsskala bringen, spöttisch oder mit Geringschätzung zu betrachten, ließ nach, als wir ihnen ein wenig mehr Zeit zum Nachdenken gaben. »Was ist mit Nobelpreisträgern?«, fragte jemand. »Sind sie nicht extrem gewissenhaft und detailverliebt und arbeiten manchmal jahrzehntelang an ein und demselben Molekül?« Eine Managerin gab zu bedenken: »Und Schriftsteller, die ihre Romane siebzehnmal umschreiben?« Offenkundig gibt es Menschen, die nicht allzu viel äußere Stimulation brauchen, um Höchstleistungen erbringen zu können. Keiner unserer Teilnehmer erwähnte Louis Pasteur, aber dieser wäre ein ausgezeichnetes Beispiel gewesen. Schließlich wurde klar, dass Menschen auf der linken Seite der Skala genauso wichtig für Unternehmen und die Gesellschaft insgesamt sind wie die vom Dopamin angetriebenen Erlebnishungrigen auf der rechten Seite.

Den eigenen Platz auf der Skala finden

Auf den ersten Blick könnte man meinen, Rechts- und Linksseitige kämen von verschiedenen Planeten und seien so unterschiedlich wie Männer und Frauen, von denen oft gesagt wird, die einen kämen vom Mars und die anderen von der Venus. Einmal ein Marsmensch, immer ein Marsmensch? Sind wir dazu bestimmt, unser Leben nur auf einer Seite der Skala zu verbringen? Keineswegs. Neben dem Geschlecht und den Erbanlagen haben auch Alter, Umwelt und Erfahrung Einfluss auf unsere persönliche Position auf der Leistungsskala.

Geschlecht. Die Dichotomie von Mars und Venus mag eine übermäßige Vereinfachung sein, aber wie sich herausstellt, hat die Unterscheidung durchaus eine wissenschaftliche Grundlage. Ungezählte Tests haben dasselbe Ergebnis gebracht: Männer neigen statistisch eher als Frauen zu Erlebnishunger. Wie wir in Kapitel 7 sehen werden, ist eines der Schlüsselelemente, von denen die Position auf der Leistungsskala abhängt, das Testosteron. Dieses gilt als männliches Hormon, aber sowohl der männliche als auch der weibliche Körper produzieren es in unterschiedlicher Menge. Aber da Männer im Durchschnitt mehr davon haben, nehmen sie im Allgemeinen eher eine Position weiter rechts auf der Skala ein.

Erbanlagen. Neben dem Geschlecht gibt es weitere genetische Faktoren, die Einfluss auf unsere Position auf der Leistungsskala haben. Beispielsweise hängt das Dopaminrezeptorgen D_4 (DRD4) mit einer Vorliebe für Neues zusammen, ein wichtiger Faktor, der die Kurve erheblich nach rechts verschieben kann. Wie wir ebenfalls in Kapitel 7 sehen werden, haben hochrangige Führungskräfte oft ein ungewöhnlich aktives Dopaminsystem.[12]

Eine weitere Gruppe von Genen scheint unsere allgemeine Stressreaktion zu beeinflussen. Eine Studie von Forschern des Wiener Universitätskrankenhauses hat gezeigt, dass drei genetische Varianten die Fähigkeit beeinträchtigen können, sich unter hoher Stressbelastung zu behaupten. Wer eine oder mehrere dieser Varianten aufweist, hat möglicherweise Schwierigkeiten, sich von belastenden Erlebnissen zu erholen, und reagiert empfindlicher auf andere Belastungssituationen. Hingegen empfindet eine Person, bei der diese genetischen Varianten fehlen, Stresssituationen tatsächlich als motivierend.[13]

Bedeutet dies, dass unser Verhalten vorherbestimmt ist? Nein, zumindest nicht immer. Das bloße Vorhandensein bestimmter Gene entscheidet nicht automatisch über unser Schicksal. Unsere Persönlichkeitsmerkmale sind eine Kombination von Anlagen und Umwelteinflüssen. Es wird geschätzt, dass unsere Gene zwischen 20 und 60 Prozent unserer Persönlichkeit bestimmen.[14] Damit sich ein Gen auswirken kann, muss es erst »eingeschaltet« werden – wann und warum das passiert, ist noch nicht vollständig erforscht. Das bedeutet, dass bestimmte genetische Anlagen das ganze Leben schlummern können. Der Psychologe

Richard Davidson von der University of Wisconsin vergleicht die Gene in unserer DNA mit den Alben in einer Musiksammlung: »Wir können eine CD besitzen, ohne sie jemals abzuspielen …«[15]

Alter. Riskantes Verhalten in der Adoleszenz und eine mit wachsendem Alter zunehmend vorsichtige und konservative Einstellung sind verbreitet, aber keineswegs universell. Erheblichen Einfluss auf das, was für die einen wachsende Weisheit und für die anderen zunehmende Trägheit ist, hat der sinkende Testosteronspiegel. Australische Forscher haben die Theorie aufgestellt, dass der Rückgang des Testosterons weniger mit dem Altern, sondern eher mit Fettleibigkeit und Depression zu tun hat, zwei Problemen, die bei älteren Männern häufiger auftreten.[16] Doch unabhängig von der Ursache ist das Ergebnis dasselbe. Bei Männern (und Frauen) sinkt der Testosteronspiegel mit zunehmendem Alter. Und eine Verringerung des Testosterons wird unsere Position auf der Leistungsskala fast immer nach links verschieben. (Interessant ist, dass der Testosteronspiegel auch bei jungen Vätern – und Müttern – oft sinkt.[17])

Umwelt. Auf keinen anderen Faktor, der sich auf unsere Position auf der Leistungsskala auswirkt, haben wir so großen Einfluss wie auf die Umwelt. Viele Berater, die unter dem gewaltigen Druck in der internationalen Geschäftswelt mit unablässigen Reisen, endlosen Videokonferenzen und gnadenlosen Terminplänen anfangs aufblühen, stellen nach einigen Jahren fest, dass sie eine geringere Belastung vorziehen. Die Unternehmen berücksichtigen diese Präferenzen mittlerweile und bieten verschiedene Karrierewege für »Generalisten« und »Experten« an. Und obwohl man in der Expertenkarriere nicht so rasch aufsteigt, lockt sie Spitzentalente an. Experten sind weder besser noch schlechter als Generalisten. Sie bevorzugen einfach eine andere Arbeitsweise. Beide Optionen ermöglichen es Personen, die sich an verschiedenen Positionen auf der Leistungsskala befinden, in einer Umgebung zu arbeiten, in der sie sich gut entwickeln können.

Erfahrung. Natürlich hat nicht jeder nach ein paar Jahren als Generalist automatisch das Bedürfnis, in eine Expertenkarriere zu wechseln. Viele Berater fliegen während ihrer gesamten Berufslaufbahn kreuz und quer um den Erdball, ohne einen Burnout zu erleiden. Tatsächlich empfinden viele die Anforderungen im Lauf der Zeit als weniger belastend und sehnen sich sogar nach stetig wachsenden Herausforderungen, um Langeweile zu vermeiden. Das deutet auf einen weiteren Faktor hin, der sich auf unsere Leistungen auswirken kann: die Erfahrung. Je mehr Übung und Erfahrung wir haben, desto mehr Aufgaben können wir, gestützt auf unseren unbewussten Verstand, automatisch bewältigen (siehe Kapitel 5). Das erleichtert uns nicht nur die Arbeit, sondern hilft uns auch, belastende Situationen besser zu bewältigen.

Auf und ab

Voraussetzung für Höchstleistungen ist, dass man sich selbst kennt. Wichtig für den Erfolg ist, dass man von Zeit zu Zeit und bei verschiedenen Aufgaben seine Position auf der Skala bestimmt. »Mit Blick auf die individuell unterschiedliche Stresstoleranz und die unterschiedlichen Reaktionen auf verschiedene Umgebungen«, erklärt der bekannte Neurowissenschaftler Wolf Singer, »besteht die vielleicht wichtigste Aufgabe im Leben darin, frühzeitig herauszufinden, wo unsere individuellen Stärken und Schwächen liegen und wie wir die Stärken nutzen können.«[18] Wenn wir einmal wissen, unter welchen Umständen wir das Beste aus uns herausholen können, können wir uns unserer Umwelt anpassen, um unsere Stärken auszuspielen, und anschließend die Bedingungen abstimmen, damit wir unsere Leistungsspitze dann erreichen können, wenn es nötig ist.

Das eigene Aktivierungsmuster kennen lernen

Natürlich kann keiner von uns ein stetiges Maß an Erregung aufrechterhalten. Das würde unerträglich oder langweilig. Unser Erregungsniveau steigt und fällt im Lauf des Tages abhängig von verschiedenen Umweltfaktoren sowie von unserem Temperament. Finden Sie wöchentliche Mitarbeiterbesprechungen unerträglich, weil sie furchtbar langweilig sind oder weil sie Ihnen extremen Stress verursachen, während Sie individuelle Besprechungen als anregend empfinden? Lieben Sie Diskussionen über das große Ganze und einen angeregten Gedankenaustausch, während Sie nur sehr ungern über Dokumenten brüten und Details studieren? Wie wir gesehen haben, gibt es keine für alle passende Einheitsgröße, wenn es um die Reaktionen auf alltägliche Aufgaben geht. Die Situationen, in denen Sie das Beste aus sich herausholen, empfindet Ihr Kollege im Nachbarbüro möglicherweise als überfordernd.

Was bringt Sie auf die Palme? Was beruhigt Sie? Um sich ein besseres Bild von Ihrem persönlichen Leistungsprofil zu machen, sollten Sie zunächst eine Liste der Aufgaben und Aktivitäten erstellen, die Sie in einer typischen Arbeitswoche zu bewältigen haben. Stufen Sie anschließend jede dieser Aufgaben abhängig davon ein, wie Sie sich dabei fühlen: übermäßig aktiviert, gleichgültig oder auf dem optimalen Leistungsniveau.

Wenn es nicht Ihr Stil ist, eine detaillierte Liste anzufertigen, können Sie eine Vorgehensweise wählen, der sich die Psychologen oft bedienen: Stellen Sie auf Ihrem Smartphone den Wecker so ein, dass er im Lauf des Tages alle 90 Minuten ein Signal gibt. Halten Sie jedes Mal, wenn der Wecker losgeht, kurz Ihr gegenwärtiges Leistungsniveau fest. Fühlen Sie sich gelangweilt, uninspiriert, apathisch? Wenn ja, kennzeichnen Sie diesen Zeitraum in Ihrem Kalender mit einem *N* für »niedrig« (am unteren Ende der Leistungskurve). Wenn Sie sich hingegen überlastet fühlen oder unter großem Druck stehen, tragen Sie für diesen Zeitraum ein *H* für »hoch« ein. Und wenn Sie zu dem Zeitpunkt, da der Wecker losgeht, Ihr Leistungsoptimum erreichen (wir bitten im Voraus um Verzeihung für die Unterbrechung!), tragen Sie ein *O* für »Optimum« ein.

Unabhängig davon, welchen Zugang Sie wählen, sollte ein Muster erkennbar werden, das Ihnen deutlich zeigt, welche Faktoren Ihre Leistung beeinflussen. Je mehr Sie über das Auf und Ab in Ihrer typischen Arbeitswoche herausfinden, desto besser können Sie Ihre Leistungskurve steuern, um das Optimum genau dann zu erreichen, wenn Sie es am meisten brauchen – und desto besser werden Sie verstehen, ob Ihr gegenwärtiger Job gut zu Ihnen passt.

Lage, Lage, Lage

Jeder kennt die alte Regel zu den drei wichtigsten Kriterien beim Kauf von Immobilien. Dies sind 1) die Lage, 2) die Lage und 3) die Lage. Dasselbe gilt, wenn es darum geht, den Punkt zu finden, an dem wir optimale Leistungen hervorbringen können. Es gibt nichts, was wichtiger wäre. Und wenn wir »Lage« sagen, geht es uns nicht unbedingt darum, ob man in einem Hochhaus, am Küchentisch oder an Bord einer Yacht arbeitet. Vielmehr meinen wir die allgemeine Atmosphäre in der Arbeitsumgebung. Man muss kein Neurowissenschaftler sein, um zu begreifen, dass Louis Pasteur ein furchtbarer Astronaut gewesen wäre und dass Gordo Cooper in einem Forschungslabor eher Schaden angerichtet hätte. Unser Erfolg hängt vor allem davon ab, ob es uns gelingt, eine Umgebung zu finden, die unserem Leistungsprofil entspricht. Wenn wir ständig übererregt oder gelangweilt sind, müssen wir entweder die Umgebung wechseln oder unsere Aufgaben beziehungsweise unsere Arbeitsweise grundlegend ändern. Jemand, der ein Pasteur-Typ ist, sollte nicht Investmentbanker werden, und für jemanden, der erlebnishungrig wie Gordo Cooper ist, dürfte die Arbeit in einer hochgradig kontrollierten Umgebung wie einem Forschungslabor langweilig, frustrierend oder beides sein.

Um erfolgreich zu sein, muss man eine Umgebung finden, die dem eigenen Leistungsprofil entspricht.

Oft ist keine so drastische Lösung wie ein Jobwechsel nötig. Finden Sie heraus, was genau Sie übermäßig oder zu wenig stimuliert, und versuchen Sie, diese Situationen zu ändern. Eine Änderung der Arbeitszeiten oder der Arbeitsumgebung oder eine Neuverteilung der Zuständigkeiten zwischen den Kollegen können helfen. Sprechen Sie mit Vorgesetzten und Kollegen über Ihre Bedürfnisse. Dank der Klarheit der Leistungskurve ist es relativ einfach, mit Freunden und Kollegen darüber zu sprechen. Wie wir in Kapitel 4 sehen werden, können scheinbar geringfügige Veränderungen oft sehr viel bewirken.

Zu viel des Guten

Obwohl Höchstleistungen unser Ziel sein sollten, ist es weder wünschenswert noch vorteilhaft, über einen längeren Zeitraum hinweg am höchsten Punkt der Kurve zu verharren. Man sollte dann das Optimum aus sich herausholen können, wenn es am dringendsten gebraucht wird. Der Versuch, die optimale Mischung von Dopamin, Noradrenalin und Acetylcholin über einen längeren Zeitraum hinweg aufrechtzuerhalten, würde das System wahrscheinlich überlasten und die Neurotransmitter aufzehren, was einen Burnout und Erschöpfung zur Folge hätte. Man denke an den Cellisten Yo-Yo Ma oder den Snowboard-Champion Shaun White: Es wäre absurd, von ihnen an jedem Tag rund um die Uhr Weltklasseleistungen zu verlangen. Stattdessen üben sie, ruhen sich aus, treten auf oder nehmen an einem Wettkampf teil und erholen sich anschließend ihren spezifischen Plänen entsprechend, um genau dann, wenn es darauf ankommt, wieder in Bestform zu sein.

Einen täglichen, wöchentlichen und monatlichen Rhythmus zu finden, der ein optimales Energiemanagement ermöglicht, ist auch in der Unternehmenswelt wichtig, wo Topmanager oft mit Aufgaben konfrontiert werden, die ähnlich anspruchsvoll sind wie jene, die Spitzensportler zu bewältigen haben. »Es ist schädlich, unentwegt in einem Hochleistungszustand zu sein, während es eine Erfolgsstrategie ist, diesen Zustand dann zu erreichen, wenn es darauf ankommt«, erklärt Axel Kowalski, ein Psychologe und Neurofeedback-Experte, der Computertechnologie einsetzt, um Menschen im Spitzenmanagement dabei zu helfen, Höchstleistungen zu erreichen. »Der Schlüssel ist Flexibilität.«[19] Nur Führungskräfte, die jeweils für die anstehende Aufgabe in einen optimalen Erregungszustand wechseln können, nutzen ihre neurologischen Ressourcen richtig.

Die Leistung perfektionieren

Haben wir einmal sichergestellt, dass wir uns in der richtigen Umgebung befinden, so können wir auf wirkungsvolle Techniken zurückgreifen, um unsere Position auf der Leistungsskala den Erfordernissen einer bestimmten Aufgabe oder Situation anzupassen. Aber bevor wir das tun, müssen wir sicher sein, dass wir am richtigen Ort sind! Zu beachten ist, dass wir hier von geringfügigen Anpassungen sprechen, um die Leistungen zu verbessern, nicht von einschneidenden Veränderungen, die einen schlechten Job in einen guten verwandeln sollen. Je besser das Gleichgewicht ist und je genauer wir unsere Stärken unserer Umwelt anpassen, desto weniger sind wir auf diese Eingriffe zur Korrektur des Erregungsniveaus angewiesen.

Die Erregung steigern

Die meisten Menschen entwickeln im Lauf der Zeit ein intuitives Gespür dafür, wann ihr Erregungsniveau zu niedrig, zu hoch oder genau richtig ist. Wer Schwierigkeiten hat, sein Stressniveau zu bestimmten, kann es anhand der Perceived Stress Scale (PSS) wissenschaftlich genauer messen. Diese Skala mit 14 Punkten wurde von Psychologen der Carnegie Mellon University und der University of Oregon entwickelt.[20] Wenn Sie dieses Instrument verwenden oder einfach eine mentale Diagnose vornehmen und feststellen, dass Ihr Erregungsniveau zu niedrig ist, um wirksam zu sein, so gibt es verschiedene Möglichkeiten, es künstlich zu erhöhen.

Gedanken an etwas, das uns ein wenig Angst macht, selbst wenn diese Angst nicht mit der gegenständlichen Arbeit zusammenhängt, können das Noradrenalinniveau erhöhen und eine Person auf der Leistungsskala weiter nach rechts bewegen. Einer unserer Kollegen stellt sich einen rasch näher rückenden Fertigstellungstermin für ein Projekt vor, wenn er einen zusätzlichen Noradrenalinschub braucht, und malt sich die unglücklichen Gesichter der Beteiligten aus, weil er die Frist nicht eingehalten hat.

Wenn wir uns langweilen, unbeteiligt oder unmotiviert sind oder wenn die Arbeit einfach keinen Spaß macht, dann mangelt es uns vielleicht an Dopamin. Humor, positives Denken, ein Ortswechsel oder eine andere Vorgehensweise können helfen, um das Dopaminniveau zu erhöhen. Ein aerobes Training erleichtert es uns nicht nur, den Nachmittagsdurchhänger zu überwinden, sondern reißt uns auch mit einem willkommenen Dopaminschub aus der Eintönigkeit des Alltags.

Die Erregung verringern

Wenn wir kurz davor sind, den Panikknopf zu drücken, können wir einige wirksame Strategien anwenden, um die Reaktion auf eine Bedrohung zu dämpfen und uns auf der Leistungsskala nach links zu bewegen. Wir müssen uns in Erinnerung rufen, dass belastende Situationen oft das Ergebnis einer mörderischen Kombination von hohen Anforderungen und Kontrollverlust sind. Um für einen Augenblick den Fuß vom Gas zu nehmen, kann man sich einigen der täglichen Aktivitäten zuwenden, die man auch im Modus »Autopilot« bewältigen kann: Man kann den Schreibtisch aufräumen oder ein paar E-Mails löschen. Wenn man das Gefühl hat, die Kontrolle zu verlieren, kann man sich auf jene Aspekte des Prozesses konzentrieren, die man steuern kann, zum Beispiel auf die allgemeine strategische Ausrichtung der Lösungen für den Klienten anstatt auf die Entwicklungen an der Börse. Und dann ist da das körperliche Training, eine vielseitige Lösung, die zugleich die Energie erhöht und den Stress verringert. Ein bisschen Joggen zur Mittagszeit oder ein kurzer Lauf auf und ab durchs Treppenhaus können das Maß an schädlichem Cortisol im Blut verringern. Sind solche Übungen nicht möglich, so kann man dem Beispiel Louis Pasteurs folgen und im Flur vor dem Büro auf und ab gehen.

Louis Pasteurs nervöse Wanderungen im Flur vor seinem Labor in Lille machten sich schließlich bezahlt. Angetrieben von dem Wunsch, die menschliche Gesundheit zu verbessern, machte er es sich insgeheim zum Ziel, Infektionskrankheiten zu heilen.[21]

Eine Reihe bahnbrechender wissenschaftlicher Erkenntnisse ebneten den Weg zur Verwirklichung seines Traums. Die Entschlüsselung des Geheimnisses der Fermentation führte zur Entdeckung der Rolle von Mikroben, und dies schuf die Grundlage für Pasteurs Bemühungen, Infektionskrankheiten einzudämmen und auszurotten. Diese Forschung ebnete den Weg für die Entwicklung lebensrettender Impfstoffe gegen tödliche Krankheiten. Am vielleicht wichtigsten war, dass sein sorgfältiges Studium der Mikroorganismen das Vorgehen der Chirurgen bei Operationen revolutionierte. Die sterile Umgebung in einem modernen Operationssaal ist ein direktes Ergebnis der beharrlichen und leidenschaftlichen Forschungsarbeit Louis Pasteurs.

Für Gordo Cooper begannen die Schwierigkeiten in der neunzehnten von zweiundzwanzig Erdumrundungen, als das Stromversorgungssystem seiner Raumkapsel wiederholt ausfiel. Bei der folgenden Umrundung fiel die Höhenanzeige aus. Und als er die Erde nur noch einmal umkreisen musste, versagte das automatische Steuersystem plötzlich den Dienst.[22] Von einem Moment auf den anderen bekam Cooper unaufgefordert das, was er und die anderen Astronauten von Anfang an gefordert hatten: die völlige Kontrolle über die Raumkapsel. Es war ein klassischer Fall von »Pass auf, was du dir wünschst«. Der Passagier war plötzlich Pilot.

Es war eine nervenaufreibende Zeit für die kettenrauchenden Techniker im Kontrollzentrum, aber Leroy Gordon Cooper Jr., der Inbegriff eines rechtsseitigen Höchstleisters, bewahrte die Ruhe. Er war hellwach und ganz in seinem Element. Wie Tom Wolfe in seinem Reportage-Roman *Die Helden der Nation* berichtet, bewältigte Gordo die Krise so gelassen, als säße er am Steuer eines Passagierflugzeugs. Seine Rückkehr zur Erde war alles andere als ereignislos, und doch gelang Cooper mit der vollkommen manuellen Steuerung beinahe eine Bilderbuchlandung: Es war eine der präzisesten in der Geschichte des US-amerikanischen Raumfahrtprogramms und ein Triumph der optimalen Leistung.[23]

Es mag den Anschein haben, als wäre es verblüffend einfach, das Leistungsoptimum zu erreichen, sofern man die DNA der Höchstleistung – Dopamin, Noradrenalin und Acetylcholin – im Auge behält. Allerdings lehrt uns die Erfahrung etwas anderes. Um zuverlässig Höchstleistungen zu erbringen, müssen wir zwei große Hindernisse überwinden: 1) die Stimmungsschwankungen, die unsere Fähigkeit zu klarem Denken erheblich beeinträchtigen können, und 2) unsere ausgeprägte instinktive Neigung, uns von Dingen in unserem Kopf und in unserer Umwelt ablenken zu lassen.

Um unser Leistungsoptimum zu erreichen, müssen wir lernen, unsere Emotionen zu regulieren und unsere Aufmerksamkeit auf ein Ziel zu richten. Genau mit diesen Fähigkeiten werden wir uns in den nächsten beiden Kapiteln beschäftigen.

Kapitel 1 auf einen Blick

Kernaussagen von »Persönliche Bestleistung erreichen«

Es hängt von der Erregung ab. Voraussetzung für Höchstleistungen ist ein optimales Maß an emotionaler Erregung (normalerweise als Stress bezeichnet).

Es muss Spaß machen. Wenn wir Spaß haben, setzt unser Gehirn Dopamin frei. Ohne Spaß sind kognitive Höchstleistungen fast unmöglich.

Sich selbst fordern. Die besten Leistungen erzielen wir nicht, wenn wir uns langweilen oder in Panik geraten, sondern wenn wir uns ein wenig überfordert fühlen. Dann schüttet das Gehirn genau die richtige Menge Noradrenalin aus, um uns in Bestform zu bringen.

Des einen Speise, des anderen Gift. Wenn es darum geht, Höchstleistungen zu erzielen, kann eine Stimulation, die eine Person motiviert, eine andere überfordern.

Ein Typ von Höchstleistern ist nicht besser oder schlechter als der andere – sie sind einfach verschieden. Die Position auf der Leistungskurve hat nichts mit Intelligenz oder allgemeiner Leistungsfähigkeit zu tun. Personen auf der linken oder rechten Seite der Kurve erreichen ihr Optimum einfach unter verschiedenen Bedingungen.

Geschlecht und Alter können sich auf das Leistungsprofil auswirken. Frauen befinden sich im Allgemeinen eher im linken Bereich der Leistungskurve, während Männer überwiegend auf der rechten Seite angesiedelt sind. Die meisten von uns bewegen sich mit steigendem Alter auf der Kurve nach links.

Die Umgebung sollte dem persönlichen Leistungsprofil entsprechen. Wer am Arbeitsplatz ständig zu wenig oder übermäßig aktiviert ist, sollte sich unbedingt vergewissern, ob seine natürliche Prädisposition im Einklang mit seiner Umwelt steht.

Wir sollten eine optimale Umgebung für unsere Mitarbeiter schaffen. Wenn Sie eine Führungskraft sind, sollten Sie versuchen, die Arbeitsumgebung so anzupassen, dass Ihre Mitarbeiter im Einklang mit ihrem individuellen Leistungsprofil arbeiten können. Das Ziel sollten ausreichend flexible Arbeitsbedingungen sein, damit jeder sein Leistungsoptimum leichter erreichen kann.

Mentales Training soll nicht das Leben verändern, sondern dient der Feinabstimmung. Erst wenn Sie die richtige Umgebung gefunden haben, können Sie mentales Training einsetzen, um Ihr Erregungsniveau anzupassen, damit Sie genau dann, wenn Sie es brauchen, das Optimum aus sich herausholen können.

Kapitel 2

Die Emotionen regulieren

Lernen Sie, Ihre emotionale Temperatur besser zu kontrollieren

Zinedine Zidane, den Millionen Fans liebevoll »Zizou« nennen, ist einer der größten Fußballer, die Frankreich je hervorgebracht hat. Aber einem Großteil der Weltöffentlichkeit fällt bei seinem Namen als Erstes ein sehr unschöner Zwischenfall ein, der sich innerhalb weniger Sekunden abspielte.

Im Finale der Fußball-WM 2006 zwischen Frankreich und Italien brachte Zizou Frankreich mit einem Elfmeter in Führung, der von der Unterseite der Latte hinter die Torlinie prallte. Zwölf Minuten später glich Italiens streitlustiger Innenverteidiger Marco Materazzi nach einem Eckball per Kopf aus.

An diesem Spielstand änderte sich in der regulären Spielzeit des hart umkämpften Spiels nichts mehr. Es waren etwa 20 Minuten in der Verlängerung gespielt, als es zu einem umstrittenen Zwischenfall mit gravierenden Folgen kam: Die beiden Torschützen trabten nebeneinander her, und als Zidane den Italiener gerade überholte, zupfte Materazzi ihn kurz am Trikot. Zidane schien zunächst nicht auf die Provokation zu reagieren, blieb dann jedoch plötzlich stehen, drehte sich um und versetzte Materazzi einen Kopfstoß gegen die Brust. Der Italiener ging sofort theatralisch zu Boden.

Die Zuschauer in aller Welt konnten nicht glauben, was sie gerade gesehen hatten. Es ist nicht klar, ob ein Mitglied des Schiedsrichtergespanns den Zwischenfall mit eigenen Augen sah, aber die Aggression war derart unverfroren und unsportlich, dass dem Referee keine andere Wahl blieb, als Zidane vom Platz zu stellen.

Ihres Führungsspielers und eines ihrer besten Elfmeterschützen beraubt, verloren die Franzosen das Elfmeterschießen. Fußball ist ein sehr komplexes Spiel, in dem auch Glück eine große Rolle spielt, aber es ist nicht weit hergeholt zu behaupten, dass ein kurzer Aussetzer des emotionalen Regulierungssystems eines einzelnen Mannes seine Mannschaft einen Weltmeistertitel kostete.

Unsere primitiven Netze

Er dürfte nicht so gewalttätig und spektakulär gewesen sein wie Zidanes berühmter Kopfstoß, aber vielleicht haben Sie am Arbeitsplatz schon einmal einen emotionalen Ausbruch mit ähnlich verheerenden Folgen erlebt. Vielleicht waren Sie sogar dafür verantwortlich. Wenn ja, so bedauerten Sie mit einiger Sicherheit Ihr Verhalten, sobald Sie sich wieder beruhigt hatten. Viele Menschen, deren emotionale Regulierung kurzzeitig aussetzt, stellen sich hinterher die Frage: »Was habe ich mir nur dabei gedacht?!«

Natürlich ist das eine rhetorische Frage, aber die Neurowissenschaft hat tatsächlich eine Antwort darauf: Tatsächlich *dachte* die Person nicht. Sie *reagierte*. Zu emotionalen Ausbrüchen kommt es, wenn die zivilisiertere, bewusste Region des Gehirns von einem stärkeren, primitiven und im Wesentlichen unbewussten Teil gekapert wird. Es ist nur eines von vielen Gefechten in einem unablässigen Kampf zwischen dem präfrontalen Cortex und dem limbischen System, das unsere beiden grundlegenden Reaktionen steuert. Wir Menschen sind in der Lage zu einer bemerkenswerten Bandbreite von Emotionen. Aber die meisten davon entstehen in zwei primitiven Netzen in unserem Gehirn: dem Bedrohungsschaltkreis und dem Belohnungsschaltkreis.

Der Bedrohungsschaltkreis: Am Leben bleiben

Das Gehirn besitzt eine bemerkenswerte Zahl von Fähigkeiten (es steuert alles von der Fähigkeit, einen Golfball im Loch zu versenken, bis zum Verständnis eines Einkommensteuerformulars), aber machen wir uns nichts vor: Seine vorrangige Aufgabe besteht darin, uns am Leben zu erhalten. Wir müssen ihm also verzeihen, wenn es ein wenig überempfindlich reagiert, wann immer es den geringsten Hinweis darauf erhält, dass uns Gefahr droht. Wie ein Leibwächter, der den Finger immer am Abzug hat, schießt es erst und fragt anschließend.

Viele der Bedrohungen, denen die primitiven Menschen ausgesetzt waren, sind aus unserem Leben verschwunden, aber die Software, die im Lauf der Evolution entwickelt wurde, um uns in gefährlichen Situationen zu retten, arbeitet unverändert weiter. Statt unsere nicht mehr zeitgemäßen Überlebensinstinkte durch neuere zu ersetzen, stammt unser modernes Gehirn rund um unser Denksystem aus der Zeit der Höhlenmenschen. Und da unsere älteren Gehirnsysteme fester verankert und wirksamer sind als die neueren, sind sie normalerweise die Ersten, die auf einen Reiz reagieren. So kommt es, dass der charmante, gut gekleidete Mitarbeiter mit Hochschulabschluss im Sitzungszimmer plötzlich wie ein wütender Wilder im Bärenfellumhang die Keule schwingt, wenn man die falschen Knöpfe bei ihm drückt.

Da der Säbelzahntiger mittlerweile ausgestorben ist, haben wir möglicherweise das trügerische Gefühl, in einer sichereren Welt zu leben. In Wahrheit sind die Situationen, die eine Stressreaktion auslösen können, noch zahlreicher geworden: die unerwartete Mitteilung Ihres Vorgesetzten, der in einer Stunde das Konzept braucht; der Klient, der anruft, um Ihnen mitzuteilen, dass er »mit dem Vorschlag überhaupt nicht zufrieden« ist; der Kollege, der so »nett« ist, Ihnen mitzuteilen, dass er nächsten Monat befördert wird und Sie nicht; der Kalenderhinweis, dass nur noch zwei Tage bis zum Besuch des Klienten bleiben. Und dann, gerade als Sie denken, dass unmöglich noch mehr schiefgehen kann, bekommen Sie einen Anruf von der Schule, die Ihnen mitteilt, dass Ihre zehnjährige Tochter Fieber hat und abgeholt werden muss.

Wenn wir etwas als Bedrohung wahrnehmen, reagieren wir augenblicklich und oft unbewusst. Das Auto, das unvermittelt in unsere Spur wechselt, und die Kollegin, die unsere Kompetenz anzweifelt, werden von unserem Gehirn bemerkenswert ähnlich behandelt: Es nimmt beide als Bedrohungen für unsere gegenwärtige Existenz wahr. Im Fall des Autos müssen wir dankbar dafür sein, dass wir mit einem derart sensiblen Alarmsystem ausgerüstet sind. Wir treten auf die Bremse oder reißen das Steuer herum, um einen Unfall zu vermeiden, und normalerweise tun wir das so schnell, dass wir uns unseres Verhaltens erst bewusst werden, wenn die unbewusste Reaktion bereits stattgefunden hat. Unser Puls beschleunigt sich, unsere Sinne werden schärfer, unsere langfristige Kognition wird für kurze Zeit abgeschaltet, und unsere Aufmerksamkeit ist plötzlich präzise wie ein Laserstrahl auf das Ziel gerichtet. Wir vermeiden die Katastrophe und werden uns unserer Reaktion erst im Nachhinein bewusst, weil unser Herz rast oder unsere Handflächen feucht sind.

Die Fähigkeit, augenblicklich zu reagieren, um zum Beispiel einen Zusammenstoß mit einem anderen Auto zu vermeiden, kann uns buchstäblich das Leben retten. Hingegen ist unsere Reaktion auf eine soziale Attacke heute selten lebensrettend. Das liegt nicht daran, dass sie nicht so schnell erfolgt wie die Reaktion auf ein entgegenkommendes Auto, sondern einfach daran, dass pointierte Fragen einer Kollegin zu Diskrepanzen in unserem Monatsbericht überhaupt keine Bedrohung für unser Leben darstellen. Unser Managergehirn begreift das höchstwahrscheinlich – aber bis es das tut, ist der Bedrohungsschaltkreis schon geschlossen. Die Folge ist, dass wir auf die Kollegin fast auf dieselbe Art reagieren wie auf ein entgegenkommendes Auto.

Das Resultat ist bemerkenswert ähnlich: Herzrasen, feuchte Hände, erhöhte Wachsamkeit und eine momentane Blockade unserer Vernunft. In einer Gesellschaft, die zivilisiert sein will, ist das ein sehr heikler Moment für einen Menschen. Denken wir daran, dass die übliche Bezeichnung für den Bedrohungsschaltkreis in unserem Gehirn »Kampf-oder-Flucht-Reaktion« ist. Der primitive Antrieb, angesichts einer Gefahr zu kämpfen, mag ein gesunder Instinkt sein, aber sofern man kein Kickboxer oder Wrestler ist, ist diese Reaktion in einer zivilisierten Welt fast immer inakzeptabel. Wenn unsere Exekutivfunktionen nicht wie ein Schiedsrichter mit einer Pfeife eingreifen können, besteht die reale Gefahr, dass wir wie Zinedine Zidane in jenem WM-Finale etwas tun werden, was wir anschließend sehr bedauern werden. Wenn wir versuchen, unsere instinktive emotionale Reaktion irgendwie zu unterdrücken, dürfte die Wirkung nicht ganz so spektakulär sein – aber sie kann fast genauso schädlich und noch gefährlicher für unsere langfristige Gesundheit sein.

Wir sind eher dafür gemacht, uns vor Bedrohungen zu schützen, als dazu, Belohnungen anzustreben. Unter evolutionären Gesichtspunkten ist das sinnvoll. Es kann vorteilhaft und angenehm sein, nach Belohnungen zu streben, aber von der Reaktion auf Bedrohungen kann unser Überleben abhängen. Möglicherweise sehen wir im Stress in erster Linie etwas Negatives, aber fest steht: Wir sind heute am Leben, weil unsere Vorfahren richtig auf Bedrohungen reagierten, als es darauf ankam.

»Wir sind dem Feind begegnet, und der Feind sind wir.«

Diese berühmte Zeile aus dem Comic *Pogo* enthält eine Wahrheit, derer sich der Zeichner Walt Kelly möglicherweise nicht bewusst war. Giftpflanzen und Raubtiere haben stets unseren Bedrohungsschaltkreis aktiviert, aber unter evolutionären Gesichtspunkten sind andere Menschen unsere größten Feinde. Mag sein, dass uns das nicht immer bewusst ist, aber unbewusst sind wir darauf programmiert, jedem, den wir als Außenstehenden wahrnehmen, mit ausgeprägtem Misstrauen zu begegnen.

Die Erklärung dafür finden wir in der Frühzeit der Menschheit. Tatsächlich lebten die Menschen noch vor relativ kurzer Zeit in kleinen Gruppen zusammen, die normalerweise etwa fünfzig oder weniger Mitglieder hatten. Sie mussten sich in einer gefährlichen Welt unter schwierigen Bedingungen behaupten, und ihr Leben hing oft davon ab, ob es ihnen gelang, enge Beziehungen zu den Mitgliedern ihres Stammes zu pflegen.

Genauso wie heute kamen auch damals nicht alle Mitglieder der Gemeinschaft gut miteinander aus. Wenn ein Mensch bemerkte, dass ein anderes Mitglied der Gruppe eine ausgeprägte Abneigung gegen ihn hegte, wusste er, dass das potenziell lebensbedrohlich für ihn sein konnte. Wenn der Stamm das nächste Mal von einer feindlichen Gruppe angegriffen wurde, konnte es passieren, dass sich dieser Mensch an der Seite seines Feindes in den eigenen Reihen wiederfand. Wenn er in Not geriet, konnte es passieren, dass dieses Gruppenmitglied ihm nicht beistand, sondern ihn verriet. Vielleicht würde es auch einfach die Flucht ergreifen, um sein eigenes Leben zu retten, und den ungeliebten Mitkämpfer der Gnade des Feindes ausliefern. Auf der anderen Seite bestand auch die Möglichkeit, dass der Widersacher seinen Groll hintanstellte und gemeinsam mit seinem internen Gegner die Angreifer zurückschlug. Welchen Weg würde er einschlagen? Unsere Vorfahren waren oft mit derartigen Dilemmata konfrontiert. Es konnte schwierig sein, das Verhalten der Mitmenschen vorherzusagen, aber es war unverzichtbar, sie richtig einzuschätzen. Um überleben zu können, musste man aufmerksam auf die subtilsten Hinweise achten, um festzustellen, ob man der Person, die man zur Seite hatte, vertrauen konnte.

Heutige Konflikte mögen zivilisierter und komplexer sein, aber wir nutzen weiterhin die primitiven Schaltkreise, die uns besonders empfindlich für kleine potenzielle Bedrohungen durch die Menschen in unserer Umgebung machen. Und unser Misstrauen ist nicht auf das Schlachtfeld beschränkt. Das erklärt, warum wir vermutlich keine Gnadenfrist von zwei Jahrzehnten bekommen werden, wenn wir unserer Ehefrau nur alle zwanzig Jahre sagen, dass wir sie lieben, vor allem nicht, wenn wir in der Zwischenzeit einen wichtigen Jahrestag vergessen, ein geliebtes Erinnerungsstück wegwerfen oder den klassischen Fehler begehen, eine ehrliche Antwort auf die Frage »Macht mich dieses Kleid dick?« zu geben.

Diese Neigung, Bedrohungen größere Aufmerksamkeit zu schenken als Belohnungen, ist mehr als nur belastend oder ärgerlich. Sie kann sich langfristig verheerend auf Beziehungen auswirken. Der Psychologe John Gottman von der University of Washington behauptet, die Erfolgsaussichten einer Ehe mit einer erstaunlichen Genauigkeit von 83 Prozent vorhersagen zu können, indem er ein 15-minütiges Streitgespräch zwischen den Partnern analysiert. Gottmans Forschungsergebnisse haben gezeigt, dass es ein »magisches Verhältnis« von 5 zu 1 gibt: Es bedarf fünf positiver Empfindungen oder Interaktionen zwischen den Partnern während des Streits, um eine negative Empfindung oder Interaktion wettzumachen. Nur so kann der Erfolg einer Ehe gewährleistet werden.

Natürlich haben nicht nur Ehepaare Bedrohungs- und Belohnungsschaltkreise. Wir alle haben sie. Dass wir den Bedrohungen größeres Gewicht beimessen, erklärt auch, warum zahlreiche aufrichtige Komplimente unseres Vorgesetzten für unsere Leistungen durch eine einzige beiläufige Bemerkung zu einem Verhalten mit »Veränderungsbedarf« zunichte gemacht werden können. Belohnungen sind intensiv, aber kurzlebig. Eine Bedrohung vergisst man nie.

Der Stress hat meinen Verstand lahmgelegt

Mittlerweile dürfte klar sein, dass unser Gehirn im Wesentlichen ein Produkt der fernen Vergangenheit der Menschheit ist. Mag sein, dass wir uns seit damals ein wenig weiterentwickelt haben, aber für unsere Werkzeuge zur Stressbewältigung gilt das nicht. Die Menschheit hat sehr viel mehr Zeit auf der Erde damit verbracht, vor Raubtieren wegzulaufen als dem Bus nachzulaufen. Ursprünglich diente Stress unserem Schutz, aber heutzutage erfüllt er diese Funktion zumeist nicht mehr. Stattdessen ist er komischerweise eher eine Gefahr für uns. Aus Daten des gemeinnützigen American Institute of Stress geht hervor, dass zwischen 75 und 95 Prozent aller Arztbesuche mit stressbedingten Beschwerden zu tun haben. Wenn unser Bedrohungsschaltkreis aktiviert wird, um einer plötzlichen, realen Bedrohung zu begegnen, kann er tatsächlich unser Leben retten. Aber die Kampf-oder-Flucht-Reaktion sollte akut sein, nicht chronisch.

Wenn unser Körper ständig wachsam ist, geraten wir in einen physiologischen und neurologischen Zustand, der als allostatische Belastung bezeichnet wird und sowohl unsere Gesundheit als auch unsere kognitive Leistungsfähigkeit beeinträchtigt. Die Kapazität des Arbeitsgedächtnisses nimmt fast augenblicklich ab, und was noch bedenklicher ist: Eine dauerhaft erhöhte Konzentration des Stresshormons Cortisol im Blut führt zu einer Schrumpfung des Hippocampus, der unverzichtbar für das Funktionieren des Langzeitgedächtnisses sowie für die Aufnahme neuer Informationen ist. Und während der Stress das Blut mit Cortisol überflutet, verringert er die Freisetzung des Botenstoffs Serotonin, was zu Depression und Burnout führen kann.

Unser Gehirn ist im Wesentlichen ein Produkt der fernen Vergangenheit.

Während der Stress am Hippocampus zehrt, nährt er sich auch selbst. Je mehr Stress wir empfinden, desto ängstlicher werden wir. Das Zentrum der Kampf-oder-Flucht-Reaktion, ein Teil des Gehirns, der als Amygdala bezeichnet wird, wird überaktiviert. Die Folge ist, dass unter chronischem Stress leidende Menschen extrem empfindlich auf jeden potenziellen Stressfaktor reagieren, gleichgültig ob er real oder eingebildet ist. So kann ein Teufelskreis von Reaktionen in Gang gesetzt werden, die alles nur noch verschlimmern. Da uns unerledigte Arbeit unter Druck setzt, verzichten wir auf einen Besuch im Fitnessstudio, um mehr Zeit am Schreibtisch zu verbringen. Nach Feierabend sitzen wir zu Hause mit einem Glas Wein oder einer Flasche Bier in der Hand wie Zombies vor dem Fernsehgerät und knabbern an einem fettigen Imbiss, dem wir eigentlich abgeschworen hatten, um schließlich ins Bett zu fallen und nach einer Nacht mit wenig erholsamem Schlaf denselben Tagesablauf von vorn zu beginnen. Die Menschen, die am ehesten unter Stress geraten, sind Menschen, die bereits unter Stress leiden.

Der Belohnungsschaltkreis: Sich wohlfühlen

Glücklicherweise ist der Kampf-oder-Flucht-Schaltkreis nicht das einzige primitive System, das von einer älteren Version unseres Gehirns übrig geblieben ist. Eine fast – aber eben nur fast – genauso wichtige Rolle wie der Bedrohungsmechanismus spielt ein zweiter Schaltkreis, der Belohnungsreaktionen ermöglicht. So wie der Bedrohungsschaltkreis dient auch der Belohnungsschaltkreis letzten Endes unserem Überleben, obwohl er einen weniger direkten Weg geht. Anders als die Kampf-oder-Flucht-Reaktion, die durch Furcht ausgelöst wird, dient die Belohnungsreaktion dem Streben nach Befriedigung. Unser Instinkt zu essen, uns zu paaren und innerhalb gewisser Grenzen mit anderen zu spielen, wird von dieser Reaktion angetrieben. Es fühlt sich gut an, diese Bedürfnisse zu erfüllen, weil uns die Belohnungsreaktion hilft, uns und unsere Nachkommen am Leben zu erhalten und für unsere Sicherheit zu sorgen. Der Belohnungsschaltkreis steht hinter Emotionen wie Liebe, Begierde, Glück, Loyalität, Empathie und Vertrauen. Wenn das Gehirn im Belohnungsmodus ist, wird der Neuheitsbotenstoff Dopamin freigesetzt, der wesentlichen Anteil an Höchstleistungen hat, was positive Empfindungen auslöst. Derselbe Schaltkreis wird auch durch Drogenkonsum aktiviert. Und so wie beim Drogenkonsum brauchen wir im Lauf der Zeit eine größere Menge positiver Erfahrungen, um dieselbe Menge an Dopamin auszuschütten. Das erklärt, warum wir in diesem Jahr eine höhere Bonuszahlung brauchen als im vergangenen Jahr. Wenn der Chef das nur verstehen würde!

Der Krieg in unseren Gehirnen

Die Geschichte des Gehirns ist in gewissem Sinn die Geschichte eines Kriegs zwischen verschiedenen Gehirnregionen. Der älteste Teil des menschlichen Gehirns, der Hirnstamm, funktioniert weitgehend eigenständig und dient normalerweise als zuverlässiges Lebenserhaltungssystem, aber die jüngsten Teile, das Mittelhirn und die Großhirnrinde, geraten oft in Konflikt miteinander. Diese Dynamik steht im Mittelpunkt der emotionalen Regulierung. Die Herausforderung besteht darin, dafür zu sorgen, dass das vernunftbegabte System des Gehirns einschreiten kann, bevor uns der primitive Teil in Schwierigkeiten bringt. Übrigens nehmen die Schwierigkeiten normalerweise eine von zwei grundlegenden Formen an. Dies sind 1) der emotionale Ausbruch, den alle Welt bemerkt, und 2) die subtilere, gehemmte Reaktion, die stattfindet, wenn die Großhirnrinde eingreift und versucht, den wütenden Gehirndinosaurier aufzuhalten, bevor er bleibenden Schaden anrichtet.

Komischerweise fügt ausgerechnet die zweite Reaktion, obwohl scheinbar zivilisierter, unserem Körper und Gehirn eher langfristigen Schaden zu. Vielleicht verhindert sie, dass wir uns vor unseren Kollegen blamieren oder wegen tätlichen Angriffs (oder Schlimmerem) verhaftet werden, aber sie kann unseren Blutdruck in gefährliche Höhen treiben und wichtige Hirnareale, die wir für Überlegung und Erinnerung brauchen, tatsächlich physisch schrumpfen lassen. Sie kann unser Immunsystem schwächen und verschiedenste Beschwerden von chronischem Zähneknirschen bis zu lebensbedrohlichen Herzkrankheiten verursachen.

Warum in aller Welt sollten wir uns absichtlich solchen Risiken aussetzen? Tatsächlich tun wir das überhaupt nicht – zumindest nicht absichtlich. Und genau das ist das Problem. Ohne gezielte Verhaltensänderungen entziehen sich unsere selbstzerstörerischen Reaktionen weitgehend unserer bewussten kognitiven Kontrolle. Der Schlüssel zur emotionalen Regulierung besteht darin, uns zu schützen, indem wir unsere Fähigkeit zur Stressbewältigung erhöhen und dem schwächeren, aber höher entwickelten bewussten Teil unseres Gehirns beibringen, wie er den stärkeren, aber primitiveren unbewussten Teil austricksen kann.

Schütze dich selbst

Wir können unsere Widerstandskraft gegen emotionale Unausgeglichenheit erhöhen, indem wir Lebensbedingungen schaffen, die ein Gleichgewicht begünstigen. Die bewährten Empfehlungen, sich zu bewegen, sich gut zu ernähren und ausreichend zu schlafen, mögen wie abgenutzte Klischees klingen, aber es hat seinen Grund, dass sie so oft wiederholt werden: Sie funktionieren. Kaum etwas erhöht die Widerstandskraft gegenüber Stress mehr als diese drei Verhaltensweisen. Und wenn man sich draußen in der Natur bewegen kann, umso besser.

Darüber schlafen

Der legendäre Physiker Albert Einstein, den wohl niemand als Dummkopf bezeichnen würde, schlief angeblich zehn Stunden pro Nacht. Man muss kein Genie sein, um zu erkennen, dass ausreichender Schlaf die Regeneration fördert, aber neuere Forschungsergebnisse zeigen, dass er auch eine wichtige Rolle bei der emotionalen Regulierung spielt.[1] Leider müssen rund 30 Prozent der US-amerikanischen Erwerbstätigen mit weniger als sechs Stunden Schlaf pro Nacht auskommen. Noch schlimmer ist, dass viel zu viele Führungskräfte stolz darauf sind, zu wenig Schlaf zu bekommen. Oft (wenn auch nicht immer) hat das mit Männlichkeitswahn zu tun: Nur richtige Männer kommen mit dem Minimum an Schlaf durch den Tag.[2]

Die primitive Seite wecken

Matthew Walker, der Leiter des Sleep and Neuroimaging Laboratory der University of California in Berkeley, hat fasziniert beobachtet, wie sehr Schlafmangel die emotionale Regulierung behindert und bestimmte evolutionäre Entwicklungen im Gehirn rückgängig macht: »Es ist fast so, als würde das Gehirn ohne Schlaf zu primitiveren Aktivitätsmustern zurückkehren und die Fähigkeit einbüßen, emotionale Erfahrungen einzuordnen und kontrollierte, angemessene Reaktionen zu befehlen.«[3]

Wenn wir nicht ausreichend Schlaf bekommen, scheint die Amygdala, in der die Kampf-oder-Flucht-Reaktion angesiedelt ist, ihre Aktivität zu erhöhen, wodurch die gründlichere logische Überlegung gestört und die Freisetzung bestimmter Neurochemikalien, die normalerweise zu einer Beruhigung beitragen würden, behindert wird.[4] Schlafmangel macht uns reizbarer, ungeduldiger und launischer. Mögliche Folgen sind Überreaktionen auf negative Situationen und eine negative Wahrnehmung neutraler Situationen.

Und Schlafmangel stört nicht nur unsere eigene emotionale Regulierung. Forscher der Universität Berkeley haben herausgefunden, dass Schlafentzug die Fähigkeit verringert, die Emotionen in den Gesichtsausdrücken anderer Menschen richtig zu beurteilen. Diese Einschränkung war bei Frauen besonders ausgeprägt.[5] Zu wenig Schlaf beeinträchtigt auch die Entscheidungsfindung, verringert die Produktivität und erhöht das Risiko von Herz-Kreislauf-Erkrankungen und Verdauungsproblemen.[6]

Jeder spielt hin und wieder ein bisschen verrückt

Man muss verrückt sein, um auf ausreichenden Schlaf zu verzichten. Laut Matthew Walker von der Universität Berkeley »treten selbst in den Gehirnen psychisch gesunder Personen bestimmte Muster psychiatrischer Pathologien auf, wenn sie unter Schlafentzug leiden«.[7] Und was sind das für pathologische Muster? Neuere Studien haben gezeigt, dass Menschen, die zu wenig oder mit Unterbrechungen schlafen, eher zu depressiven Episoden neigen und ein höheres Selbstmordrisiko haben.[8] Inwieweit kann uns Schlafmangel zu einem emotionalen Wrack machen? Walker hat Folgendes beobachtet: »Die Aktivität der Emotionszentren des Gehirns war bei Schlafentzug um mehr als 60 Prozent höher als bei Personen mit einem normalen Schlafpensum.«[9] Das ist ein signifikanter Effekt – und es ist einer, den wir vollkommen kontrollieren können.

Die Segnungen des Schlafs

Natürlich handelt die Geschichte des Schlafs nicht nur von der Vermeidung von Katastrophen. Schlafmangel verringert unsere Fähigkeit zur Selbstbeherrschung, während genug Schlaf Wunder wirken und uns dabei helfen kann, viele Belastungen und Ärgernisse zu bewältigen, denen wir unvermeidlich ausgesetzt sind.

Viele von uns verbringen einen viel zu großen Teil der Gegenwart damit, belastende Erinnerungen an vergangene Geschehnisse erneut zu durchleben. Die Erinnerung an soziale Ausrutscher, Konflikte am Arbeitsplatz und nervenaufreibende Aufgaben kann genügen, um die Bedrohungsreaktion erneut auszulösen. Zum Glück hat sich herausgestellt, dass ausreichender Schlaf Stress erheblich abmildert. In jener wichtigen Phase unseres Schlafzyklus, die als REM-Phase (Rapid Eye Movement) bezeichnet wird, kann das Gehirn den mit Stressreaktionen zusammenhängenden Neurotransmitter Noradrenalin aus der Verarbeitung neuer Erlebnisse entfernen, bevor sie als langfristige Erinnerungen abgespeichert werden. Das bedeutet, dass wir in der Lage sein werden, uns an diese Geschehnisse zu erinnern, ohne mit der Erinnerung den ganzen emotionalen Ballast zutage zu fördern, mit dem sie ursprünglich beladen waren.[10]

Immer mehr Unternehmen erkennen, dass ausgeruhte Arbeitskräfte ausgeglichener und produktiver sind. Um ihre Mitarbeiter dazu zu ermutigen, ausreichend zu schlafen, erlauben namhafte Unternehmen wie Google, Nike, Time Warner, Ben & Jerry's und Thrive Global ein kurzes Nickerchen während des Arbeitstags und fördern es sogar.[11] Eine Reihe von Unternehmen, darunter Nike und Thyssenkrupp, haben Ruheräume eingerichtet, in denen ihre Mitarbeiter schlafen oder meditieren können. Wie nicht anders zu erwarten, hat Google einen noch innovativeren Zugang gewählt. Über das Firmengelände verstreut findet man spezielle »Schlummerschalen«, die wie eine Kreuzung aus

Ausreichender Schlaf mildert Stress erheblich ab.

Klubsessel und einem überdimensionierten Tischtennisball aussehen. Dort finden Mitarbeiter, die ein bisschen Schlaf nachholen oder einfach entspannen wollen, einen privaten Raum vor, in dem sie sich von beruhigenden Klängen berieseln lassen können.[12]

Natürlich wirkt der Schlaf nicht isoliert. Regelmäßiges intensives Training kann die Qualität des Schlafs verbessern, während eine schlechte Ernährung den Schlaf beeinträchtigen kann. Tatsächlich trägt Fettleibigkeit zu Schlafapnoe bei, die mittlerweile eine Volkskrankheit ist und den Schlaf erheblich stört.[13]

Der Trainingsvorsprung

Zahlreiche Studien haben gezeigt, dass Personen, die regelmäßig Sport treiben, in kognitiven Tests besser abschneiden als körperlich inaktive Menschen. Sportlich aktive Personen haben ein besseres Langzeitgedächtnis, können besser logisch denken, sind aufmerksamer, sind besser in der Problemlösung und in Aufgaben zur fluiden Intelligenz (mit denen die Fähigkeit zu raschen Schlussfolgerungen getestet wird), im abstrakten Denken und in der Improvisation mit zuvor erlerntem Material zur Lösung neuer Probleme.[14] Sie haben ihr Gehirn besser unter Kontrolle. Und wenn die emotionale Regulierung das Ziel ist, ist Kontrolle genau das, was wir brauchen. Tatsächlich ermöglicht Sport so dramatische Verbesserungen, dass er wahrscheinlich als Wundermittel gelten würde, könnte man ihn in Flaschen abfüllen. Sehen wir uns einige Belege für den Trainingsvorsprung an:

- Körperliche Aktivität in der Freizeit, insbesondere aerobe Aktivität, verringert das Risiko von Demenz um die Hälfte.[15]
- Ein täglicher Spaziergang von 20 Minuten Dauer verringert die Wahrscheinlichkeit, einen Schlaganfall zu erleiden, noch deutlicher, nämlich um 57 Prozent.[16]
- Bewegung reguliert die Freisetzung von Serotonin, Dopamin und Noradrenalin. Alle drei stehen in Zusammenhang mit der Aufrechterhaltung der geistigen Gesundheit.[17] Es gibt Belege dafür, dass Sport sowohl Depressionen als auch Angststörungen lindert.[18] In einer in

Archives of Internal Medicine veröffentlichten Studie waren Männer und Frauen, die unter Depressionen litten, in drei Gruppen unterteilt worden. Eine Gruppe absolvierte ein Programm für aerobes Training, der zweiten wurde ein bekanntes Antidepressivum verabreicht, und in der dritten Gruppe wurden Training und Medikation miteinander verbunden. Die Medikamentionsgruppe reagierte am schnellsten auf die Behandlung, doch nach vier Monaten waren die Depressionen in allen drei Gruppen im gleichen Maße zurückgegangen.[19]
- Körperliches Training kann auch das Gedächtnis verbessern. Es erhöht die Durchblutung des Gyrus dentatus, eines wichtigen Bestandteils des Hippocampus, der für die Bildung von Erinnerungen zuständig ist.[20]

Sport bietet nicht nur einen langfristigen Schutz gegen emotionale Probleme und verbessert die Gesundheit, sondern ist auch eine wirksame kurzfristige Lösung für die schädlichen Auswirkungen von Stress. Kein natürliches Heilmittel ist besser geeignet, das Stresshormon Cortisol aus dem Blutkreislauf zu spülen. Ein kurzer Lauf, ein zügiger Spaziergang oder ein anstrengendes Tennisspiel – alles, was uns in Bewegung bringt – kann die im Lauf des Tages akkumulierte Spannung lösen und uns erfrischen, sodass wir den restlichen Arbeitstag in Angriff nehmen oder einen entspannten Abend und anschließend einen erholsamen Schlaf genießen können.

Raus damit

Bewegung wirkt immer gut gegen Stress, aber Bewegung an der frischen Luft kann noch besser wirken. Der Kontakt mit der Natur in fast jeder Form hat eine heilsame Wirkung. Zahlreiche Studien haben gezeigt, dass Aufenthalte in der Natur die emotionale Regulierung verbessern können und ein wirksames Mittel gegen Stress sind. In einer von Peter Kahn geleiteten Studie an der University of Washington wurde die Herzfrequenz von Studierenden gemessen, die in drei Gruppen unterteilt worden waren. Eine Gruppe ging einer mit mäßigem Stress verbundenen Tätigkeit in einem fensterlosen Raum nach. Eine weitere Gruppe führte dieselbe Aufgabe in der Nähe eines Fensters aus, von wo aus die Teilnehmer einen Blick auf den Drumheller-Brunnen vor dem Universitätsgebäude hatten.

Die dritte Gruppe sah einen Echtzeit-Videostream des Brunnens auf einem Plasmabildschirm. Bei den Studierenden, die durch das Fenster auf den Park mit dem Brunnen schauten, sank die Herzfrequenz am stärksten, während bei den Studierenden, die auf eine Wand starrten, und denen, die den Park nur auf einem Bildschirm sahen, fast keine Veränderung zu beobachten war.[21]

Andere Studien bestätigen die vorteilhafte Wirkung des Kontakts mit der Natur auf die Regulierung unserer Emotionen. Michael Posner, ein anerkannter Experte für zielgerichtete Aufmerksamkeit (siehe Kapitel 3) und emeritierter Professor an der University of Oregon, wurde in einem Artikel im *Wall Street Journal* mit der Aussage zitiert, ein Spaziergang im Park könne bei der Bekämpfung von Stress »Wunder wirken«.[22]

Natürlich haben Stadtbewohner nicht immer Zugang zu idyllischen Landschaften. Kein Grund zur Sorge, so Marc Berman von der University of Michigan. Er hat herausgefunden, dass selbst die Betrachtung von Naturfotos in einem stillen Raum gesünder ist als ein Spaziergang durch eine belebte Straße in einer Stadt. Ist die Straße hingegen relativ ruhig und begrünt, kann ein Spaziergang dort fast genauso wohltuend sein wie ein Ausflug aufs Land.[23] »Eine ruhigere Straße in einer Stadt mit interessanten natürlichen Elementen wie Blumentöpfen kann ebenfalls ihren Zweck erfüllen«, erklärte Berman im Gespräch mit dem *Wall Street Journal*.[24]

Die Ergebnisse können geringfügig voneinander abweichen, aber die meisten Studien gelangen im Grunde zum selben Ergebnis: Wenn es darum geht, Stress zu verringern, tut Grün gut.

Ernährung und Stress

Während die meisten Führungskräfte wissen, dass Sport dazu beiträgt, Stress zu vermindern, ist ihnen, die regelmäßig ins Fitnessstudio gehen, um in Form zu bleiben, oft nicht bewusst, dass auch eine gute Ernährung zur emotionalen Regulierung beiträgt.

Ein leidenschaftlicher Verfechter des Zusammenhangs zwischen Ernährung und Stressbewältigung ist der Sternekoch Holger Stromberg, der eine Zeit lang für die deutsche Fußballnationalmannschaft kochte.

Als wir ihn einmal in München trafen, ließ er keinen Zweifel daran, dass eine gute Ernährung nicht nur Fußballern hilft, die körperlichen Anforderungen eines Spiels zu bewältigen, sondern sowohl Sportler als auch Manager in die Lage versetzt, geistige Höchstleistungen zu vollbringen.

Stromberg berichtete, dass er persönlich beobachtet habe, wie eine bessere Ernährung bemerkenswerte Veränderungen der geistigen Fitness bewirkte. Woran er das erkennt? Am Aussehen seiner Klienten. Manchmal wird sichtbar, wie der Stress körperlich an uns zehrt. Ein geschultes Auge sieht in Veränderungen von Haar, Haut und Augen klare Hinweise auf eine unzureichende oder falsche Ernährung. Wenn Stromberg nicht gerade köstliche, nahrhafte Mahlzeiten für Spitzensportler zubereitet, setzt er seine Kenntnisse ein, um bei Spitzenmanagern Stress zu verringern und ihren allgemeinen Gesundheitszustand zu verbessern. »Ich habe einigen von ihnen individuelle Ratschläge gegeben«, sagte er uns. »Ein paar Monate später fühlten sie nicht nur die Veränderung. Man konnte sie tatsächlich *sehen*!«[25]

In unseren Seminaren zu gehirnbasierten Strategien zur Leistungssteigerung arbeiteten wir normalerweise mit Ernährungsexperten zusammen und servierten den Teilnehmern »Gehirnnahrung«, die eigens zusammengestellt wurde, um das mentale und emotionale Wohlbefinden zu verbessern. Viele Führungskräfte, die an unseren Seminaren teilgenommen haben, übernahmen diese neue Art der Ernährung in ihr Alltagsleben. Viele waren überrascht davon, wie schmackhaft und leicht zuzubereiten dieses gesunde Essen war – vor allem aber davon, wie viel besser sie sich fühlten.

Was für Speisen haben wir unseren Kursteilnehmern vorgesetzt? Leider würden die spezifischen Menüs den Rahmen dieses Buchs sprengen (obwohl sie vielleicht irgendwann das Hauptthema eines weiteren sein werden!), aber wenn es eine zentrale Botschaft zum Beitrag der Ernährung zum Schutz vor unliebsamen emotionalen Schwankungen gibt, so ist es diese: Nahrhafte Lebensmittel sollten uns mit ausreichender Energie versorgen, damit der Brennstoff, den unser Gehirn braucht, um richtig funktionieren zu können, immer dann zur Verfügung steht, wenn wir ihn brauchen. Im Grunde kann man nicht viel falsch machen, wenn man viel nährstoffhaltiges Gemüse und Obst sowie eine ausreichende Menge Protein zu sich nimmt, ergänzt durch gesunde ungesättigte Fettsäuren, wie man sie zum Beispiel in Olivenöl oder Leinöl findet. Proteine sind wichtig, weil Aminosäuren die Bausteine für Neurotransmitter sind. Beispielsweise ist Tryptophan (das unter anderem in Huhn, Kichererbsen und Schokolade enthalten ist) ein Vorläufer von Serotonin und Melatonin und kann vom Körper nicht selbst synthetisiert werden.

Manche Ernährungsberater predigen einen völligen Verzicht auf Kohlenhydrate, aber von einer derart extremen Regel halten wir nichts. Tatsächlich gibt es Hinweise darauf, dass eine kohlenhydratarme Ernährung den Transport von Serotonin im Gehirn hemmt, was zu Depressionen führen kann.[26] Einfache Kohlenhydrate versorgen das Gehirn mit Energie, aber haben nur einen geringen oder überhaupt keinen Nährwert, was zur Folge hat, dass man möglicherweise überschüssige Kalorien aufnehmen muss, um sich mit den benötigten Nährstoffen zu versorgen. Ergänzt man seine Nahrung hingegen durch schmackhafte Vollkornprodukte mit komplexen Kohlenhydraten, so sollte man genug Nährstoffe haben.

Gehirntraining

Die Reaktion unseres Gehirns auf eine bestimmte Situation ist nicht unveränderlich. Das Gehirn ist intelligent und stark, aber es ist auch überraschend naiv und leicht zu beeinflussen. Oft kann man schädliche Auswirkungen belastender Situationen verhindern, indem man den Körper einsetzt, um das Gehirn auszutricksen, indem man solche Situationen aus einem positiven Winkel betrachtet oder indem man die Stärke einer Stressreaktion ablenkt und zum eigenen Vorteil nutzt.

Mit dem Körper führen

Obwohl alles vom Lächeln bis zum Stress zeigt, wie das Gehirn den Körper steuert, sind die Einflüsse in Wahrheit wechselseitig. Zahlreiche psychologische Studien haben gezeigt, dass nicht nur die Emotionen den Körper beeinflussen, sondern dass umgekehrt dasselbe gilt: Der Körper kann die Emotionen beeinflussen. Und indem wir »so tun als ob«, das heißt indem wir den Gesichtsausdruck und die Körperhaltung einer glücklichen und erfolgreichen Person einnehmen, können wir unser Gehirn dazu bringen, zu glauben, dass wir glücklich und erfolgreich sind.

Der Botox-Effekt

Statistiken der American Society of Plastic Surgeons zeigen, dass in den USA im Jahr 2020 schätzungsweise 4,4 Millionen Patienten mit dem Botulinumtoxin Typ A, besser bekannt als Botox, behandelt worden sind. Der großen Mehrheit dieser Menschen wird Botox vermutlich gespritzt, weil sie sich mit ihrem Aussehen wohler fühlen möchten, aber Psychologen haben in der glättenden Wirkung der Injektionen eine überraschende Begleiterscheinung entdeckt, die sich auf das Befinden der Empfänger auswirkt.

In einer Studie machten 40 Frauen vor und nach einer Botox-Behandlung Angaben dazu, inwieweit verschiedene Aussagen auf sie zutrafen. Über die Ergebnisse mussten sowohl Psychologen als auch Schönheitschirurgen lächeln: Während die Reaktionen der Versuchsteilnehmerinnen auf positive Aussagen unverändert waren, reagierten sie nach dem Erhalt ihrer Injektionen deutlich langsamer auf negative Aussagen.

Die »mimische Feedbackhypothese« besagt, dass unser Gesichtsausdruck ein Signal an das Gehirn sendet, damit es eine entsprechende emotionale Reaktion auslöst. Mit anderen Worten: Wir lächeln, wenn wir glücklich sind, aber manchmal kann uns ein Lächeln tatsächlich glücklich *machen*. Das kann auch eine Folge des »festgefrorenen Grinsens« sein, das manchmal von Botox verursacht wird. Die Ergebnisse der Botox-Studie sind so faszinierend, dass Psychologen begonnen haben zu untersuchen, ob Botox zur Behandlung von Depressionen eingesetzt werden kann.

Hast du einen Stift im Mund oder freust du dich einfach, mich zu sehen?

In anderen Studien kamen statt Botox ganz gewöhnliche Stifte oder auch Essstäbchen zum Einsatz. In der Studie mit Stiften forderten die Forscher eine Gruppe von Versuchspersonen auf, einen Stift horizontal zwischen den Zähnen zu halten, während sie sich verschiedene Cartoons ansahen und bewerteten, wie amüsant sie diese fanden. Eine zweite Gruppe von Versuchspersonen sah sich dieselben Trickfilme an und hielt ebenfalls einen Stift zwischen den Lippen, allerdings ohne ihn mit den Zähnen zu berühren. Probieren Sie es selbst aus, und Sie werden den Unterschied bemerken. Auf den Stift zu beißen, zwang das Gesicht der Versuchspersonen in ein Lächeln. Die andere Haltung erzeugte eher einen finsteren Gesichtsausdruck. Den Versuchspersonen war ihr Gesichtsausdruck nicht bewusst, aber er hatte einen messbaren Effekt auf ihre Beurteilung der Cartoons. Die »Lächler« hatten sehr viel mehr Spaß daran als die unwissentlich finster dreinblickenden Personen.

Die Studie mit den Stiften scheint zu belegen, dass sich ein positiver Gesichtsausdruck auf unsere Emotionen auswirkt. Die Studie mit den Essstäbchen ging noch einen Schritt weiter und stellte einen direkten Zusammenhang zwischen Lächeln und Stresstoleranz her. In dieser Studie wurde eine Gruppe von Versuchspersonen aufgefordert, ein Essstäbchen im Mund zu halten, was ein ähnliches Lächeln erzwang wie der Stift in der anderen Studie, während die andere Gruppe einen neutralen Gesichtsausdruck hatte. Beide Gruppen wurden anschließend geringfügig belastenden Situationen ausgesetzt, zum Beispiel mussten sie die Hand in einen mit eiskaltem Wasser gefüllten Eimer halten. Die Forscher maßen die Herzfrequenz der Versuchspersonen vor, während und nach diesen Vorgängen. Bei den lächelnden Personen (die nicht wussten, dass sie lächelten) kehrte die Herzfrequenz rascher wieder auf das Ausgangsniveau zurück als bei den Personen mit einem neutralen Gesichtsausdruck.

Die Macht der Haltung

Der Gesichtsausdruck ist nicht das Einzige, was sich auf unsere Einstellung auswirkt. Eine an zwei renommierten Business-Schools durchgeführte Studie hat gezeigt, dass die Haltung eine größere Wirkung auf das allgemeine Verhalten hat als eine Beförderung. Versuchspersonen, die eine sogenannte »expansive Haltung« einnahmen – sie nahmen mehr Raum ein, indem sie die Beine überschlugen, anstatt sie aneinanderzulegen, und einen Arm über die Stuhllehne legten, anstatt die Hände unter ihre Oberschenkel zu stecken –, wurden als selbstbewusster wahrgenommen als höherrangige Personen, die eine eher unterwürfige Haltung einnahmen. Die Ergebnisse waren so eindeutig, dass sie sogar die Forscher überraschten. »Wir gingen von der Hypothese aus, dass die Funktion größeren Einfluss haben würde«, erklärt Li Huang, ein Doktorand an der Kellogg School of Management. »Doch zu unserer Überraschung dominierte die Wirkung der Haltung jene der Funktion in sämtlichen Studien.«[27] In einer weiteren Studie, die von der Harvard-Psychologin Amy Cuddy (der Autorin des Buchs *Dein Körper spricht für dich*) geleitet wurde, wurden in einem simulierten Bewerbungsgespräch Kandidaten, die eine »durchsetzungsfähigere Haltung« einnahmen, als leistungsfähiger eingeschätzt und hatten größere Chancen, eingestellt zu werden.[28] Ursprünglich hatte Amy Cuddy auch proklamiert, dass dieser Effekt von hormonellen Veränderungen begleitet wird. Diese Behauptung konnte nicht repliziert werden.

Wie wär's mit einer Umarmung?

Während uns ein Lächeln aufmuntern und eine expansive Haltung unser Selbstvertrauen erhöhen kann, kann uns eine einfache Geste fast wie durch Zauberei beruhigen. Eine Umarmung kann die Ausschüttung einer großen Menge des »Kuschelhormons« Oxytocin auslösen. Körperkontakt löst im Allgemeinen die Freisetzung von Oxytocin aus, das Stress sogar noch wirksamer verringert als beschwichtigende Worte, wie Studien gezeigt haben. In einer Studie begleiteten Männer ihre Ehefrauen zu einem Test, der mit beträchtlichem Stress verbunden war. Ein Teil der Männer unterstützte die Frauen mit aufmunternden Worten, während die anderen einfach die Schultern ihrer Partnerinnen massierten. In der zweiten Gruppe war eine Verringerung der Stressbelastung zu beobachten, in der ersten nicht.

Nun wird es mancherorts verpönt sein, Kollegen in die Arme zu nehmen oder ihnen die Schultern zu massieren – und manchmal kann das sogar eine Bedrohungsreaktion beim Empfänger der Zuwendung auslösen. (Man muss nur Bundeskanzlerin Angela Merkel fragen, die im Jahr 2006 eine nicht erbetene und offensichtlich unerwünschte Rückenmassage von dem damaligen US-Präsident George W. Bush erhielt!) Zum

Glück gibt es noch andere, sozial akzeptablere Möglichkeiten, an unsere Dosis Oxytocin heranzukommen. Das Kuscheln mit einem Haustier oder dem Partner kann die Freisetzung von Oxytocin auslösen, und dasselbe gilt für einen einfachen Händedruck mit einem Klienten oder Kollegen, obwohl die Wirkung in diesem Fall nicht so stark sein dürfte.

Da unser Gehirn einen Negativitätsbias hat, besteht unsere erste Reaktion bei der Begegnung mit einer uns unbekannten Person darin, sie so lange als Feind zu behandeln, bis wir uns davon überzeugt haben, dass sie ein Freund ist. Ein Händedruck kann die Rettung sein! Dieser Brauch, der früher den praktischen Zweck erfüllte, zu beweisen, dass man keine Waffe in der Hand hatte, dient auch einem neurologischen Zweck: Er hemmt die Bedrohungsreaktion und erzeugt ein stärkeres Gefühl der Verbundenheit, indem er zur Freisetzung einer kleinen Menge Oxytocin führt. In Zeiten von Social Distancing kann man allerdings davon ausgehen, dass Körperkontakt mit Kollegen und Geschäftspartnern bei den meisten Menschen eher eine Stressreaktion hervorruft.

Den Stress abschalten

Mittlerweile gibt es zahlreiche wissenschaftliche Belege dafür, dass körperliche Veränderungen die Reaktionen des Gehirns beeinflussen können, und offenbar besteht eine der wirksamsten Strategien zur Stressbewältigung darin, das körperliche Verhalten zu ändern.

Unser autonomes Nervensystem, jener Mechanismus, der im Wesentlichen ohne bewusstes Zutun funktioniert, um unseren Körper am Laufen zu halten, besteht aus zwei Kanälen: dem sympathischen und dem parasympathischen. Der sympathische Kanal aktiviert die Kampf-oder-Flucht-Reaktion, während der Parasympathikus für die Ruhe- und Regenerationsaktivitäten zuständig ist.

Es gibt ein paar Ausnahmen, aber im Allgemeinen ist der eine Kanal inaktiv, wenn der andere dominiert. Beispielsweise sind wir in Stresssituationen normalerweise nicht imstande, uns richtig auszuruhen oder zu regenerieren. Um unseren Körper in die Lage zu versetzen, richtig auf eine Bedrohung zu reagieren, schaltet das sympathische Nervensystem vorübergehend alle verzichtbaren Funktionen einschließlich Verdauung, Reproduktion und (was kaum erwähnt werden muss) Entspannung aus.

Normalerweise sollten wir uns nicht entspannen, wenn unser Leben in Gefahr ist!

Der Mechanismus funktioniert zwar nicht so einfach wie ein Lichtschalter, aber das Bild ist durchaus treffend. Um Entspannung zu erlernen, müssen wir die Fähigkeit entwickeln, vom sympathischen zum parasympathischen Nervensystem zu wechseln: Wir müssen lernen, den Stress abzuschalten und die Entspannung einzuschalten. Die meisten populären Entspannungstechniken beruhen auf einem einfachen, aber oft schwer umzusetzenden Prinzip: Man muss einen Weg finden, um den eigenen Schalter umzulegen.

Zwerchfellatmung. Normalerweise muss uns niemand sagen, dass wir weiteratmen sollen. Wir tun es unentwegt, den ganzen Tag lang, solange wir leben, und zwar im Wesentlichen unbewusst. Die Zwerchfellatmung versetzt uns in die Lage, uns nicht nur auf unsere Atmung zu konzentrieren, sondern auch die Art und Weise zu ändern, wie wir atmen – langsam durch die Nase statt durch den Mund einzuatmen und die Luft bei jedem Atemzug bis in den Bauch einzusaugen, statt nur die Brust damit zu füllen. Wenn wir ausatmen, tun wir es durch den Mund und drücken die Luft langsam aus dem Bauch heraus.

Die meisten von uns kennen die schnelle, oberflächliche Atmung bei Angst und Stress, und die tiefen, entspannten Atemzüge, wenn wir uns angenehm schläfrig oder entspannt fühlen. Die Zwerchfellatmung stellt diesen Prozess auf den Kopf: Wir setzen die Atmung ein, um unsere Stimmung zu steuern, anstatt zuzulassen, dass unsere Stimmung die Atmung steuert.

Progressive Muskelentspannung. Die zu Beginn des 20. Jahrhunderts von dem Arzt Edmund Jacobson entwickelte progressive Muskelentspannung ist genau das, wonach sie sich anhört. Sie besteht darin, dass man sich methodisch durch die verschiedenen Muskelgruppen des Körpers vorarbeitet und sie an- und entspannt, bevor man sich der nächsten Gruppe zuwendet. Die Technik ermöglicht nicht nur eine systematische Entspannung des gesamten Körpers, sondern erhöht auch das Körperbewusstsein und lehrt uns, wie sich jede einzelne Muskelgruppe anfühlt, wenn wir sie an- beziehungsweise entspannen. Das kann unsere

Fähigkeit erhöhen, körperliche Anzeichen von Stress zu erkennen und zu lindern.

Autogenes Training. In den 1930er Jahren entwickelte der deutsche Psychiater Johannes Heinrich Schultz eine Entspannungstechnik, die er als autogenes Training bezeichnete. Sie besteht darin, nach Möglichkeit zwei- oder dreimal am Tag 15 Minuten lang ruhig zu sitzen oder zu liegen und eine Reihe von Visualisierungsübungen zu wiederholen, die der Entspannung dienen. In den 1960er Jahren griff der US-amerikanische Kardiologe Herbert Benson die von Schultz entwickelte Technik auf und wandelte die Anweisungen geringfügig ab. Er wies seine Patienten an, sich einen ruhigen Sitzplatz zu suchen, es sich bequem zu machen und sich schweigend auf einen Klang, ein Wort oder einen Satz zu konzentrieren oder einen Gegenstand zu betrachten. Diese Übung erhöht im Lauf der Zeit die Bewusstheit des autonomen Nervensystems und versetzt uns in die Lage, es zu steuern, wodurch wir vom stressbelasteten sympathischen zum entspannten parasympathischen Nervensystem wechseln können. Benson bezeichnete das als »Entspannungsreaktion«.

Die Anweisungen zu diesen Techniken sind unterschiedlich, aber sie beruhen allesamt auf demselben Grundgedanken: Indem wir die Funktionsweise des Körpers ändern, können wir die Funktionsweise des Gehirns ändern. Hunderte extern begutachtete Studien bestätigen diese weitreichende Erkenntnis: Indem wir uns bewusst darauf konzentrieren, unseren Körper zu entspannen, oder unsere Aufmerksamkeit auf einen einfachen Ton oder ein Objekt richten, können wir unser Gehirn dazu bewegen, seine Stressreaktion abzuschalten.

Indem wir die Funktionsweise des Körpers ändern, können wir die Funktionsweise des Gehirns ändern.

Sie können diese anerkannten Techniken nutzen, aber Sie können auch eine etwas informellere Methode anwenden. Wenn Sie in einer scheinbar endlosen Sitzung gefangen sind, kann sich ein einfacher Positionswechsel spürbar auf Ihre Einstellung auswirken. Wenn Sie bedrückt an Ihrem Schreibtisch sitzen, können Sie Ihre emotionale Verfassung manchmal am schnellsten ändern, indem Sie aufstehen und sich bewegen. Lassen Sie Ihren Körper vorangehen, und Ihr Gehirn wird normalerweise folgen.

Positives Denken

Im vergangenen Jahrhundert haben verschiedenste Motivationsredner mit beinahe religiösem Eifer das sogenannte positive Denken gepredigt. Einige von ihnen hatten Hunderttausende Anhänger, aber die von Natur aus skeptischen Wissenschaftler betrachteten diese zuversichtlichen Botschaften mit nachvollziehbarem Misstrauen. Schließlich war das positive Denken eher eine Geisteshaltung als eine Wissenschaft, und Wissenschaftler stützen sich vor allem auf Daten. Dank wissenschaftlicher Innovationen wie der funktionellen Magnetresonanztomographie (fMRT) verfügen wir mittlerweile über die Daten. Und obwohl unter den Verfechtern des positiven Denkens wahrscheinlich so mancher Scharlatan und einige wohlmeinende, aber leichtgläubige Optimisten sind, ist ihre grundlegende Botschaft – eine Änderung unserer Einstellung kann unser Leben verändern – mittlerweile in Hunderten unabhängig überprüften, solide dokumentierten Studien bestätigt worden.

Lassen Sie Ihren Körper vorangehen, und Ihr Gehirn wird normalerweise folgen.

Du musst daran glauben

Aber zuerst die schlechte Nachricht. Für einige sehr beliebte Selbsthilfemethoden gibt es weiterhin keine soliden neurowissenschaftlichen Belege. Die bekannteste dieser Methoden ist die »positive Affirmation«.

Als der legendäre Boxer Muhammad Ali verkündete: »Ich bin der König! Ich bin der Größte!«, rief er dem Publikum nicht nur in Erinnerung, was es bereits wusste. Möglicherweise verbesserte er dadurch auch seine Leistung im Ring. Alis Behauptung stand in der stolzen Tradition der positiven Affirmation, das heißt der Vorstellung, man könne fast jedes Ziel erreichen, indem man eine zuversichtliche Einstellung mit einer nachdrücklichen positiven Aussage kombiniert.

Das Problem ist, dass auf jeden Muhammad Ali, der positive Affirmationen einsetzt, um erfolgreicher zu sein, Zehntausende Hilfsbedürftige und Personen mit guten Absichten kommen, die ihre Lage durch solche Behauptungen in Wahrheit verschlechtern! Empirische Daten zeigen, dass derartige Versuche, das eigene Leben mit einer einfachen Lösung in eine andere Richtung zu lenken, nur dann funktionieren, wenn man tatsächlich ein gesundes Selbstwertgefühl hat. Wird diese Art der Selbstbestätigung in einer von beträchtlichem Stress gekennzeichneten Prüfungssituation eingesetzt, so wirkt sie sich bei Personen mit geringem Selbstwertgefühl sogar *nachteilig* aus. Wer kein positives Selbstbild hat, muss zuerst seine grundlegenden Vorstellungen davon ändern, wer er ist.

Die Basalganglien sind schuld

So wie die Fähigkeit, Fahrrad zu fahren, ist auch unser Selbstwertgefühl in einem Teil unseres Gehirns angesiedelt, der als Basalganglien bezeichnet wird. Es überrascht nicht, dass diese Ganglien in nächster Nähe des Bedrohungs- und des Belohnungsschaltkreises liegen. Wenn man sich selbst bestätigt, dass man liebenswert ist, tief im Inneren jedoch überzeugt ist, dass man es eigentlich nicht ist, so ist das Resultat eine schwächende und belastende kognitive Dissonanz, in der das Bewusstsein im Widerspruch zum unbewussten Gehirn steht.

Was geschieht also, wenn man kein positives Selbstbild hat? Ist man dann dazu verurteilt, ein Leben in Mittelmäßigkeit zu führen und alle seine Ziele zu verfehlen? Keineswegs. Unser Selbstbild kann so wie unser Gehirn mit einem Muskel verglichen werden: Wenn man schwache Beine hat und sich wünscht, dass sie muskulös und schön geformt sind, dann liegt die Lösung normalerweise auf der Hand: Man muss sie trainieren. Genauso braucht ein Mensch, dessen Vertrauen in die eigenen Fähigkeiten wenig ausgeprägt oder im Lauf der Jahre geschwunden ist, ein mentales Trainingsprogramm. Um unser Selbstwertgefühl wiederherzustellen, können wir uns die Dinge vor Augen halten, für die wir dankbar sind, oder wir können auf unseren Erfolgen aufbauen und so unser Selbstwertgefühl stärken.

Jeder Tag ist Erntedankfest

Es ist kein Zufall, dass die meisten Weltreligionen der Dankbarkeit große Bedeutung beimessen. Bei der Dankbarkeit geht es nicht darum, etwas zu unterdrücken oder zu hemmen. Abgesehen davon, dass das nicht funktioniert, hat es sich wieder und wieder als schädlich erwiesen. Vielmehr geht es darum, die Aufmerksamkeit umzulenken. Die Dankbarkeitstherapie muss nicht religiös oder spirituell sein, aber sie verlagert die Aufmerksamkeit von Dingen, von denen man möglicherweise nicht überzeugt ist, auf die Dankbarkeit für die Dinge, die man tatsächlich hat.

Die Wissenschaft der Dankbarkeit. Zahlreiche Studien haben gezeigt, dass diese Verlagerung erhebliche Auswirkungen hat. Ein dreiwöchiges Dankbarkeitstraining genügt, um das persönliche Wohlbefinden und die psychische Gesundheit insgesamt zu verbessern. Außerdem erhöht es die Energie, regt zu mehr körperlicher Aktivität an, fördert den Optimismus und führt dazu, dass man besser schläft und mehr Zeit damit verbringt, anderen zu helfen.[29] Dankbarkeit korreliert mit der Aktivität von spezifischen Gehirnregionen, insbesondere dem Belohnungssystem und den sozialen Netzwerken.

All diese Verbesserungen haben eine kumulative Wirkung. Sie beeinflussen unser Auftreten und Verhalten und letzten Endes die Art und Weise, wie wir in Bezug auf uns selbst denken und fühlen. Die wachsende Zahl empirischer Belege für die vorteilhaften Wirkungen der Dankbarkeitstherapie zeigt, dass diese Therapie tatsächlich Wunder wirkt. Die Forschungsergebnisse deuten seit geraumer Zeit darauf hin, dass es einen sogenannten »Glücksnullpunkt« gibt – ein persönliches Basisniveau des Glücks, das zur Folge hat, dass manche Menschen unabhängig von den äußeren Umständen von Natur aus glücklicher sind als andere –, aber die Dankbarkeitsforschung zeigt, dass man dieses Basisniveau des Glücks um nicht weniger als 25 Prozent erhöhen kann.[30] »Nicht das Glück versetzt uns in die Lage, dankbar zu sein«, erklärt David Steindl-Rast, ein Benediktinermönch, der einen Doktortitel in experimenteller Psychologie hat. »Die Dankbarkeit versetzt uns in die Lage, glücklich zu sein.«

Ein Matchplan für Dankbarkeit. Wie kann man diese wunderbar klingende Dankbarkeitstheorie praktisch umsetzen? Eine ganz einfache Maßnahme besteht darin, einmal täglich drei bis fünf Dinge aufzuschreiben, für die man dankbar ist. Dafür kann man eine bestimmte Zeit reservieren. Oder man kann auf Reisen, in einer langweiligen Sitzung oder immer dann, wenn man ein wenig Zeit übrig hat, Dinge zur Liste hinzufügen. Besonders wirksam ist diese Methode, wenn man versucht, die Gefühle von Dankbarkeit im Körper zu verankern.

Das wird manchmal als Dankbarkeitstagebuch bezeichnet, aber es ist nicht nötig, tatsächlich ein Tagebuch zu führen. Man kann auch eine unauffällige Datei auf dem Smartphone anlegen und die Liste kontinuierlich fortsetzen. Dafür stehen verschiedene Apps zur Verfügung. Die meisten sind kostenlos und viele beinhalten einen Passwortschutz, um die Liste vor neugierigen Blicken zu schützen, sowie eine Benachrichtigungsoption, die den Benutzer solange, bis die Übung ein fester Bestandteil der täglichen Routine ist, daran erinnert, die Liste fortzuführen.

Was gehört in die Dankbarkeitsliste? Um richtig zu verstehen, was Dankbarkeit ist, müssen wir wissen, was sie nicht ist. Dankbarkeit hat nichts damit zu tun, sich mit anderen zu vergleichen.[31] Mit Dankbarkeit ist nicht gemeint, uns bewusst zu machen, dass andere Menschen nicht so wohlhabend, talentiert oder gutaussehend sind wie wir oder dass es ihnen einfach schlechter geht als uns.[32] Eine solche Betrachtungsweise kann vielmehr eine zerstörerische Arroganz fördern. Auch geht es bei der Dankbarkeit nicht darum, unsere persönlichen Leistungen aufzulisten, selbst wenn diese höchstwahrscheinlich Grund für Zufriedenheit sind.

Dankbarkeit richtet sich vielmehr auf eine Quelle außerhalb von unserer eigenen Person.[33] Normalerweise liegt das Augenmerk auf Personen oder Erfahrungen, die unser Leben besser, glücklicher oder sinnvoller gemacht haben. Das kann alles vom Anblick eines schönen Sonnenuntergangs bis zum Genuss einer köstlichen Mahlzeit, dem Lächeln eines Fremden oder der Hilfe einer Kollegin, eines Verwandten oder einer Freundin sein.

Auf den Erfolgen aufbauen

Es ist schwierig, wenn nicht sogar unmöglich, positiv zu denken, wenn man die eigenen Fähigkeiten nicht positiv beurteilt. Hier kommt die Selbstwirksamkeit ins Spiel. Selbstwirksamkeit ist die tief verwurzelte Überzeugung, eine gewisse Kontrolle über das Leben und die Ergebnisse des eigenen Handelns zu haben. Obwohl das Gefühl der Selbstwirksamkeit im Wesentlichen in der Kindheit geprägt wurde, können die Geschehnisse im Lauf des Lebens dieses Gefühl entweder verstärken oder abschwächen. Jede neue Fähigkeit, die wir erwerben, und jeder neue Erfolg, den wir erringen, können unser Gefühl der Selbstwirksamkeit festigen. Umgekehrt können Misserfolge oder Rückschläge unsere Selbstwirksamkeit untergraben, obwohl das nicht zwangsläufig passiert. Aufschluss über das Niveau der Selbstwirksamkeit einer Person gibt, wie sie eine schwierige Aufgabe in Angriff nimmt. Menschen mit einem ausgeprägten Gefühl der Selbstwirksamkeit betrachten solche Aufgaben als Herausforderung, während jene mit geringer Selbstwirksamkeit eher eine Bedrohung darin sehen.

Wenn wir Aufgaben nicht als Bedrohung, sondern als Herausforderung betrachten, kann sich das sehr positiv auf unser Leben und unsere Emotionen auswirken. Es kann eine Kettenreaktion von Erfolgen auslösen sowie Stress und die Anfälligkeit für Depressionen verringern.[34] Kaum etwas kann eine positive Einstellung besser verankern als die Möglichkeit, auf eine Reihe nachweislicher Erfolge zu verweisen.

Aber was geschieht, wenn man gegenwärtig keine solche Kette von Erfolgen vorzuweisen hat? Es gibt zwei Dinge, die man tun kann, um eine dauerhaft positive Einstellung zu seinem Leben und zum eigenen Handeln zu entwickeln. Erstens kann man jeden Fehler, gleich welcher Art, als einmaligen Ausrutscher zu den Akten legen und sich vor Augen halten, dass man es beim nächsten Mal besser machen wird. So reagieren Optimisten auf Rückschläge. Zweitens kann man jeden Fehlschlag als punktuelles Blinken auf dem Radarschirm des eigenen Lebens betrachten, als Signal, das wieder erlöschen wird. Optimisten betrachten jeden Rückschlag als etwas, das keinen Bestand hat, und wenden sich der nächsten Aufgabe zu.

Das Hochstapler-Syndrom überwinden

Eine Partnerin in einer führenden multinationalen Professional-Services-Firma erinnerte sich daran, dass sie sich selbst einmal die Frage gestellt hatte: »Was tust du hier? Was glaubst du, wer du bist? Sie werden dir auf die Schliche kommen.«[35] So sonderbar das klingen mag: In der modernen Welt haben viele Menschen, die beeindruckende Leistungen vorzuweisen haben, tief im Inneren das Gefühl, in Wahrheit Hochstapler zu sein und ihren Erfolg nicht zu verdienen. Auf der langen Liste von Personen, die unter diesem Gefühl leiden, findet man Unternehmensleiter, Höchstrichter und Oscar-Preisträgerinnen.

Obwohl dieses Gefühl noch nicht offiziell als Krankheit anerkannt ist, betrachten die Psychologen das sogenannte »Hochstapler-Syndrom« als eine Art von intellektuellem Selbstzweifel, der mit Angststörungen und oft auch Depressionen einhergeht.[36] Kaum jemand ist dagegen gefeit. Forscher erklären, dass bis zu 70 Prozent aller Menschen im Lauf ihres Lebens Bekanntschaft mit dem Hochstapler-Syndrom machen.[37]

Wer leidet unter dem Hochstapler-Syndrom? Die Menschen, die unter diesem Syndrom leiden, sind weder faul noch inkompetent. Im Gegenteil: Sie sind normalerweise hochmotivierte Erfolgsmenschen, die jedoch das Gefühl haben, das viele Lob, das sie erhalten, nicht wirklich verdient zu haben.[38] Stattdessen konzentrieren sie sich auf die Dinge, die sie noch nicht erreicht haben.[39] Nach Ansicht der Psychologin Suzanne Imes, die an der Entwicklung der Theorie des Hochstapler-Syndroms beteiligt war, stammen Personen, die unter diesem Syndrom leiden, aus leistungsorientierten Familien. Unter solchen Bedingungen neigen Menschen dazu, Erfolg untrennbar mit dem allgemeinen Selbstwertgefühl zu verknüpfen.[40]

Warum es geschieht. Eine mögliche Erklärung für das Hochstapler-Syndrom ist, dass sich erfahrene Führungskräfte bei ihren wichtigsten Entscheidungen oft auf ihre Intuition als Experten stützen (siehe Kapitel 5), was zur Folge hat, dass sie sich dieser klugen Entscheidungen kaum bewusst werden. Das erschwert es ihnen, sich daran zu erinnern. Obendrein kann die durch die fehlende Erinnerung verursachte Besorgnis ihrerseits die Amygdala aktivieren, was die Fähigkeit zu bewussten, rationalen Entscheidungen beeinträchtigt und so das Gefühl der Unzulänglichkeit verstärkt.[41]

Wenn Sie manchmal das Gefühl haben, Ihren Erfolg nicht begründen zu können, bedeutet das also nicht automatisch, dass Sie ein Schwindler sind. Im Gegenteil: Es ist gut möglich, dass dies ein Hinweis darauf ist, dass Sie in der Lage sind, wichtige Entscheidungen zu fällen, ohne darüber nachdenken zu müssen. Und das ist kein Merkmal eines Hochstaplers, sondern eines Experten![42]

Geschlechterunterschiede? Die ersten Psychologen, die das Hochstapler-Syndrom untersuchten, gelangten zu dem Ergebnis, dass Frauen häufiger davon betroffen waren. In einer Studie, an der 150 leistungsorientierte Frauen teilnahmen, zeigte sich, dass viele von ihnen ihre hart erkämpften Erfolge darauf zurückführten, dass sie einfach zum richtigen Zeitpunkt am richtigen Ort gewesen seien.[43] Es ist überraschend, was für Personen unter dem Hochstapler-Syndrom leiden. Die US-amerikanische Höchstrichterin Sonia Sotomayor gestand einmal: »Ich muss mich ständig vergewissern, dass ich den Erwartungen tatsächlich gerecht werde.«[44] Die britische Schauspielerin Kate Winslet, die einen Oscar, einen Emmy, einen Grammy und vier Golden Globes gewonnen hat und für viele weitere Preise nominiert war, beschrieb ihre Selbstzweifel einmal so: »Ich wachte am Morgen eines Drehtages auf und dachte: *Ich kann das nicht, ich bin eine Mogelpackung.*«[45]

Obwohl man offene Eingeständnisse dieser Art eher von prominenten Frauen hört, hat die Forschung gezeigt, dass auch Männer nicht von dem Syndrom verschont bleiben.[46] Die Tatsache, dass sich jemand in irgendeiner Hinsicht vom Großteil seiner Umgebung unterscheidet, scheint zu dem Gefühl beizutragen, ein Schwindler zu sein.[47] Nach Aussage der klinischen Psychologin Pauline Rose Clance, die an der Entwicklung der Theorie des Hochstapler-Syndroms beteiligt war, ist diese Erfahrung in Minderheiten stärker verbreitet. Amerikaner mit asiatischer Herkunft neigen eher als Afroamerikaner oder Latinos unter dem Gefühl, Hochstapler zu sein.[48] Doch in einer Studie stellte sich heraus, dass verblüffende 93 Prozent der afroamerikanischen College-Studentinnen unter dem Syndrom litten.[49]

Sowohl Frauen als auch Männer leiden unter Selbstzweifeln, aber sie scheinen sehr unterschiedlich damit umzugehen. Während Frauen ein Gefühl der Unsicherheit eher als Ansporn nutzen, sich selbst zu beweisen,[50] neigen Männer eher dazu, dem Konkurrenzkampf aus dem Weg zu gehen, weil sie fürchten, er würde sie verwundbarer und alle Welt auf ihre vermeintlichen Schwächen aufmerksam machen.[51]

Wie vermeintliche Hochstapler denken. Es überrascht nicht, dass Menschen, die befürchten, Hochstapler zu sein, zu Stimmungsschwankungen neigen, weniger selbstsicher sind und eher unter Leistungsangst leiden.[52]

Werden sie gelobt oder belohnt, so neigen solche Personen zu der Überzeugung, die Anerkennung nicht zu verdienen.[53]

Jeder neue Erfolg kann ihre Situation tatsächlich verschlechtern, anstatt ihre Angst ein wenig zu verringern. Ihre irrationale Sorge, als Betrüger bloßgestellt zu werden, wird umso größer, je mehr auf dem Spiel steht.[54] Und wenn sie bei der Verteilung von Anerkennung aus irgendeinem Grund übersehen werden, sehen sie sich insgeheim in ihrer negativen Selbsteinschätzung bestätigt.

Perfektionismus ist eine Eigenschaft, die häufig bei Personen mit Hochstapler-Syndrom zu beobachten ist. Sie bemühen sich selten um Hilfe und haben trotzdem das Gefühl, alles absolut fehlerfrei machen zu müssen.[55]

Überraschende Vorteile. Selbstverständlich ist dieses nagende Gefühl der Unsicherheit nicht immer zu unserem Nachteil. Es kann unsere Motivation erhöhen und uns zu weiteren Höchstleistungen antreiben.[56] Und da zahllose Studien gezeigt haben, dass die Menschen dazu neigen, ihre eigenen Fähigkeiten erheblich zu überschätzen, kann das Hochstapler-Syndrom manchmal helfen, übermäßiges Selbstvertrauen in Schach zu halten.[57]

Das Hochstapler-Syndrom überwinden

Jene, die wirklich überzeugt sind, Schwindler zu sein, können eine Reihe von Techniken anwenden, die ihnen helfen können, diese potenziell lähmende Störung zu überwinden.

- **Finden Sie sich damit ab.** Der erste Schritt zur Überwindung des Hochstapler-Syndroms besteht darin, sich selbst zu akzeptieren.[58] Das bedeutet, dass man anerkennt, dass das Syndrom existiert und dass es Teil der eigenen Persönlichkeit ist.[59] Die Molekularbiologin Rosalyn Lang-Walker, die in der Vergangenheit mit Selbstzweifeln zu kämpfen hatte, sieht in der Anerkennung des Hochstapler-Syndroms den Schlüssel zu seiner Überwindung. »Hat man es sich einmal eingestanden, so kann man es kleinreden. Man kann zu sich selbst sagen: ›Es hat einen Grund, dass ich es bis hierher geschafft habe.‹«[60]
- **Machen Sie eine Bestandsaufnahme.** Suzanne Imes schlägt vor, die Dinge, in denen man gut ist, sowie die Bereiche aufzuschreiben, in

denen Verbesserungsbedarf besteht. Die Arbeit an dieser Liste kann Ihnen in Erinnerung rufen, wie viel Sie erreicht haben, und Ihre Stärken beleuchten.[61]

- **Verzichten Sie auf Vergleiche.** Hören Sie auf, sich mit anderen zu vergleichen. Solche Vergleiche sind immer subjektiv, selten zutreffend und fast nie hilfreich.[62] Machen Sie sich bewusst, dass Menschen, die selbstbewusst wirken, oft einfach nur bessere Schauspieler sind. Insgeheim werden diese Personen möglicherweise von genauso großen oder schlimmeren Selbstzweifeln geplagt wie Sie.[63]
- **Holen Sie eine zweite Meinung ein.** Wenn Sie streng mit sich ins Gericht gehen, sollten Sie sich auf äußere Beurteilungen, darunter Beförderungen, Auszeichnungen und Feedback von Vorgesetzten und Kollegen konzentrieren, die mehr über Ihre tatsächlichen Fähigkeiten verraten. Die Forschung hat gezeigt, dass wir selbst unsere Fähigkeiten schlecht einschätzen können.[64]
- **Bleiben Sie wettbewerbsfähig.** Lassen Sie sich von einer strengen Selbsteinschätzung nicht daran hindern, regelmäßig ihre Fähigkeiten zu verbessern und zu erweitern.[65] Anstatt die Latte niedriger zu legen, sollten Sie realistische Erwartungen definieren, die Ihnen das Gefühl geben, ein wenig überfordert zu sein, ohne Sie vollkommen zu überwältigen.[66] Es erfordert Mut, Ziele zu verfolgen, wenn man Gefahr läuft, sie zu verfehlen und das Gesicht zu verlieren.[67]
- **Verschließen Sie sich nicht.** Wenn Sie unter Selbstzweifeln leiden, dürfen Sie sich nicht in sich zurückziehen. Teilen Sie Ihre Gefühle mit Personen Ihres Vertrauens. Oft wird die Artikulierung Ihrer Unsicherheit zutage fördern, dass die meisten Ihrer Sorgen übertrieben, wenn nicht vollkommen unbegründet sind.[68]
- **Finden Sie einen Mentor/eine Mentorin.** Eine unterstützende Anleitung kann dabei helfen, den Bann des Hochstapler-Syndroms zu brechen.[69] Finden Sie ein Rollenvorbild oder einen Fürsprecher, der wirklich an Sie glaubt, auch wenn Sie selbst gerade nicht wirklich an sich glauben.[70]
- **Seien Sie ein Mentor/eine Mentorin.** Die Arbeit mit jüngeren Kollegen kann Ihnen helfen zu erkennen, was Sie erreicht haben und wie viel wertvolles Wissen Sie zu vermitteln haben.[71]

- **Sagen Sie Danke.** Lehnen Sie Lob nicht ab, selbst wenn Sie glauben, dass jene, die das Lob aussprechen, im Irrtum sind. Vielleicht betrachten Sie die Zurückweisung aufrichtiger Komplimente als Bescheidenheit, aber andere Menschen könnten sie als Geringschätzung für ihre Meinung und ihre Gefühle deuten. Es ist sowohl für den Lobenden als auch für den Gelobten gut, wenn das Lob liebenswürdig angenommen wird.[72]
- **Feiern Sie Ihre Erfolge.** Wenn Sie einen kleinen Meilenstein erreichen, sollten Sie sich eine Pause gönnen, sich selbst auf die Schulter klopfen und sich Ihren Erfolg bewusst machen, bevor Sie sich der nächsten Herausforderung zuwenden. Ist der Meilenstein größer, so sollten Sie sich ein wenig Zeit für eine besondere Aktivität gönnen, um Ihre Leistung zu würdigen und sich dafür zu belohnen.[73]

Kognitives Jiu Jitsu

Der Stress ist eigentlich nicht der Feind. Es kommt darauf an, wie wir mit dem Stress umgehen. Es ist möglich, Stress, den man normalerweise als negativ und zersetzend betrachten würde, in eine positive, beflügelnde Empfindung zu verwandeln. Das entdeckten Psychologen mit unbewusster Unterstützung einiger verliebter junger Kanadier.

Als die jungen Männer im Rahmen einer Studie aufgefordert wurden, über eine schaukelnde hölzerne Hängebrücke zu gehen, die hoch über dem Capilano River in North Vancouver in der Provinz British Columbia hängt, wurden bei den Versuchspersonen feuchte Hände, ein beschleunigter Herzschlag und eine Reihe weiterer klassischer Symptome einer erhöhten Erregung beobachtet. Man sollte meinen, dass der Grund für diese Erregung auf der Hand lag, denn es ist ein aufregendes und ein wenig beängstigendes Erlebnis, diese Hängebrücke zu überqueren. Aber als die Versuchspersonen auf der anderen Seite der Schlucht ankamen, geschah etwas Interessantes. Sie wurden von einer attraktiven jungen Forscherin in Empfang genommen, die ein Clipboard in der Hand hatte und ihnen ein paar Fragen stellen wollte. Die Gegenwart der Frau bewegte die Hälfte der jungen Männer, ihre Einschätzung der Situation plötzlich zu ändern und ihre Aufregung irrtümlich nicht dem Gang über die gefährliche Brücke, sondern einer wechselseitigen romantischen Anziehung zuzuschreiben.[74]

Psychologen bezeichnen dieses Phänomen als »Fehlattribution von Erregung«. Abgesehen davon, dass das Experiment vorhersehbare Einblicke in die Funktionsweise der männlichen Libido lieferte, hilft es uns, die Funktionsweise von Stress besser zu verstehen. Er ist keine kontinuierliche Reaktion, sondern entfaltet sich in zwei voneinander getrennten Phasen, die von verschiedenen Gehirnfunktionen gesteuert werden. Obwohl in Reaktion auf eine Erregung automatisch unser einflussreiches und primitives limbisches System aktiviert wird, fällt die Auswertung der Daten dem zivilisierteren Teil unseres Gehirns zu. Es kommt zu einer vielversprechenden Verzögerung zwischen der Reaktion unseres flinken, instinktiven Unbewusstseins und der Interpretation dieser Reaktion durch den langsameren und bewussteren Teil unseres Gehirns. Die Nutzung dieser geringfügigen Verzögerung kann der Schlüssel zu einer effektiven emotionalen Regulierung und zur Entschärfung des Stresses sein. Entscheidend ist nicht die Stressreaktion an sich, sondern unser Umgang damit. Und hier kommt das ins Spiel, was wir als »kognitives Jiu Jitsu« bezeichnen.

Emotionale Regulierung als Kampfkunst

Die japanische Kampfkunst Jiu Jitsu beruht auf einer einfachen, aber bedeutsamen Erkenntnis: Wir werden einem stärkeren Widersacher fast immer unterliegen, wenn wir unsere Kraft seiner entgegensetzen. Aber wenn wir einen Weg finden, die Stärke dieses Gegners zu neutralisieren oder gegen ihn zu wenden, haben wir eine gute Chance, die Oberhand zu gewinnen.

Ein Hausmeister in einem Unternehmen, das wir kennen, ist auch Kampfsportler. Als einer der besten Kämpfer seines Klubs trat er in einem Kampf gegen einen Mannschaftskameraden an, der genauso stark, aber vielleicht nicht ganz so schlau war wie er.

Der Hausmeister schätzte die Situation sorgfältig ein und wusste, dass er nicht mit Kraft gewinnen konnte, sondern nur indem er seinen Gegner irgendwie überlistete. Er praktizierte eine Kampfkunst, in der man alle möglichen unorthodoxen Tricks anwenden kann. Während die beiden Männer miteinander rangen, küsste der Hausmeister seinen Gegner unvermittelt auf den Mund. Der andere Kämpfer war derart verblüfft, dass er für einen Augenblick den Griff löste, und der Hausmeister konnte diesen kurzen Moment der Schwäche nutzen, um ihn auf die Matte zu werfen. Obwohl diese spezielle Technik in keinem Kampfsporthandbuch zu finden sein dürfte, war es ein denkwürdiges und ausgesprochen unkonventionelles Beispiel der Problemlösung.

Das Prinzip des Jiu Jitsu bezog sich ursprünglich auf zwei menschliche Widersacher, aber es kann genauso gut herangezogen werden, um die Auseinandersetzung zwischen zwei rivalisierenden Hirnarealen zu beschreiben. Die emotionale Regulierung ist ein Wettbewerb zwischen dem enorm starken limbischen System und dem schwächeren, aber schlaueren präfrontalen Cortex. Wenn wir versuchen, den Stress zu verringern, indem wir ihn direkt bekämpfen, werden wir scheitern. Das hält viele nicht davon ab zu versuchen, den Stress zu bekämpfen, indem sie ihn unterdrücken, eine Technik, welche die Psychologen als »Hemmung« bezeichnen.

Warum die Hemmung nicht funktioniert

Unsere Gesellschaft belohnt bedauerlicherweise die Fähigkeit, die Emotionen unter Kontrolle zu halten. Doch abgesehen davon, dass das nicht funktioniert, schadet das Bemühen um Unterdrückung unserer Emotionen uns selbst und den Menschen in unserer Umgebung.

Wenn wir in einem Meeting sitzen und den Stress hemmen, kann das derart verheerende Auswirkungen auf die Exekutivfunktionen unseres Gehirns haben, dass wir genauso gut auf die Teilnahme an der Sitzung hätten verzichten können. Während wir uns stillschweigend dazu beglückwünschen, dass wir »die Beherrschung nicht verlieren«, büßen wir wahrscheinlich unsere Fähigkeit zu kreativer Tätigkeit, Innovation, Planung und Erinnerung ein. Dass die Hemmung so schädlich ist, liegt daran, dass die mit ihr einhergehende Beeinträchtigung unseres Denkens weitgehend unsichtbar für uns ist. Es kann durchaus den Anschein haben, als wäre alles in Ordnung, eben weil der Teil unseres Gehirns, der uns normalerweise warnen würde, wenn etwas nicht in Ordnung ist, weitgehend abgeschaltet worden ist.

Aber es kommt noch schlimmer: Während uns vermutlich nicht bewusst ist, dass wir weit von unserem optimalen Leistungsniveau entfernt sind, ist es für die Menschen rund um uns oft offensichtlich, und sei es auch nur auf einer unbewussten Ebene. Eine Studie hat gezeigt, dass der Versuch einer Person, ihren Stress zu hemmen, bei den Menschen in ihrer Umgebung den Blutdruck erhöhte. Stress zu unterdrücken ist ein wenig so, als würde man eine versteckte Waffe tragen. Oft spüren andere, dass wir etwas verbergen, was zur Aktivierung ihres Bedrohungsschaltkreises führt.

Schließlich hat unterdrückter Stress die verblüffende Fähigkeit, in unvorhersehbaren Situationen wieder zum Vorschein zu kommen. Die Hemmung ist so energieaufwändig, dass in dem Moment, da dem präfrontalen Cortex der Treibstoff ausgeht, genau das, was wir so mühsam unterdrückt haben, oft das Erste ist, was an die Oberfläche kommt. Wer die Redensart »Denken Sie nicht an einen rosa Elefanten!« kennt, weiß in etwa, wie das funktioniert. Der Versuch, ganz bewusst nicht an etwas zu denken, führt mit einiger Wahrscheinlichkeit dazu, dass man nicht verhindern kann, daran zu denken.

Anstatt also zu versuchen, unseren Stress zu unterdrücken, ist es sehr viel effizienter – und effektiver – ihn umzulenken. Und genau dazu dient das kognitive Jiu Jitsu. Die beiden Geheimwaffen des kognitiven Jiu Jitsu sind Etikettierung und Neubewertung.

Etikettierung: Wie man den Stress beseitigen kann, indem man ihm einen Namen gibt

Die Etikettierung ist genau das, wonach sie klingt. Man gibt der emotionalen Reaktion einen Namen oder findet eine Erklärung dafür. Wenn Sie zum Beispiel wegen einer bevorstehenden Präsentation nervös sind, sollten Sie diese Empfindung in Worte fassen – nicht unbedingt anderen, aber in jedem Fall sich selbst gegenüber – und schriftlich festhalten. In einer Sitzung sollten Sie vollkommen funktionstüchtig sein. Wenn Sie unter Stress stehen oder emotional sind, lassen Sie zu, dass Ihr primitives Gehirn das Kommando übernimmt. Die Etikettierung hilft, die Kontrolle zurückzugewinnen.

Komischerweise unterdrücken viele Leute ihre Emotionen, anstatt sie sich bewusst zu machen, weil sie überzeugt sind, dass alles nur noch schlimmer werden wird, wenn sie sich den Stress eingestehen. Sie fürchten, dass die Etikettierung Ihrer Emotionen die Wahrscheinlichkeit des Kontrollverlusts erhöhen wird. Das Gegenteil ist richtig. Die Forschung hat gezeigt, dass die Etikettierung der Quelle unseres Stresses tatsächlich die Aktivierung der Amygdala verringert, in der die Kampf-oder-Flucht-Reaktion ihren Ursprung hat.[75]

Der Psychologe Matthew D. Lieberman von der University of California in Los Angeles zeigte in einer Studie 30 Versuchspersonen Fotos von Gesichtern, die unterschiedliche Emotionen ausdrückten. Unter jedem Bild standen entweder zwei Adjektive wie »wütend« und »ängstlich« oder zwei Namen wie »Harry« und »Sally«. Die Versuchspersonen wurden aufgefordert, die Bilder richtig zu etikettieren. Hatten die Versuchspersonen die Option, dem Gesicht auf dem Bild eine Emotion zuzuordnen, so wurde die Reaktion ihrer Amygdala schwächer. Hatten sie nur die Wahl zwischen zwei Namen, so bedingte die Etikettierung des Bildes keine Verringerung der Reaktion der Amygdala.[76]

In gewissem Sinn ermöglicht die Etikettierung eine implizite Selbstbeherrschung.[77] Und deshalb ist sie ein Beispiel für kognitives Jiu Jitsu: Man widersetzt sich der Kraft seiner Emotionen, nicht indem man sie direkt bekämpft, sondern indem man ihre Energie umlenkt. Der Psychologe Sian Beilock von der University of Chicago, Autor von *Choke: What the Secrets of the Brain Reveal About Getting It Right When You Have To*, erklärt: »Nicht nur das Verständnis der Emotion hilft, die Überreaktion der Emotionszentren im Gehirn zu verhindern; tatsächlich gelingt das dadurch, dass diese Gefühle in Worte gefasst werden.«[78]

Schließlich wirkt die Etikettierung reinigend. Anstatt zuzulassen, dass sich belastende Emotionen aufstauen, können wir sie auf eine Art freisetzen, die sich nicht nachteilig auf die Menschen in unserer Umgebung auswirkt.

Die Etikettierung verringert nicht nur den Stress, sondern dient auch als eine Art von Achtsamkeit, die wir einsetzen können, um unsere Konzentrationsfähigkeit langfristig zu verbessern (dazu mehr im nächsten Kapitel).[79] Wir erhöhen unsere Selbstbewusstheit, indem wir uns unsere Gefühle eingestehen. Wenn wir ängstlich oder wütend sind oder unter großem Stress stehen, lohnt es sich, unseren Gefühlen ein wenig Raum zu geben. Natürlich erfordert die Etikettierung so wie die meisten nützlichen Fähigkeiten Übung. Geben Sie nicht auf, wenn die Technik bei Ihnen nicht von Anfang an funktioniert. Ihre Fähigkeit zur Identifizierung und Kennzeichnung Ihrer Emotionen wird sich im Lauf der Zeit verbessern. Und so wie diese Fähigkeiten werden auch die Wirkung und der Nutzen Ihrer erhöhten Selbstbewusstheit wachsen.

Neubewertung

Es gibt zahllose berühmte sowie kaum bekannte Beispiele dafür, dass Menschen die Umdeutung eingesetzt haben, um nicht nur Stress entgegenzuwirken, sondern ihr Leben auch in eine vollkommen andere Richtung zu lenken. Wir dürfen nicht den Irrtum begehen zu glauben, diese Menschen hätten sich zur Verleugnung entschlossen: Es waren Männer und Frauen, die mit derselben Art von Stress, Belastungen, Katastrophen und Rückschlägen konfrontiert waren, die wir alle kennen (in einigen Fällen mussten sie sogar höhere Hindernisse überwinden), und dennoch einen Weg fanden, um diese Herausforderungen in einem positiveren Licht zu betrachten. Das Sprichwort fasst es gut zusammen: »Wenn dir das Leben Zitronen gibt, mach Limonade daraus.« Die Psychologen haben eine sehr viel weniger anschauliche Bezeichnung dafür: Sie nennen es kognitive Neubewertung oder einfach Umdeutung (*reframing*).

Das limbische System reagiert instinktiv, unbewusst und bemerkenswert schnell auf alles, was es als potenzielle Bedrohung wahrnimmt, gleichgültig ob es tatsächlich eine Bedrohung ist oder nicht. In dem Augenblick, in dem diese Bedrohungsreaktion ausgelöst wird, können wir nichts dagegen tun – zumindest nicht direkt. Wir können jedoch Einfluss darauf nehmen, wie wir diese Reaktion *interpretieren*. Genau darum geht es bei der kognitiven Neubewertung.

Der Zeitraum, der zwischen der Reaktion des limbischen Systems und der Interpretation dieser Reaktion durch die Exekutivfunktionen vergeht, ist kurz, aber er birgt großes Potenzial für die emotionale Regulierung. Diese ist jedoch nicht narrensicher. Sie werden nicht immer in der Lage sein, Ihre Emotionen oder die anderer auf Befehl umzudeuten, aber wenn Sie sich genau beobachten und Ihr Gehirn trainieren, sollte sich

Ihre Fähigkeit zur Regulierung Ihrer Emotionen im Lauf der Zeit verbessern und Sie in die Lage versetzen, zu kontrollieren, worauf Sie Ihre Aufmerksamkeit und Energie richten, und diese gezielte Aufmerksamkeit aufrechtzuerhalten. Das ist das Thema des nächsten Kapitels.

Kapitel 2 auf einen Blick

Kernaussagen von »Die Emotionen regulieren«

Herz und Verstand. Zwei Schlüsselregionen streiten um die Kontrolle über unser Gehirn. Der präfrontale Cortex ist der rationale, »denkende« Teil, das limbische System ist das Zentrum der Emotionsverarbeitung. In einer Auseinandersetzung zwischen diesen beiden Hirnarealen wird sich das limbische System stets durchsetzen.

Bedrohung und Belohnung. Im limbischen System sind zwei grundlegende und sehr primitive Reaktionen angesiedelt: jene auf Bedrohungen und jene auf Belohnungen. Im Zustand der Bedrohung wird der präfrontale Cortex vorübergehend ausgeschaltet. Der Belohnungszustand verbessert tatsächlich die Denkfähigkeit, zumindest wenn es um kreative und innovative Problemlösung geht.

Emotionale Widerstandskraft. Um den potenziellen Schäden durch Stress vorzubeugen, sollte man sich gut ernähren, Sport treiben und ausreichend schlafen.

Den Körper ändern. Die Gedanken ändern. Es gibt zwei Möglichkeiten zur emotionalen Regulierung: Änderung der Denkmuster oder Einsatz des Körpers.

Mit gespieltem Selbstvertrauen zu echtem Selbstvertrauen. Das Gehirn steuert den Körper, aber die Kommunikation zwischen beiden fließt in beide Richtungen. Wenn man eine selbstsichere Körperhaltung einnimmt oder ein zufriedenes Lächeln aufsetzt, wird das Gehirn diese gespielte Stimmung normalerweise in eine echte Reaktion umwandeln.

Vergiss nicht, Danke zu sagen. Wer sich jeden Tag ein wenig Zeit für Dankbarkeit nimmt, kann seinen »Glücksnullpunkt« um nicht weniger als 25 Prozent anheben.

Kognitives Jiu Jitsu. Die beste Methode, Stress zu bewältigen, besteht darin, ihm so zu begegnen wie erfahrene Kampfsportler ihren Gegnern begegnen: Anstatt ihn direkt zu bekämpfen, können wir ihn ablenken, indem wir seine Kraft durch Etikettierung oder Neubewertung zu unserem Vorteil nutzen.

Ihm einen Namen geben. Eine Stressreaktion zu etikettieren, sobald sie auftritt, genügt normalerweise, um das limbische System zeitweilig zu entwaffnen, damit das rationale Gehirn die Kontrolle wiedererlangen kann.

Von Zitronen zu Limonade. Eine Bedrohung kann eine verlockende Herausforderung sein. Ein plötzlicher Rückschlag kann eine unerwartete Chance eröffnen. Wie Gehirn und Körper mit Belastungssituationen umgehen, kann abhängig davon, wie wir sie bewerten, erheblich verändert werden.

Kapitel 3

Gezielt aufmerksam sein

Wie man die nötige Kontrolle erlangt, um sich auf das Wichtige konzentrieren und Ablenkungen vermeiden zu können

Im April 2012 überquerte der 44-jährige Dean Potter auf einer 40 Meter langen, zitternden Slackline aus Nylon und Stahl in 1800 Metern Höhe die spektakuläre Enshi-Schlucht in China. Er legte die Strecke in etwas mehr als zwei Minuten zurück. Wäre er ausgerutscht, so wäre er bis zu 700 Meter tief gefallen.[1]

Anders als Philippe Petite, der im Jahr 1974 ein zwischen den Zwillingstürmen des World Trade Center gespanntes Stahlkabel überquerte,[2] vollbrachte Dean Potter diese Leistung ohne Balancierstange und Sicherheitsnetz. Er zeigte, was wir alle von Zeit zu Zeit erleben: eine außergewöhnlich zielgerichtete Konzentration. Durch Übung kann jeder von uns einen Zustand der gezielten Aufmerksamkeit erreichen, um seine Leistungsfähigkeit zu erhöhen und außergewöhnliche Resultate zu erzielen.

Der Gorilla im Raum

Im Jahr 1999 drehten die Psychologen Christopher Chabris und Daniel Simons ein kurzes Video von zwei Studentengruppen, die im Kreis gingen und sich dabei zwei Basketbälle zuwarfen. Die Hälfte der Studenten und Studentinnen trugen weiße, die anderen schwarze T-Shirts. Die Studenten in den weißen T-Shirts warfen sich den Ball nur untereinander zu, und dasselbe taten die Studenten in den schwarzen T-Shirts.

Anschließend wurde das Video bearbeitet und Versuchspersonen gezeigt, wobei sie eine einfache Aufgabe erhielten: Sie sollten im Geist zählen, wie viele Male die Studenten in den weißen T-Shirts einander den Ball zugeworfen hatten.[3]

Wie so oft in psychologischen Experimenten war die offizielle Aufgabenstellung lediglich eine Tarnung. Chabris und Simons testeten in Wahrheit etwas ganz anderes als die Fähigkeit ihrer Versuchspersonen, Zuspiele mit einem Basketball zu zählen. Etwa 20 Sekunden nach Beginn der Übung war eine weitere Studentin, die ein Gorillakostüm trug, geradewegs in den Kreis der Studenten gegangen, hatte sich auf die Brust geklopft und war anschließend aus dem Bild gegangen.

Nachdem die Freiwilligen die Zahl der Ballwürfe gezählt hatten, wurden sie gefragt, ob ihnen an dem Video etwas Ungewöhnliches aufgefallen sei. Anschließend wurden sie gefragt, ob sie jemand anderen als die Spieler gesehen hätten. Schließlich wurden jene, die beide Fragen mit Nein beantwortet hatten, gefragt, ob sie den Gorilla bemerkt hätten. *Den was?!* Etwa die Hälfte der Freiwilligen, die das Video aufmerksam studiert hatten, um die Zahl der Pässe zu zählen, reagierten ungläubig: Der Auftritt der Studentin im Gorillakostüm war ihnen vollkommen entgangen.[4]

Viele Leute, die vom Gorilla-Experiment hören, reagieren überrascht und sogar beunruhigt, vor allem wenn sie es selbst ausprobieren. Sie fragen sich: »Wie konnte ich das übersehen?« Aber sieht man von bestimmten Umständen ab, so ist die Fähigkeit, den Gorilla zu übersehen, tatsächlich etwas Gutes, zeigt sie doch, dass wir in der Lage sind, uns auf das Wichtige zu konzentrieren, selbst wenn mit einer spektakulären Störung versucht wird, unsere Aufmerksamkeit abzulenken.

Mir geht ein Licht auf

In abgewandelter Form beobachteten wir dieses Phänomen in einem unserer Seminare. Wir arbeiteten am späten Nachmittag mit einer Gruppe von Teilnehmern in einem kleinen Konferenzzimmer. Der Moderator stand an der Stirnseite des Raums wenige Schritte von einer Bodenlampe entfernt. Als es im Raum dunkler wurde, streckte er die Hand aus, um das Licht einzuschalten. Die Lampe funktionierte nicht, also setzte er seinen Vortrag trotz der zunehmenden Dunkelheit ohne Unterbrechung fort.

Etwa zehn Minuten später ging das Licht plötzlich an. »Das ist wie Zauberei!«, sagte der Moderator, der wirklich fasziniert davon schien, dass die Lampe jetzt funktionierte. Seine Bemerkung brachte viele der Seminarteilnehmer zum Lachen. Der Moderater sah sich verständnislos im Raum um, und einer der Anwesenden erklärte ihm, was geschehen war: Ein Mitarbeiter des Konferenzzentrums war hereingekommen und hatte sich an der Lampe zu schaffen gemacht, ohne dass es der wenige Schritte entfernte Moderator bemerkt hatte. Zugegeben, der Mitarbeiter, der die Lampe reparierte, trug kein Gorillakostüm, aber es war dennoch verblüffend, dass der Moderator derart auf sein Publikum und seinen Vortrag fixiert war, dass er nichts von dem Vorgang bemerkte.

Die überraschten Reaktionen der Versuchspersonen, die den Gorilla nicht bemerkten, wirft ein Licht darauf, wie wenig wir über unsere Aufmerksamkeitsdefizite wissen. Wer glaubt, zwei kognitive Aufgaben gleichzeitig erfüllen zu können, ohne dass eine der beiden Aktivitäten darunter leidet, begeht einen vorhersehbaren Irrtum. Das Gehirn ist zu überlastet, um zu registrieren, dass unsere Aufmerksamkeit leidet. Diese Unfähigkeit, den eigenen Fehler zu bemerken, ist der Gorilla im Raum.[5]

Mit Blick auf die kognitive Neubewertung (siehe Kapitel 2) hat es einen Vorteil, den Gorilla im Raum nicht zu bemerken. Sowohl der Gorilla als auch der Elektriker wurden übersehen, weil sie irrelevant waren. Im Fall des Elektrikers könnte man einwenden, dass er in Wahrheit sehr wohl relevant war, da sich seine Arbeit auf die Beleuchtung des Konferenzzimmers auswirkte. Aber dem Elektriker bei der Arbeit zuzusehen, hätte etwa so viel zur Reparatur der Lampe beigetragen wie ein hoffungsvoller Blick in den U-Bahn-Tunnel dazu beiträgt, dass der Zug früher kommt. Der Moderator hatte genug Erfahrung und kognitive Kontrolle, um seine Aufmerksamkeit auf die Aufgabe zu richten, für die sie benötigt wurde, und sein Objektiv so scharfzustellen, dass er nur die wichtigen Elemente im Raum im Blick hatte. Die Lampe weckte seine Aufmerksamkeit erst, als sie wieder anging. Erst in diesem Augenblick war die Veränderung relevant.

Episoden wie diese wecken Zweifel am herkömmlichen Bild vom zerstreuten Professor, der ein bevorzugtes Ziel des Spotts ist, weil er sich nicht konzentrieren kann. Tatsächlich ist das, was Außenstehende oft als Zerstreutheit wahrnehmen, ein Hinweis auf das genaue Gegenteil! Es ist ein Zeichen für eine besonders *zielgerichtete* Konzentration! Das Gehirn hat fast sämtliche Ressourcen für die Lösung eines bestimmten Problems bereitgestellt und blendet alle Reize, die als irrelevant für die Bewältigung dieser Aufgabe betrachtet werden, gezielt und effizient aus. Eine extrem fixierte Aufmerksamkeit ist also keine Schwäche, sondern kann eine Stärke sein. Sie ist ein faszinierender Beleg für die Macht des rationalen Gehirns und ein Triumph der absoluten Konzentration. (Zugegebenermaßen kann sie ärgerlich sein, wenn man mit einem solchen Professor verheiratet ist.)

Die zielfixierte Konzentration verstehen

Wenn man einen Augenblick innehält, um darüber nachzudenken, stellt man fest, dass die Fähigkeit zur völligen Konzentration tatsächlich faszinierend ist. Beispielsweise betrachten Sie es möglicherweise als selbstverständlich, dass Sie dieses Buch lesen, aber Sie sind in diesem Augenblick Dutzenden anderen Reizen ausgesetzt, die allesamt um Ihre Aufmerksamkeit buhlen – Klänge, Gerüche und eine Vielzahl visueller Stimuli, die praktisch alle Gegenstände in dem Raum beinhalten, in dem Sie sich gegenwärtig aufhalten. Und dann sind da die Empfindungen: die Wahrnehmung, ob es zu heiß oder zu kalt ist, ob Ihre Schuhe passen oder nicht, das Gefühl des Papiers an den Fingerspitzen, wann immer Sie umblättern, oder das Gewicht des E-Book-Readers in Ihrer Hand.

Damit Sie sich auf die Lektüre konzentrieren können, müssen in Ihrem Gehirn zwei verschiedene Mechanismen zusammenwirken. Der eine hebt den Kanal hervor, dem Ihre Aufmerksamkeit gilt (in diesem Fall das Buch), während der andere die Signale hemmt, die Sie ignorieren möchten. Der präfrontale Cortex hat die Aufgabe, die Signale entweder zu verstärken oder abzuschwächen.[6]

Gezielte Aufmerksamkeit beginnt im präfrontalen Cortex

Wenn Sie Ähnlichkeit mit den meisten von uns haben, ist es einigermaßen wahrscheinlich, dass Sie Ihren Job in erster Linie Ihrem präfrontalen Cortex oder PFC verdanken. Tatsächlich wären Sie wahrscheinlich keine Führungskraft, wenn Ihr PFC nicht gut funktionieren würde, denn dies ist unter anderem der Teil des Gehirns, der über den Intelligenzquotienten entscheidet.

Der PFC ist für die rationale Verarbeitung verantwortlich. Er steuert die »Exekutivfunktionen« des Gehirns, also folgerichtiges Denken, Strategieentwicklung und Problemlösung. Er ist auch die Heimat des Arbeitsgedächtnisses, in dem neue Information abgelegt wird, während wir darüber entscheiden, was damit zu tun ist. Im evolutionären Maßstab ist der PFC der jüngste Teil des menschlichen Gehirns. Er war erst vor etwa einer halben Million Jahre vollkommen entwickelt und ist die Region, die uns von den meisten anderen Tieren unterscheidet.[7]

Interessanterweise ist der PFC auch der letzte Teil unseres Gehirns, der reift. Tatsächlich ist er bei manchen Menschen erst im dritten Lebensjahrzehnt vollkommen ausgereift. Wer schon einmal einen Teenager erzogen hat, weiß aus eigener Erfahrung, wie es sich auswirkt, dass sich die Fähigkeit des Gehirns zum rationalen Denken so langsam entwickelt!

Allgemein lässt sich sagen, dass wir uns immer dann, wenn wir über das Denken nachdenken, mit dem PFC beschäftigen. Der Neurowissenschaftler Arne Dietrich erklärt: »Dort verarbeiten wir einfache Vorstellungen und fügen zahlreiche Ebenen der Komplexität hinzu.«[8] Der PFC ist vergleichsweise klein, verbraucht jedoch sehr viel Energie; er ist wie ein Mini Cooper, der so viel Sprit wie ein Cadillac Eldorado verbraucht.

Dafür, dass der PFC ein verhältnismäßig kleines Hirnareal ist, hat er sehr viele Aufgaben. Er hilft uns dabei, Alternativen abzuwägen und einen brillanten strategischen Plan zu entwickeln. Wenn wir darüber entscheiden, ob wir beim Mittagessen ein zweites Glas Wein bestellen sollen, liegt die endgültige Entscheidung beim PFC. Er ist für das höherrangige Denken wie Planung und Entscheidungsfindung zuständig, und er ist für die zielgerichtete Konzentration verantwortlich, welche die Psychologen normalerweise als Aufmerksamkeit bezeichnen.

Das Rezept für Aufmerksamkeit

Wir sind aufmerksam, wenn der PFC über die richtige Mischung von Neurotransmittern, Hormonen und weiteren vom Körper ausgeschütteten Chemikalien verfügt.[9] Einige der Namen klingen verdächtig vertraut. Es ist kein Zufall, dass die DNA der Höchstleistung – Dopamin, Noradrenalin und Acetylcholin – auch das Rezept für Aufmerksamkeit ist. Noradrenalin hält unentwegt Ausschau nach ungewöhnlichen Aktivitäten. Wenn etwas unsere Aufmerksamkeit weckt, nimmt Acetylcholin Ort und Identität des Ziels unseres Interesses ins Visier. Dopamin schließlich hilft uns zu entscheiden, wie wir damit umgehen sollen. Leider arbeiten Dopamin und Noradrenalin wie Doppelagenten in einem Spionagethriller: Sie können unsere Aufmerksamkeit sowohl erhöhen als auch sabotieren.

Wenn unser Dopaminspiegel steigt, bewegt uns das Belohnungsgefühl dazu, mehr von dem zu tun, was wir gerade tun, damit noch mehr Dopamin freigesetzt wird. Das Resultat ist oft vollkommene Konzentration. Aber wenn unsere Aufmerksamkeit (aus welchem Grund auch immer) erlahmt, beginnt unser rastloses Gehirn, nach neuen Erfahrungen Ausschau zu halten, die uns erneut mit diesem Botenstoff überschwemmen.[10] Anders ausgedrückt: Derselbe Neurotransmitter, der uns ursprünglich dazu bewegte, uns vollkommen zu konzentrieren, kann kurz darauf dafür verantwortlich sein, dass wir uns ablenken lassen.

Noradrenalin ist ähnlich launenhaft. Wir können uns darauf verlassen, dass es unsere Aufmerksamkeit wecken wird, aber es ist kein Verlass darauf, dass es unsere gezielte Aufmerksamkeit aufrechterhalten wird. Jede potenzielle Bedrohung (und das kann auch eine anspruchsvolle Aufgabe sein) wird uns dazu veranlassen, uns darauf zu fixieren, um festzustellen, welche der drei klassischen Optionen wir wählen sollen: Kampf, Flucht oder Totstellen. Aber der Zweck dieser Antwort ist kein langer Feldzug, sondern eine schnelle Reaktion auf die Gefahr. Wenn wir nichts dagegen tun, werden Dopamin und Noradrenalin uns dazu treiben, unablässig nach der nächsten Ablenkung zu suchen.

Ablenkungen beseitigen

Unser Gehirn ist in mehrerlei Hinsicht eine Maschine zum Aufspüren von Ablenkungen. Der Überlebensinstinkt bewegt das Gehirn dazu, jede Veränderung in der inneren und äußeren Umgebung wahrzunehmen, aber seine instinktive Neigung, sich mit neuen und neuartigen Reizen zu beschäftigen, kann sich nachteilig auf unsere Konzentrationsfähigkeit auswirken. In einer maßgeblichen Studie stellte sich heraus, dass sich die Versuchspersonen in fast 50 Prozent der Fälle von der gestellten Aufgabe ablenken ließen.[11]

Für den Umgang mit Ablenkungen ist das limbische System zuständig, das auf tatsächliche und eingebildete Bedrohungen und Belohnungen reagiert. Der präfrontale Cortex ist langsamer und schwächer als das restliche Gehirn und braucht mehr Ressourcen.

Der beste Weg, um die zielfixierte Aufmerksamkeit zu erhalten, besteht darin, störende Faktoren zu beseitigen und jene Fähigkeiten zu fördern, welche die Aufmerksamkeit begünstigen. Ein bewusstes Bemühen, Ablenkungen zu unterdrücken, mag wie ein begrüßenswertes aktives Vorgehen wirken, aber da es das überlegene limbische System provoziert, funktioniert die bewusste Hemmung nur selten. Vielmehr macht sie normalerweise alles noch schlimmer und zehrt die begrenzten kognitiven Ressourcen auf, die ansonsten für die zielgerichtete Konzentration zur Verfügung gestanden hätten.

Anstatt zu versuchen, Ablenkungen zu ignorieren, sollten wir sie nach Möglichkeit minimieren oder beseitigen. Hingegen erschwert man die gezielte Aufmerksamkeit erheblich und verringert die eigene Produktivität, indem man Multitasking versucht. Das liegt daran, dass das Multitasking anders als viele störende Anblicke, Geräusche und Gerüche, auf die wir keinen Einfluss haben, eine bewusste Ablenkung ist. Wir zerstreuen absichtlich die Kapazitäten unseres Gehirns und stellen das Objektiv unscharf.

Minimierung des Multitasking

Anschauliche Vergleiche zwischen dem Gehirn und einem Computer sind beliebt. Es ist eine reizvolle Vorstellung, dass das Organ in unserem

Kopf einfach eine ältere Version des Laptops auf unserem Schreibtisch ist. Reizvoll, aber falsch. Für manche mag es eine Überraschung sein, aber unser Gehirn ist kein Computer. Zumeist ist es dem Computer deutlich überlegen. Aber zumindest in einer Hinsicht hat der Computer einen klaren Vorteil: »Multitasking« ist ursprünglich ein Begriff aus der Informatik, der ein Betriebssystem beschreibt, das in der Lage ist, gleichzeitig mehrere Anwendungen auszuführen. Da wir einen so großen Teil unserer Zeit vor dem Computer zubringen, wurde der Terminus auf das menschliche Wesen übertragen, weil er scheinbar eine passende Beschreibung für unsere Tendenz ist, uns mit mehreren Dingen gleichzeitig zu beschäftigen. Nur gibt es da ein kleines Problem: In Wahrheit sind wir nicht zum Multitasking fähig.

Multitasking ist der Erzfeind der gezielten Aufmerksamkeit.

Der Mythos vom Multitasking

Obwohl fast jeder jemanden kennt, der anscheinend zum Multitasking fähig ist, handelt es sich in den meisten Fällen um Situationen, in denen die Aktivitäten in Wahrheit von verschiedenen Gehirnregionen ausgeführt werden. Das ist genau genommen kein Multitasking. Schließlich brüsten wir uns nicht damit, dass wir gleichzeitig atmen und unseren Herzschlag aufrechterhalten können. Wenn wir über Multitasking sprechen, meinen wir spezifisch die Aktivität im präfrontalen Cortex, wo der Großteil von Planung und Überlegung stattfindet. Und im PFC ist echtes Multitasking unmöglich. Unser Gehirn mag verblüffend koordiniert sein, aber der präfrontale Cortex ist ein wenig tollpatschig: Er kann nicht gleichzeitig gehen und Kaugummi kauen. Wenn wir glauben, Multitasking zu betreiben, handelt es sich in Wahrheit vermutlich um einen sequentiellen Aufgabenwechsel, bei dem die Aufmerksamkeit rasch zwischen verschiedenen Aktivitäten hin und her springt. Manchmal findet der Aufgabenwechsel so schnell statt, dass wir tatsächlich das Gefühl haben, zwei Aktivitäten gleichzeitig nachzugehen. Aber vertrauen Sie uns: Es ist nicht so. Und obendrein verursachen all die rasanten Aufgabenwechsel erhebliche Kosten.

Die wirklichen Kosten des Multitasking

Wann immer wir von einer Aktivität zur anderen wechseln und beispielsweise die Arbeit an einer Präsentation unterbrechen, um die E-Mails zu kontrollieren, durchläuft das Gehirn einen vierstufigen Prozess. Es ist unerheblich, wie schnell wir unsere Aufmerksamkeit verlagern, der Prozess ist im Wesentlichen immer derselbe.

1. Zunächst fließt Blut in den vorderen präfrontalen Cortex, der das übrige Gehirn darüber informiert, dass wir an der Präsentation arbeiten.
2. Es ergeht ein zweiteiliger Fahndungsaufruf an das Gehirn. Erstens werden die Neuronen gesucht, die für eine bestimmte Aufgabe benötigt werden, so wie ein Sheriff im Wilden Westen für einen Suchtrupp Bürger aus dem Ort anwirbt, und zweitens wird diesen Neuronen mitgeteilt, dass sie benötigt werden. Diese Neuronen, die mehrheitlich in der Lage sind, sich an verschiedenen Aufgaben zu beteiligen, werden vorübergehend als Hilfssheriffs vereidigt, damit sie an der Präsentation mitarbeiten können. Die ganze Such- und Benachrichtigungsaktion ist schnell erledigt, aber einige Zehntelsekunden nimmt sie schon in Anspruch.
3. Wenn wir uns entscheiden, die Arbeit an der Präsentation zu unterbrechen und den Posteingang zu kontrollieren, muss das Gehirn erst die Arbeit an der gegenwärtigen Aufgabe einstellen, bevor es sich der nächsten zuwenden kann. Auch das geht schnell – aber wie wir sehen werden, nicht annähernd schnell genug.
4. Der letzte Schritt ist eine Wiederholung des ersten, nur dass der vordere präfrontale Cortex dem Gehirn, anstatt ihm mitzuteilen, dass eine Präsentation vorbereitet werden muss, diesmal erklärt, dass wir die E-Mail-Nachrichten kontrollieren wollen. Das nimmt einmal mehr ein paar Zehntelsekunden in Anspruch.[12]

Der ganze Vorgang des Aufgabenwechsels dauert etwa eine halbe Sekunde. Man könnte meinen, das sei nicht viel – bis man begreift, dass dieser Prozess *jedes Mal*, wenn wir von einer Aufgabe zur anderen wechseln, wiederholt wird. Diese halben Sekunden beginnen sich rasch zu summieren. Dazu kommt, dass wir bei jedem Aufgabenwechsel bis zu einem gewissen Grad von vorne anfangen müssen. Würde das Multitasking wie ein Erfrischungsgetränk beworben, so lautete der Slogan wahrscheinlich: »Wo war ich stehengeblieben?«[13]

Wenn Sie denken, es sei halb so schlimm, eine halbe Sekunde nach der anderen zu verschwenden, und wenn es Ihnen nichts ausmacht, sich unablässig neu zu orientieren, werden ein paar zusätzliche statistische Daten vielleicht größeren Eindruck auf Sie machen:

- Menschen, die bei einer Tätigkeit unterbrochen werden, brauchen im Schnitt etwa 50 Prozent länger, um eine Aufgabe zu erledigen, und begehen bis zu 50 Prozent mehr Fehler.[14]
- Es dauert nur ein paar Sekunden, von einer Aufgabe zur anderen und wieder zurück zu wechseln, aber Wissenschaftler der University of California in Irvine haben herausgefunden, dass man sogar nach einer kurzen Unterbrechung durchschnittlich 23 Minuten braucht, um sich wieder vollkommen in eine Aufgabe zu vertiefen.[15]
- Ständiges Texten oder häufiges Checken der E-Mails – zentrale Aktivitäten der Multitasker – senken den Intelligenzquotienten* zeitweilig um nicht weniger als 15 Punkte.[16]
- Wissenschaftliche Studien haben gezeigt, dass die meisten von uns durchschnittlich alle drei Minuten unterbrochen werden oder sich selbst unterbrechen![17]

Einige Unterbrechungen sind natürlich unvermeidlich. Aber Multitasking zu betreiben bedeutet, sich aus freien Stücken zu unterbrechen. Warum sollte jemand wissentlich seine Effizienz verringern, bewusst die Wahrscheinlichkeit von Fehlern erhöhen und absichtlich seine Intelligenz verringern? Nachdem Sie das gelesen haben, werden Sie von jetzt an vielleicht auf das Multitasking verzichten. Und die Entscheidung, damit aufzuhören, ist nicht nur klug, sondern kann Ihnen sogar das Leben retten.

---

* Intelligenztests messen im Grunde die Fähigkeit zur Nutzung des PFC, und Reize, die dieses vergleichsweise kleine Hirnareal in Anspruch nehmen, verringern diese Fähigkeit. Die Forschung hat gezeigt, dass das Ergebnis eines Intelligenztests deutlich schlechter ausfällt, wenn die getestete Person abgelenkt ist. Das bedeutet nicht, dass uns das Multitasking auf Dauer dumm macht, aber vorübergehend kann es uns tatsächlich dumm machen!

Multitasking kann tödlich sein

Im Jahr 2008 stieß in Los Angeles ein Pendlerzug mit einem Güterzug zusammen. 25 Menschen starben, darunter der Lokführer, der, wie sich später herausstellte, zum Unglückszeitpunkt Textnachrichten geschrieben und ein Haltesignal übersehen hatte.

Er erhielt seine letzte Textnachricht etwa 80 Sekunden vor dem Zusammenstoß.

Mittlerweile haben viele Menschen begriffen, dass es gefährlich ist, beim Autofahren zu telefonieren oder zu texten. Sie versuchen den Engpass mit einer Freisprechanlage zu lösen. Leider ist das größte Problem nicht, dass man das Handy beim Fahren in der Hand hält – problematisch ist vor allem die soziale Dimension. »Es fällt dem Gehirn sehr schwer, soziale Inputs zu ignorieren«, erklärt Paul Atchley, ein Psychologe am Institut für Verkehrsforschung der University of Kansas. Unser Gehirn gibt sozialen Hinweisen Vorrang. Und wenn sie in dem Augenblick hereinkommen, in dem ein anderes Auto unerwartet in unsere Spur wechselt, kann das gefährlich werden.[18] Selbstverständlich werden die meisten Menschen, die beim Autofahren ihr Handy benutzen, keinen Unfall haben – allerdings nur solange, bis sie einen Unfall haben.

Warum sollte jemand ein solches Risiko eingehen? Vielleicht ist der Reiz des Multitasking einfach zu groß. Schließlich hält sich hartnäckig der Mythos, das Multitasking könne uns produktiver machen, obwohl die wissenschaftlichen Erkenntnisse das Gegenteil besagen.

Multitasking ist kontraproduktiv

Trotz bester Absichten beeinträchtigt das Multitasking unsere Produktivität und erhöht unseren Zeitaufwand, statt ihn zu verringern. Wie Steven Kotler, der Autor von *The Rise of Superman*, erklärt: »Wenn wir versuchen, unsere Leistungen zu verbessern, indem wir jederzeit überall sind, landen wir am Ende niemals nirgendwo.«[19] Das Multitasking macht uns sowohl fehler- als auch stressanfälliger. Es führt zu mentaler Erschöpfung, und letzten Endes macht es keinen Spaß.

Multitasking schadet dem Gehirn

Das Multitasking ist nicht nur kurzfristig sinnlos, sondern kann auch auf lange Sicht Probleme verursachen. Es kann schwierig sein, sich dem Reiz von Ablenkungen zu entziehen, der uns zum Multitasking bewegt. Die Folge ist, dass es uns selbst dann, wenn wir kein Multitasking praktizieren, schwerer fällt, uns vollkommen zu konzentrieren. Es gibt auch Hinweise darauf, dass für das Multitasking ein andersartiges, weniger flexibles Gedächtnis genutzt wird, was schädliche Auswirkungen auf unsere Fähigkeit haben kann, langfristige Erinnerungen zu erzeugen und abzurufen. Und eine neuere Studie hat gezeigt, dass ein beunruhigender Zusammenhang zwischen Medien-Multitasking – der simultanen Nutzung mehrerer Medientypen – und einer Verringerung der grauen Masse im vorderen Gyrus cinguli (oder Gürtelwindung) besteht, einer Region, die für die Fehlerkorrektur gebraucht wird.[20]

Warum wir trotzdem am Multitasking festhalten

Angesichts der wachsenden Zahl von wissenschaftlichen Erkenntnissen, die gegen das Multitasking sprechen, stellt sich die Frage: Warum tun wir es immer noch? Die übliche Begründung – wir wollen Zeit sparen und unsere Produktivität erhöhen – mag unsere Motivation erklären, aber sie widerspricht dem tatsächlichen Ergebnis: Wie wir gesehen haben, *vergeudet* das Multitasking tatsächlich Zeit und *verringert* die Produktivität. Mittlerweile wissen das die meisten von uns. Wir haben ungezählte Artikel über die Gefahren und Fallen des Multitasking gelesen – und ignorieren trotzdem weiterhin die Tatsachen. Warum?

Das Neue zieht uns an

Die wahrscheinlich zutreffende Antwort klingt vertraut: Das Gehirn ist schuld. Wir versuchen, mehrere Aufgaben gleichzeitig zu bewältigen, weil unser Gehirn einen unwiderstehlichen Drang verspürt, unentwegt nach Neuem zu suchen. Die Reaktion auf eine Ablenkung löst einen Dopaminschub aus. Der Psychologe Russel Poldrack von der Universität Stanford erklärt, Dopamin stehe in dem Ruf, ein »Wohlfühl«-Botenstoff zu sein, sei in Wahrheit jedoch ein »Gib-mir-mehr«-Botenstoff.[21] Die Angewohnheit, nach Neuem zu suchen, wird rasch zur Sucht. Ohne sie wird uns wahrscheinlich langweilig.[22]

Auch dieses Merkmal ist im Überlebensinstinkt verwurzelt. Wenn unsere Vorfahren ihre Mahlzeiten zubereiteten oder eine Hütte bauten, führte das plötzliche Auftauchen einer potenziellen Bedrohung dazu, dass sich ihre Aufmerksamkeit rasch von diesen bewussteren Aktivitäten auf unmittelbarere Bedürfnisse wie jenes verlagerte, am Leben zu bleiben. Leider funktioniert das Tonsignal, das den Eingang einer E-Mail ankündigt, genauso wie einst das Brüllen eines Löwen. Unser Gehirn ist ein Apparat zur Erkennung von Ablenkungen, und unser E-Mail-Programm und unser Smartphone sind Maschinen, die Neuheiten erzeugen.[23] Nur handelt es sich dabei um chronische Ablenkungen, was zur Folge hat, dass sie weniger wie Löwen sind und eher Ähnlichkeit mit dem Spiel Whac-a-Mole haben, bei dem ein Maulwurf abwechselnd aus verschiedenen Löchern auftaucht: Jedes Mal, wenn der Spieler den Nager mit einem Hammer trifft, bekommt er Punkte. Das ist aus zwei Gründen schlecht für uns. Eine E-Mail-Ankündigung ist nicht nur störend, sondern verursacht auch Stress, wie Forscher an der University of California in Irvine herausgefunden haben.[24] Anfangs reagieren wir auf das Zwitschern einer eintreffenden E-Mail möglicherweise wie ein Kind auf die Geschenke unter dem Weihnachtsbaum, aber es dauert nicht lange, bis der Reiz nachlässt – während der Zwang, sich zu vergewissern, anhält. Anfangs wird das Multitasking durch den Wunsch nach Neuem angetrieben, aber wie meistens bei Suchtverhalten wird die Wirkung der damit verbundenen Belohnung im Lauf der Zeit stetig abnehmen.

Wir ahmen unsere Rollenmodelle nach

Einen weiteren Grund dafür, dass wir am Multitasking festhalten, findet man in der Tatsache, dass wir Mentoren und Mentorinnen haben, die es praktizieren und nicht nur erfolgreich sind, sondern ihren Erfolg anscheinend auch dem Multitasking verdanken. Die meisten von uns kennen jemanden, der scheinbar zum Multitasking in der Lage ist. Tatsächlich weckt diese »Fähigkeit« oft ein gewisses Maß an Bewunderung und Respekt. Wenn wir eine Vorgesetzte oder eine besonders erfolgreiche Kollegin haben, die eine chronische Multitaskerin ist, werden wir wahrscheinlich den Eindruck gewinnen, dass diese Person ihren Erfolg dieser Praxis verdankt, obwohl sie in Wahrheit wahrscheinlich *trotz* des Multitasking erfolgreich ist und mit einiger Sicherheit *noch erfolgreicher* wäre, wenn sie sich immer auf eine einzelne Aufgabe konzentrieren würde.

Wir glauben, gut darin zu sein

Die meisten von uns überschätzen erheblich, was sie mit dem Multitasking zu leisten vermögen. Wenn Sie sich angesichts der wachsenden Zahl von Berichten über Unfälle von Personen, die versuchten, beim Autofahren Textnachrichten zu verschicken, die Frage stellen, warum in aller Welt jemand so etwas tut, so gibt es eine relativ einfache Antwort: Diese Personen glaubten, alles unter Kontrolle zu haben.

Eine Studie nach der anderen zeigt, dass das ein grundlegender – und manchmal tödlicher – Irrtum ist. In einer neueren Studie stellte sich heraus, dass Personen, die sich selbst für hervorragende Multitasker hielten, in Wahrheit sehr schlecht darin waren.[25] Komischerweise sind Personen, die regelmäßig mehrere Aufgaben gleichzeitig in Angriff nehmen, tatsächlich schlechter im Multitasking als Personen, die nicht daran gewöhnt sind, mehrere Tätigkeiten auf einmal zu bewältigen, und es nur tun, wenn sie dazu aufgefordert werden. Forscher der Universität Stanford haben herausgefunden, dass intensives Multitasking die Empfänglichkeit für Ablenkungen erhöht.[26] Gewohnheitsmäßige Multitasker sind »süchtig nach Irrelevanz«, erklärt Clifford Nass, der Leiter der Stanford-Studie.[27]

Aber Frauen sind anders, nicht wahr?

Wenn es eine Halbwahrheit über das Multitasking gibt, die wohl jeder kennt, so ist es die, dass Frauen besser darin sein sollen als Männer. Leider hält diese Halbwahrheit wie so viele einer wissenschaftlichen Überprüfung nicht stand. Trotz der Vielzahl begeisterter Schlagzeilen in den

Zeitschriften fällt das wissenschaftliche Urteil auch in dieser Frage sehr durchwachsen aus. Es gibt keinen unanfechtbaren Beleg für geschlechtsspezifische Unterschiede beim Multitasking.[28]

Trotzdem gibt es kaum einen Workshop, in dem nicht mindestens ein Manager stolz verkündet: »Meine Frau ist zweifellos besser im Multitasking als ich!« Aber gesammelte Anekdoten ergeben noch keine Statistik.

Die verbreitete Vorstellung, Frauen seien besser im Multitasking, beruht auf einer Fehleinschätzung sowohl des weiblichen Verstands als auch des Multitasking. Auch nach Jahrzehnten der Fortschritte in der Gleichstellung der Geschlechter schultern Frauen mit Vollzeitjobs weiterhin oft den Löwenanteil von Hausarbeit und Kinderbetreuung. So ist es auch heute nicht ungewöhnlich, in ein Haus zu kommen, in dem der Vater auf dem Sofa vor dem Fernseher sitzt und die Mutter in der Küche das Abendessen kocht, dabei telefoniert und zwischendurch dem Kleinsten die Schuhe zubindet.

Mit einiger Sicherheit hat es sich die Mutter nicht ausgesucht, mit all diesen Aufgaben zu jonglieren. Und das, was sie da tut, hat in Wirklichkeit auch nichts mit Multitasking zu tun. Multitasking wäre die gleichzeitige Ausführung von Aktivitäten, die Raum im präfrontalen Cortex beanspruchen. Wenn wir nur einmal im Jahr ein Hemd bügeln, werden wir wahrscheinlich den PFC nutzen, um diese Aufgabe zu erfüllen. In diesem Fall wäre es für uns schwierig, wenn nicht sogar unmöglich, gleichzeitig zu bügeln und am Telefon zu plaudern, ohne Gefahr zu laufen, das Hemd zu verbrennen. Sind wir hingegen daran gewöhnt, jede Woche eine bestimmte Menge an Hemden zu bügeln, dann lagern wir diese Aktivität wahrscheinlich an einen anderen Teil des Gehirns aus. Dadurch wird es leichter, während der Arbeit ein Gespräch zu führen. An diesem Phänomen ist nichts spezifisch Weibliches. Ein Mann, der daran gewöhnt ist, seine Hemden zu bügeln, sollte genauso dazu imstande sein.

Zum Glück sind gewohnheitsmäßige Tätigkeiten kognitiv weniger anspruchsvoll und nutzen statt des PFC andere Teile des Gehirns, in erster Linie die Basalganglien. Das bedeutet nicht, dass unsere Mutter ein leichteres Leben hat, aber es entlastet ihren PFC ein wenig. Die jahrelange Übung im unablässigen Wechseln zwischen verschiedenen Hausarbeiten hat sie in eine Expertin verwandelt, ohne dass es ihr bewusst wäre.

Obwohl Erfahrung nicht dasselbe ist wie Multitasking, kann es sein, dass Frauen tatsächlich im Vorteil sind, wenn es gilt, rasch zwischen Aufgaben zu wechseln. Aber das ist noch nicht endgültig geklärt. Wir wissen es nicht mit Sicherheit. Abgesehen davon deuten Experimente darauf hin, dass beim Multitasking weniger das Geschlecht, sondern vielmehr das räumliche Denken den Ausschlag gibt. In zwei neueren schwedischen Experimenten, in denen die Multitasking-Fähigkeiten von Männern und Frauen verglichen wurden, erzielten die Männer tatsächlich bessere Ergebnisse als die Frauen. Die Forscher gelangten zu dem Schluss, dass Exekutivfunktionen wie das Arbeitsgedächtnis und das räumliche Denken über die Fähigkeit zum Multitasking entscheiden, wobei nur das räumliche Denken vom Geschlecht beeinflusst wird. Und in diesem Bereich sind die Männer im Vorteil.[29]

Strategien zur Aufrechterhaltung der gezielten Aufmerksamkeit

Wie wir gesehen haben, ist es nicht leicht, vollkommen konzentriert zu bleiben, und das Multitasking erschwert es zusätzlich. Die besten Methoden zur Vermeidung von Ablenkungen sind die relativ einfachen: Anstatt bewusst zu versuchen, Ablenkungen auszublenden, sollte man sich nach Kräften bemühen, sie zu beseitigen. Gleichzeitig sollte man alles tun, um dafür zu sorgen, dass der interessanteste und angenehmste Reiz eben von jener Aktivität ausgeht, auf die man sich gerade konzentriert.

Bereiten Sie sich auf jede neue Aufgabe vor

Verringern Sie innere Ablenkungen, indem Sie den Kopf freimachen, bevor Sie sich schwierigen Aufgaben zuwenden. Nehmen Sie sich Zeit, um sich zu sammeln und zu konzentrieren, bevor Sie eine bestimmte Aktivität in Angriff nehmen.[30]

Sie sollten Spaß und Interesse an dem haben, was Sie tun

Emotionen können die zielgerichtete Konzentration erleichtern. Wenn die Aufgabe neuartig ist und Spaß macht, wird die Versuchung geringer, anderswo nach Stimulation zu suchen. Wirkt die Aufgabe, die Sie sich aufgebürdet haben, langweilig oder wie ein Routineablauf, so sollten Sie einen Weg suchen, um sie interessanter zu machen.

Wenn eine regelmäßige Besprechung eintönig geworden ist, können Sie versuchen, den Raum zu wechseln – oder einfach die Sitzordnung zu ändern. Der Wechsel von einem Sitzplatz zum anderen, von einem Raum in den anderen oder auch von einem Thema zum anderen kann allen Beteiligten eine neue Perspektive geben. Wenn die Diskussion zum Erliegen kommt, können Sie alle Teilnehmer auffordern, aufzustehen und sich eine halbe Minute durch den Raum zu bewegen. Oder stellen Sie sich ans Fenster, wenn Sie zum nächsten Tagesordnungspunkt übergehen. Das Management eines sehr erfolgreichen deutschen Küchenherstellers entschloss sich, das gewohnte Montagsmeeting aus dem Konferenzzimmer auf ein Feld gegenüber von der Firmenzentrale zu verlegen. Anstatt wie gewohnt um einen Tisch zu sitzen, unternahmen die Manager einen erfrischenden Spaziergang, der sie von den normalen Ablenkungen in ihrer Arbeitsumgebung befreite und die Kreativität aller Teilnehmer anregte. Nach Aussage eines Vorstandsmitglieds stiegen Zufriedenheit und Effizienz deutlich.

Ähnliche Strategien können Sie auch anwenden, wenn Sie allein arbeiten. Räumen Sie Ihren Schreibtisch auf, bevor Sie beginnen, sich auf eine bestimmte Aufgabe zu konzentrieren. Beschäftigen Sie sich am Schreibtisch mit einer Aufgabe und wechseln Sie anschließend mit dem Laptop an einen anderen Ort, um sich der nächsten Aufgabe zuzuwenden. Die geringfügige Veränderung der Arbeitsumgebung signalisiert dem Gehirn, dass etwas Neues beginnt. Gehen Sie fünf Minuten spazieren oder holen Sie sich eine Tasse Kaffee. Der Ausflug ins Café oder zur Kaffeemaschine (sowie das Koffein) sollte Ihnen neuen Schwung geben. Sie sollten sich angewöhnen, nach Erledigung einer Aufgabe zehn Schritte zu gehen, bevor Sie sich dem nächsten Vorhaben zuwenden. Halten Sie inne und machen Sie am Schreibtisch ein paar Dehnungs- oder andere Übungen. Sagen Sie ein kleines Gedicht auf. Singen Sie etwas oder hören Sie sich ein Lied an, bevor Sie weiterarbeiten. Schon die kleinsten Hinweise auf Neues, Training oder Spaß können für den Durchbruch sorgen, den Sie brauchen.

Beseitigen Sie potenzielle Ablenkungen von vornherein

Der Widerstand gegen potenzielle Ablenkungen nimmt wertvolle Ressourcen im präfrontalen Cortex in Anspruch. Obendrein verursacht er

Stress. Wir blenden regelmäßig eine große Zahl von Reizen aus. Dafür muss unser Gehirn arbeiten. Einige Ablenkungen entziehen sich unserer Kontrolle, während wir andere sehr wohl beherrschen können. Vergeuden Sie keine geistige Energie, indem Sie Ihren Schreibtisch zu Ihrem Gegner machen. Es ist einfacher und energieeffizienter, Ablenkungen einfach aus dem Weg zu räumen. Entfernen Sie Bilder, Papier, Krimskrams und andere potenzielle Ablenkungen aus Ihrem Blickfeld. Wenn Sie am Arbeitsplatz Familienfotos haben, sollten Sie diese vielleicht in ein Regal hinter Ihrem Stuhl stellen, statt sie auf dem Schreibtisch vor der Nase zu haben. Wenn Ihr Büro eine Tür hat, schließen Sie sie. Verwenden Sie Ohrstöpsel oder geräuschhemmende Kopfhörer.

Eine potenzielle Ablenkung in einer Schreibtischschublade aufzubewahren oder zu Hause zu lassen, ist besser, als sich zu schwören, sich erst damit zu beschäftigen, wenn eine Präsentation fertig ist. Selbstdisziplin mag bewundernswert sein, aber sie verschlingt eine beängstigende Menge an geistiger Energie.

Reservieren Sie Zeit für die Konzentration

Möglicherweise können Sie sich aufgrund Ihrer Tätigkeit nicht vollkommen von Ihren Kollegen abschotten. Aber in den allermeisten Fällen sollte es Ihnen möglich sein, sich im Lauf des Tages ein bestimmtes Maß an »Konzentrationszeit« zu sichern. In dieser Zeit sollte Ihre Tür geschlossen und Ihr Telefon abgeschaltet sein, und alle Personen, die mit Ihnen arbeiten, sollten wissen, dass Sie nicht ansprechbar sind. Wenn wir in einer wichtigen Besprechung sitzen, ist jedermann vollkommen klar, dass wir nicht zur Verfügung stehen, aber oft nehmen die Leute implizit an, wir stünden zur Verfügung, wenn wir nicht in einem Meeting sitzen. Wenn wir uns konzentrieren müssen, sind wir jedoch in einem wichtigen Meeting – in einem Meeting *mit uns selbst*.

Machen Sie Ihren Kollegen klar, zu welchen Zeiten Sie nicht gestört werden wollen. Eine »Politik der offenen Tür« ist durchaus lobenswert und kann die Interaktion und Kooperation fördern, wenn das Ziel die Teamarbeit ist. Aber wenn Konzentration das Ziel ist, hat eine solche Politik katastrophale Auswirkungen.

Wenn Sie einen Job haben, in dem unentwegt oft unvorhersehbare Ansprüche auf Ihre Aufmerksamkeit geltend gemacht werden, kann es nicht schaden, gewisse Grenzen zu ziehen. Ein Abteilungsleiter, der in einem Unternehmen arbeitete, in dem die Politik der offenen Tür die Norm war, stellte fest, dass dieses Ideal der Offenheit theoretisch inspirierend sein mochte, in der Praxis jedoch seine Produktivität erheblich beeinträchtigte. Also führte er eine ebenso einfache wie einfallsreiche Routine ein: Er hängte außen an seiner Bürotür ein Flipchart auf, auf dem seine Mitarbeiter und Kollegen ihre Namen und den gewünschten Zeitpunkt für ein Gespräch eintragen konnten, wenn seine Tür geschlossen war. Seine Assistentin, deren Tisch in der Nähe stand, ging die Einträge regelmäßig durch, stellte fest, wann der Chef frei war, trug einen Termin in seinen Kalender ein und schickte der Person, die sich auf dem Flipchart eingetragen hatte, eine Einladung. Oft war noch am selben Tag ein Gespräch möglich. Die Regelung verbesserte nicht nur die Fähigkeit des Managers, sich zu konzentrieren, und gab ihm ein Gefühl der Kontrolle, sondern stärkte auch die Kontrollüberzeugung seiner Mitarbeiter, da sie die Gewissheit hatten, sich mit ihrem Chef treffen zu können – nur eben nicht aus einer Laune des Augenblicks heraus.

Arbeiten Sie in beherrschbaren Zeitblöcken

Wenn es Ihnen schwerfällt, durchgehend so lange an einer Aufgabe zu arbeiten, bis sie vollkommen erledigt ist, können Sie es mit einer »20-Minuten-Regel« versuchen. Anstatt ständig in kurzen Abständen zwischen mehreren Aufgaben hin- und herzuspringen, können Sie sich 20 Minuten einer Aufgabe widmen, um anschließend zu einer anderen zu wechseln.[31] Durch die Zufriedenheit über den Abschluss der einzelnen Zeitblöcke sollte eine Dosis Dopamin freigesetzt werden, und dasselbe gilt für die Vorfreude auf die nächste »neue« Aufgabe. Der mäßige Druck, dem Sie sich aussetzen, indem Sie sich verpflichten, jeden Zeitblock effizient zu nutzen, sollte auch zu einem Anstieg des Noradrenalinspiegels beitragen und Sie dem Leistungsoptimum näherbringen.

Denen, die dem Reiz zwitschernder elektronischer Geräte einfach nicht widerstehen können, empfiehlt Larry Rosen, Professor für Psychologie an der California State University in Dominguez Hills, »Tech-Pausen«: Man kann etwa alle 15 Minuten die Arbeit unterbrechen, zwei Minuten Textnachrichten schreiben, im Internet surfen oder Mitteilungen posten, um sich anschließend weitere 15 Minuten ohne Ablenkungen der

Arbeit zu widmen. Wenn man von einem so kurzen Zeitraum ausgeht, wird man nach einer Weile wahrscheinlich feststellen, dass man die Zeiträume, in denen man offline ist, schrittweise verlängern kann.[32]

Nutzen Sie Ihr Gehirn weise

Neuere Forschungsergebnisse deuten darauf hin, dass sogar etwas so Harmloses wie ein Spaziergang die kognitiven Funktionen stören kann. Wir können gehen und gleichzeitig Kaugummi kauen, aber wenn wir einer Aktivität nachgehen, die Konzentration erfordert, können die Schritte, die wir tun, unsere Produktivität verringern und die Fehlerwahrscheinlichkeit erhöhen.[33]

Was die Frage betrifft, ob Hintergrundmusik hilfreich oder störend ist, so sind die Forschungsergebnisse durchwachsen. Wenn Sie einer weitgehend repetitiven Tätigkeit (zum Beispiel in einer Fertigungsstraße) nachgehen, kann Musik Ihre Produktivität deutlich erhöhen. Desgleichen kann repetitive Hintergrundmusik die Leistung bei bestimmten anspruchsvolleren kognitiven Aktivitäten erhöhen, zum Beispiel beim Lesen. Aber im Allgemeinen kann Popmusik, die viele von uns in ihrer Freizeit hören – vor allem wenn es auch Songtexte gibt –, zweifellos Funktionen wie Textverständnis und Informationsverarbeitung stören.[34]

Selbstverständlich gibt es auch zahlreiche Belege dafür, dass sich sowohl Gehen als auch Musik positiv auf das Gehirn auswirken. Welchen Schluss sollen wir also aus den bisherigen Erkenntnissen ziehen? Man kann mit Sicherheit sagen, dass Musik und Gehen unseren emotionalen Zustand positiv beeinflussen können. Ein bisschen Musik kann uns aufmuntern, bevor wir eine anspruchsvolle Aufgabe in Angriff nehmen, und das Gehen baut nachweislich aufgestauten Stress ab. Aber wenn unser Lebensunterhalt von der Produktivität unseres Gehirns abhängt, sollten wir uns Musik und Gehen am besten für Zeiten aufsparen, in denen wir nicht wirklich arbeiten.

Halten Sie Ihre E-Mail-Gewohnheiten unter Kontrolle

Auf die E-Mail trifft die klassische Klage zu: »Ich kann nicht mit ihr leben, und ich kann nicht ohne sie leben.« Die typische Fachkraft wendet 23 Prozent ihrer Arbeitszeit für den E-Mail-Verkehr auf.[35] Als Gloria Mark und Stephen Voida von der University of California in Irvine im

Rahmen einer Studie 13 Mitarbeiter eines nahegelegenen Großunternehmens aufforderten, fünf Tage lang ohne E-Mails auszukommen, stellten sie fest, dass diese Angestellten weniger unter Stress litten und sich sehr viel länger auf eine einzige Aufgabe konzentrieren konnten, bevor sie die Bildschirmansicht wechselten.

Offensichtlich ist es für die meisten von uns keine realistische Option, einen längeren Zeitraum auf E-Mails zu verzichten. Mark und Voida schlagen daher vor, dass man den Posteingang nur zu bestimmten Tageszeiten kontrollieren und die E-Mail-Benachrichtigung die übrige Zeit ausschalten sollte. Wenn man gezielt Zeiten festlegt, in denen man sich um E-Mails und Textnachrichten kümmert, gewinnt man eine bessere Vorstellung davon, wie diese Medien den Tagesablauf beherrschen können. Sich bewusst zu machen, wie Smartphone und E-Mail zur Ablenkung beitragen, ist der erste Schritt zu mehr Selbstbeherrschung.[36]

Feuer mit Feuer bekämpfen

In bestimmten Situationen können wir die natürliche Anziehung, die Ablenkungen auf uns ausüben, tatsächlich mit der Kraft der tiefen Konzentration kombinieren, um ein festgefahrenes Meeting wieder in Gang zu bringen. Fast jeder von uns hat schon in Sitzungen gesessen, in denen die Detailbesessenheit eines Teilnehmers jeglichen Fortschritt unmöglich gemacht hat. Wenn es in einem Meeting nicht darum geht, sich den Kopf über spezifische Schritte zu zerbrechen, sondern darum, eine neue Strategie in groben Zügen zu definieren, können ein detailliertes Memo oder eine Tabellenkalkulation nützlich sein. Wenn man das Papier dem Pedanten in die Hand drückt, damit er es sorgfältig prüfen kann, wird man normalerweise feststellen, dass er sich vollkommen in das Dokument vertieft und aus dem Gespräch aussteigt, das wie durch Zauberei wieder in Gang kommt. Zu dem Zeitpunkt, da der detailverliebte Kollege seine Aufmerksamkeit wieder auf das allgemeine Gesprächsthema richtet, sind die meisten wichtigen Entscheidungen oft schon gefallen, und die Nörgelei des Pedanten verursacht keine Probleme mehr. Natürlich kann man Herrn oder Frau Kleingedrucktes im Interesse der Harmonie am Ende der Sitzung wieder in die Diskussion einbinden. So werden wahrscheinlich alle Teilnehmer das Meeting zufrieden und mit dem Gefühl verlassen, etwas geleistet zu haben.

Einen rastlosen Verstand beruhigen

Selbst wenn Sie Ihre Tür geschlossen, Ohrstöpsel eingesetzt, die Jalousien heruntergelassen, alle Fotos abgehängt und Ihren Schreibtisch bis auf einen Kugelschreiber und ein Blatt Papier leergeräumt haben, gibt es keine Garantie dafür, dass Sie in der Lage sein werden, sich zu konzentrieren. Warum? Weil die hartnäckigste Quelle der Ablenkung, die stärker ist als alle Anblicke, Geräusche, Gerüche oder äußeren Empfindungen, Ihr eigener abschweifender Geist ist. In einer aktuellen Gallup-Umfrage gaben 71 Prozent der US-amerikanischen Arbeitskräfte an, am Arbeitsplatz »nicht vollkommen bei der Sache zu sein« oder sich »aktiv von der Arbeit abzulenken«. Und bei den hoch qualifizierten Arbeitskräften war die Aussicht auf vollkommene Konzentration am Arbeitsplatz noch geringer. Nur 27 Prozent der Befragten, die postgraduellen Tätigkeiten nachgingen oder einen erweiterten Hochschulabschluss besaßen, waren am Arbeitsplatz wirklich bei der Sache.[37] Das sind schlechte Nachrichten, und zwar nicht nur für die Arbeitgeber. Das geistige Abschweifen nimmt nicht nur die Hälfte unseres Lebens im Wachzustand in Anspruch, sondern verringert auch unser Glück.[38]

Was genau geschieht, wenn unser Geist abschweift? Führende Neurowissenschaftler wie Judson Brewer und Jonathan Schooler haben mittlerweile eine recht gute Vorstellung davon. Ein abschweifender Verstand ist in Gehirnregionen beheimatet, die als Ruhezustandsnetzwerk bezeichnet werden. Das Ruhezustandsnetzwerk *(default mode network)* besteht aus jenen Gehirnregionen, die im Wachzustand während der meisten Zeit aktiv sind. Es ist an Planung, Überlegung und Tagträumen beteiligt. Es ist aktiv, wenn wir über uns selbst und über andere Menschen nachdenken. Manchmal wird es auch als narratives Netzwerk bezeichnet, weil wir Information durch unseren persönlichen Filter aufnehmen und anschließend unsere eigene Interpretation der Geschehnisse konstruieren. Tatsächlich ist der einzige Bereich, in dem das Ruhezustandsnetzwerk auffällig wenig leistet, die Konzentration auf das Hier und Jetzt. Es liegt auf der Hand, dass das problematisch ist, wenn wir aufmerksam sein sollen. Zwei Dinge können helfen, unseren Verstand vom Abschweifen abzuhalten: Glück und kognitive Kontrolle.[39]

Wie man vollkommen konzentriert bleibt, ohne Sex zu haben

Vor einigen Jahren nahmen die Psychologen Matthew Killingsworth und Daniel Gilbert über eine iPhone-App in zufälligen Abständen Kontakt zu mehr als 2000 Personen auf, um sie zu fragen, was sie im Augenblick taten, was sie empfanden und wie sie sich fühlten. Das Ergebnis von mehr als einer Viertelmillion Antworten ließ keinen Zweifel: Die glücklichsten Menschen waren jene, die Sex hatten. Sex wurde auf einer Skala von 0 bis 100 mit einem Wert von 90 durchschnittlich 15 Punkte höher bewertet als Sport, die zweithäufigste Aktivität, die mit Glücksgefühlen verbunden wurde. Am wenigsten glücklich waren die Befragten, die gerade mit der Körperpflege, dem Weg zur und von der Arbeit oder der Arbeit selbst beschäftigt waren.[40]

Was hat der Sex mit gezielter Aufmerksamkeit zu tun? Auf die Frage, wo sie beim Sex mit ihren Gedanken waren, berichteten weniger als 10 Prozent der Befragten, ihr Geist sei zu anderen Gedanken abgeschweift. Mit anderen Worten: Sie waren vollkommen auf die Aktivität konzentriert, der sie gerade nachgingen. Bei anderen Aktivitäten war das nicht so: Dort schweiften die Gedanken in 30 bis 65 Prozent der Fälle ab. Insgesamt schweiften die Gedanken der Befragten in 47 Prozent der Fälle von ihrer gegenwärtigen Aktivität ab.[41]

Fixiert auf das Glück

Die Korrelation scheint auf der Hand zu liegen: Je mehr wir eine Aktivität genießen, desto weniger schweifen unsere Gedanken ab. Im Fall des Sexes ist dieses Ergebnis leicht nachzuvollziehen, aber wie sich herausgestellt hat, sind wir unabhängig von der Aktivität glücklicher, wenn wir uns auf das fixieren, was wir gerade tun, anstatt uns in Gedanken mit anderen Dingen zu beschäftigen. Tatsächlich verrät das Maß, in dem unser Geist abschweift, mehr über das Maß unseres Glücks als die Aktivität an sich.[42] Und wenn wir glücklich sind, setzt unser Gehirn eine Reihe von Neurochemikalien einschließlich Dopamin frei, was unsere Fähigkeit, Neues zu lernen und es uns einzuprägen, deutlich erhöht. Und wenn die Gedanken nicht länger abschweifen, fühlen wir uns besser, weil wir nicht länger extrem wachsam nach der nächsten potenziellen Bedrohung Ausschau halten.[43]

Wir alle können nachvollziehen, wie sich Glücksgefühle auf unsere Konzentrationsfähigkeit und unser Interesse an unserer gegenwärtigen Aufgabe auswirken. Aber wie verhält es sich mit der kognitiven Kontrolle? Wenn unsere Gedanken trotz allem weiter abschweifen, was können wir dann tun, um uns wieder zu sammeln und unsere Aufmerksamkeit wieder gezielt auf unsere Aktivität zu richten? Eine Antwort liefert eine Autorität, von der man nicht unbedingt diesbezügliche Aufschlüsse erwarten würde: ein American-Football-Team.

Die Achtsamkeit pflegen

Wenn man mit einem einzigen Wort beschreiben sollte, was am Sonntag, dem 2. Februar 2014, im MetLife Stadium in New Jersey geschah, so wäre es »entscheidend«. Es war der Tag des höchsten Siegs seit 21 Jahren im beliebtesten sportlichen Ritual der US-Amerikaner, und es war der Tag der höchsten Einschaltquote in der Geschichte des US-amerikanischen Fernsehens.[44] Nach einer Durstrecke von acht Jahren kehrten die Seattle Seahawks in den Super Bowl, das Finale der American-Football-Meisterschaft, zurück und zerlegten die Denver Broncos mit 43:8. Nur zweimal in der Geschichte der Meisterschaft hatte eine Mannschaft mit einer höheren Punktedifferenz gewonnen.

Wie nicht anders zu erwarten, boten professionelle Analysten und ungezählte selbsternannte Trainer, die auf dem Sofa vor dem Fernseher saßen, eine Vielzahl von Erklärungen für den überraschenden Triumph der Seahawks an, aber es gab einen faszinierenden Faktor, der diese Mannschaft tatsächlich einzigartig machte. Ein normales Profi-Football-

Team hat mehr als zwei Dutzend Trainer und Betreuer. Die Seattle Seahawks hatten im Jahr 2012 zusätzlich einen ungewöhnlichen Experten in ihr Betreuerteam aufgenommen: einen Achtsamkeitstrainer.[45]

Die meisten von uns sind schon einmal in die peinliche Lage geraten, derart offensichtlich zerstreut gewesen zu sein, dass sich schließlich jemand genötigt sah, uns darauf hinzuweisen. »Entschuldigung«, antworteten wir dann beschämt, »ich war wohl mit den Gedanken anderswo.« Obwohl es den Menschen in unserer Umgebung nicht immer auffällt, sind die meisten von uns verblüffenderweise in fast der Hälfte unserer wachen Stunden geistesabwesend. Das kann ärgerlich und kontraproduktiv sein, wenn man seinen Tag am Schreibtisch oder in Sitzungen verbringt. Wenn man sein Geld auf einem Foodball-Feld oder auf einem Schlachtfeld verdient, kann es gefährlich oder sogar tödlich sein.

Wie wir in Kapitel 5 sehen werden, kann Geistesabwesenheit durchaus ihre Vorteile haben – allerdings nur wenn sie gezielt und strategisch eingesetzt wird. Das Gegenmittel zur Bekämpfung abschweifender Gedanken ist Achtsamkeit.[46] Achtsam zu sein bedeutet, die eigenen Gedanken und Gefühle von einem Moment zum nächsten zu beobachten, ohne darüber zu urteilen. Auf diese Art verwandelt man sich in eine außenstehende Beobachterin der eigenen Denkvorgänge, erlangt größere Kontrolle über die Phasen des konzentrierten Denkens und verhindert, ständig jeder neuen Ablenkung zu folgen.[47]

Bei Personen, die sich auf die Achtsamkeitsmeditation verstehen, sind die an abschweifenden Gedanken beteiligten Gehirnregionen weniger aktiv. Gleichzeitig werden die Regionen, die für Selbstbeobachtung und kognitive Kontrolle zuständig sind, stabiler miteinander verknüpft, und zwar nicht nur, wenn diese Personen meditieren.[48]

Die übliche Definition der Achtsamkeit – »gegenwärtig sein« – mag einleuchtend sein und manch einem vollauf genügen, aber der eine oder andere wird wenig Gefallen daran finden, weil sie Bilder von meditierenden Mönchen heraufbeschwört. Obwohl Variationen der Achtsamkeit tatsächlich ein fester Bestandteil der meisten Weltreligionen sind, braucht man keinen Glauben, um zur zielgerichteten Konzentration fähig zu sein. Eine andere, säkulare Definition der Achtsamkeit ist »ruhende Aufmerksamkeit«: »Aufmerksamkeit«, weil man aufmerksam ist und sich dessen bewusst ist, und »ruhend«, weil diese Aufmerksamkeit scharf, aber anders als in einer Situation, in der man in der Nacht geräuschlos durch das Haus schleicht, um einen Einbrecher auf frischer Tat zu ertappen, nicht mit Stress verbunden ist. Man ist hellwach, ohne alarmiert zu sein.

Einmal saßen wir mit einem Klienten beim Abendessen, dem es schwerfiel, das Konzept der Achtsamkeit zu verstehen. Die klassische Übung zur Einführung in die Achtsamkeit, bei der man sich vollkommen auf eine einzelne Rosine konzentrieren soll, schien ihm abwegig. Also wählten wir unsere bevorzugte Methode, die »Duschübung«, bei der wir Führungskräfte dazu anhalten, genau zu beobachten, wie sie sich normalerweise waschen, und sich anschließend bewusst zu bemühen, das Ritual ein wenig abzuwandeln. Doch keine der beiden Übungen schien unserem Klienten sinnvoll.

Wie sich herausstellte, war er ein Weinkenner und bestellte eine teure Flasche zu unserem Essen. Wir verfolgten interessiert, wie er sein Glas hob, um die tiefrote Farbe des Getränks gegen das Licht zu prüfen. Dann hielt er sich das Glas unter die Nase und saugte das exquisite Bouquet mit einem Ausdruck sublimer Intensität ein, bevor er schließlich den ersten Schluck nahm und die Komplexität der zahlreichen Geschmacksnoten genoss. Nachdem er den Wein verkostet hatte, erklärten wir ihm, dass er gerade Achtsamkeit praktiziert habe. Der Ausdruck der Überraschung in seinem Gesicht wich plötzlich dem des Verständnisses. Er vergaß diese Lektion nie wieder.

Stabilere Verbindungen

Das Erstaunliche an der Achtsamkeit ist, dass sie nicht nur unsere Gedanken verändert, sondern sich auch physisch auf unser Gehirn auswirkt.

Richard J. Davidson, der an der University of Wisconsin in Madison Psychologie und Psychiatrie lehrt, ist einer der Forscher, die zu einer ebenso schockierenden wie faszinierenden Entdeckung beigetragen haben. »Es steht fest«, erklärte er in einem Vortrag in Googles Hauptquartier im kalifornischen Mountain View, »dass die gezielte Anwendung spezifischer mentaler Trainingsstrategien die Struktur des Gehirns verändern kann, und diese Veränderung kann dauerhaft sein und unseren kognitiven und emotionalen Stil verwandeln.«[49] Mit anderen Worten: Wir können die Struktur unseres Gehirns ohne chirurgischen Eingriff oder den Einsatz von Pharmazeutika verändern. Achtsamkeit führt innerhalb von nur acht Wochen zu physischen Veränderungen in mehreren Hirnregionen.

Achtsamkeit macht den präfrontalen Cortex sowie den hinteren cingulären Cortex dicker, und das erhöht nicht nur die Fähigkeit zur Aufmerksamkeit, sondern auch die Gedächtnis- und Verarbeitungsleistung.[50] Die bessere kognitive Kontrolle ermöglicht uns mehr Rationalität und versetzt uns in die Lage, unangemessene emotionale Reaktionen leichter aufzufangen. Personen, die meditieren, haben mehr graue Masse im rechten orbitofrontalen Cortex, einer an der emotionalen Regulierung beteiligten Gehirnregion.[51]

Achtsamkeit festigt auch die Verbindung zur Insula (Inselrinde), in der das Körperbewusstsein angesiedelt ist.[52] Das Körperbewusstsein stärkt die Intuition und damit die Entscheidungsfähigkeit (mehr dazu in Kapitel 5). Wir werden besser darin, auf unseren Körper zu hören, kleine Signale aufzufangen und subtile Warnhinweise zu erkennen. Wir erkranken seltener, weil unsere Fähigkeit wächst, frühzeitig zu erkennen, wenn etwas nicht in Ordnung ist. Außerdem können wir möglicherweise größere kognitive Kontrolle über unsere Emotionen ausüben, was wesentlichen Einfluss darauf hat, ob uns ein Reiz ablenken kann.[53]

Während die Insula am Körperbewusstsein beteiligt ist, ist unsere Wahrnehmung anderer Menschen in einer anderen Region angesiedelt, die als tempoparietaler Übergang (oder tempoparietaler Cortex) bezeichnet wird. Wie in der Insula wächst auch im tempoparietalen Übergang die graue Masse durch Achtsamkeitstraining.[54] Dieser Zuwachs scheint die sozialen Beziehungen zu verbessern und Menschen empathischer zu machen.[55]

Nicht alle Veränderungen im Gehirn zeigen sich an Wachstum. Tatsächlich verringert die Achtsamkeit die Dichte der Substanz in mindestens einem Hirnareal, der Amygdala, die entscheidend an emotionaler Reaktivität und Furcht beteiligt ist.[56]

Insgesamt erhöht Achtsamkeit die Fähigkeit des Gehirns zu dynamischen Neuverknüpfungen, ein Phänomen, das als Neuroplastizität bezeichnet wird. Wie wir in Kapitel 6 sehen werden, erhöht die Neuroplastizität unsere geistige Flexibilität und Lernfähigkeit.

Präziser auf das Ziel gerichtete Aufmerksamkeit

Während chronische Multitasker offenbar selbst dann, wenn sie mit einer einzigen Aufgabe beschäftigt sind, Schwierigkeiten haben, sich zu konzentrieren, scheinen in der Meditation geübte Personen selbst dann, wenn sie gerade nicht meditieren, eine bessere Kontrolle über das Abschweifen der Gedanken zu haben.[57] Es hat sich gezeigt, dass Achtsamkeitstraining das Potenzial des Gehirns zu Aufmerksamkeit vergrößert, indem es die Fähigkeit erhöht, sowohl innere als auch äußere Ablenkungen zu ignorieren und sich stattdessen auf das zu konzentrieren, was in diesem Augenblick geschieht.[58]

Achtsamkeit erhöht die Fähigkeit des Gehirns zu dynamischen Neuverknüpfungen.

Um unsere zielgerichtete Konzentration zu erhöhen, müssen wir die Aktivität im präfrontalen und im parietalen Cortex anregen. Der PFC ist unverzichtbar für die Fähigkeit, aufmerksam zu bleiben, während der parietale Cortex unsere Aufmerksamkeit auf ein bestimmtes Ziel richtet.[59] Davidson hat in Studien gezeigt, dass bei Personen, die über lange Zeit hinweg Achtsamkeitsmeditation betreiben, die Aktivität im PFC und im parietalen Cortex größer ist, wenn sie sich auf einen Gegenstand konzentrieren.[60]

Schließlich stärkt die Achtsamkeit auch die Verbindungen zwischen dem PFC und der Amygdala, was uns in die Lage versetzt, die negativen Gedanken, die uns alle von Zeit zu Zeit beschleichen, unter Kontrolle zu halten.[61]

Achtsamkeit zur Gewohnheit machen

Der beste Weg zu langfristiger Achtsamkeit ist, sie jeden Tag ein wenig zu üben. Machen Sie die Achtsamkeit zu einem Bestandteil Ihrer täglichen Routine, so wie das Zähneputzen oder das Einschalten der Kaffeemaschine. Diese Dinge muss kaum jemand einplanen; sie werden einfach zur Gewohnheit.

Übung der Achtsamkeit

Da Achtsamkeit bedeutet, sich auf die direkte Erfahrung zu fixieren und alle anderen Gedanken abzuschalten, kann man sie in einer Vielzahl von Situationen praktizieren, zum Beispiel während man isst, geht, duscht, joggt oder einfach am Schreibtisch eine Pause einlegt.

Die beste Methode besteht darin, sich auf eine bestimmte Sinnesempfindung zu fixieren, etwa auf den Atemrhythmus oder auch das Gefühl der Füße auf dem Boden, und diesen Vorgang häufig – nach Möglichkeit täglich – zu wiederholen, damit man immer besser darin wird, sich vollkommen auf diese eine Empfindung zu konzentrieren und alle anderen beiseitezulassen.

Vier Schritte: Eine schnelle Lösung für mehr Achtsamkeit

Eine informelle Methode, um die Achtsamkeit im Alltag zur Verringerung von Stress und Angst einzusetzen, ist die Vier-Schritte-Übung, um Körper und Geist wieder ins Gleichgewicht zu bringen:

1. Anhalten
2. Atem holen
3. Beobachten
4. Weitermachen[62]

Die Vier-Schritte-Übung beruht auf einem einfachen, aber wirksamen Gedanken. Legen Sie im Lauf des Tages hin und wieder eine kurze Verschnaufpause ein und holen Sie tief Luft. Beobachten Sie, was Sie in diesem Augenblick tun, und denken Sie darüber nach, wie Sie sich dabei fühlen und wie andere diesbezüglich fühlen könnten. Sind Ihre Schultern angespannt? Sind Sie hungrig oder müde? Macht Ihnen etwas unterschwellig zu schaffen? Gibt es etwas, das Sie gerne ändern würden? Könnten Sie anders mit Ihrer gegenwärtigen Situation umgehen?[63]

Wenn Sie sich keine andere Möglichkeit vorstellen können, mit der Situation umzugehen, setzen Sie den Prozess wie gehabt fort. Wenn Sie feststellen, dass es eine andere Möglichkeit gäbe, nehmen Sie Änderungen an Ihrem Verhalten, Ihrer Einstellung, Ihrer Geisteshaltung oder Ihrer generellen Einschätzung der Situation vor. Diese Veränderungen können abhängig von den Umständen groß oder klein sein. Der grundlegende Akt der Reflexion – die Psychologen sprechen hier von »metakognitiver Aufmerksamkeit« – kann zu einschneidenden, positiven und oft dauerhaften Änderungen unserer Denkmuster und physischen Reaktionen führen.

Das Wunderbare an der Vier-Schritte-Übung ist, dass man sie auf Anhieb und praktisch überall anwenden kann, sogar unbemerkt in einer Sitzung, in der man unter großem Stress steht. Es ist eine ausgezeichnete Methode, um hin und wieder in sich hineinzuhorchen und sich zu fragen: »Wie geht es mir?« Es gibt Führungskräfte, die diese Technik vor bestimmten Aktivitäten oder bei Anspannung oder Ärger anwenden. Andere stellen in ihrer Kalendersoftware einen Alarm ein, der sie im Lauf des Tages daran erinnert, schnell eine Bestandsaufnahme ihrer Stimmung und ihrer Aufmerksamkeit vorzunehmen.

Anders als anspruchsvollere Techniken ist die Vier-Schritte-Übung einfach in der Anwendung und sehr einprägsam. Man braucht dafür kein Mantra, man muss keine spezielle Haltung einnehmen und keinen Meditationskurs besuchen. Noch wichtiger ist, dass Ihnen diese Übung helfen kann, sich Ihrer selbst bewusster zu werden. Vielleicht werden Sie feststellen, dass es im Lauf Ihres Alltags vorhersehbare Zeiten gibt, zu denen Sie sich wohlfühlen, und andere, zu denen Sie sich nicht so gut fühlen. Indem die Vier-Schritte-Übung Ihre Aufmerksamkeit erhöht, versetzt sie Sie in die Lage, diese Zeiten zu identifizieren und geeignete Korrekturen vorzunehmen, wenn das nötig ist.[64] Wie jede Fähigkeit erfordert auch Achtsamkeit Übung. Je länger Sie daran arbeiten, desto besser werden Sie sie beherrschen.

Schweigen ist Gold

In Sitzungen, in denen der Druck sehr hoch ist, sehnen sich viele Teilnehmer nach ein paar Minuten Stille, um ihre Gedanken zu sammeln und das Objektiv wieder scharfzustellen. Aber in allzu vielen Sitzungen herrscht eine vollkommen andere Atmosphäre: Einige mitteilungsbedürftige Teilnehmer kämpfen miteinander um Sendezeit. Die Folge ist, dass die meisten Teilnehmer nicht genug Zeit für eine gründliche Analyse und Reflexion finden, sondern ständig mit Ablenkungen überflutet werden.

Die meisten Unternehmen mögen an dieses Muster der Dysfunktionalität gewöhnt sein, aber es gibt durchaus einige interessante Alternativen. In einem unserer Klientenunternehmen, das für seinen beständigen Erfolg bekannt ist, gilt eine ungeschriebene Regel für Sitzungen des Leitungsgremiums: Die in Stille verbrachte Zeit sollte genauso lang wie oder länger als die Zeit sein, in der gesprochen wird. Das bedeutet, dass nach einem Diskussionsbeitrag von zwei Minuten eine Pause von mindestens zwei Minuten eintritt, in der die Teilnehmer das gerade Gehörte verarbeiten können.

Als Berater, die Zeugen dieses ungewöhnlichen Prozesses gewesen sind, müssen wir gestehen, dass wir anfangs ein bisschen verwirrt waren. Um ehrlich zu sein, einige jüngere Kollegen machten sich sogar darüber lustig. Machen wir uns nichts vor: In Zeiten des unbarmherzigen Wettbewerbs, der rasend schnellen Kommunikation und einer beispiellosen Informationsflut würden die meisten Führungskräfte längere Zeiträume der Stille unerträglich finden. Tatsächlich können die meisten *überhaupt keine* Stille ertragen. Fast alle unsere Klienten würden darin reine Zeitverschwendung sehen; die Stille wäre ihnen sehr unangenehm. Und offen gesagt, war sie sogar *uns* unangenehm. Allerdings nur so lange, bis wir die Resultate sahen.

Nachdem wir an drei Sitzungen teilgenommen hatten, in denen dieses unkonventionelle Format zum Einsatz gekommen war, bemerkten wir drei erstaunliche Wirkungen: Erstens hatten sämtliche Teilnehmer genug Zeit gehabt, um jeden Beitrag zu verarbeiten und mit ihren eigenen Vorstellungen in Einklang zu bringen. Zweitens waren zwar weniger Dinge gesagt worden, aber das Gesagte hatte mehr Gewicht, war wertvoller und wurde sorgfältiger ausgewertet, weil alle Beteiligten zuhörten und konzentriert waren. Anders als in typischen Meetings, in denen es zahlreiche Ablenkungen gibt und die Teilnehmer oft den Sprecher ignorieren, weil sie ihre eigenen Antworten planen, war hier jedermann angehalten, sich aufmerksam anzuhören, was die Kollegen sagten. Und schließlich war der wechselseitige Respekt deutlich größer als in einer typischen Sitzung. Die

Pausen erleichterten die emotionale Regulierung und unterbanden lautstarke Auseinandersetzungen. Die Folge war, dass die Teilnehmer einander nicht als Rivalen betrachteten, sondern das Gefühl hatten, alle demselben Team anzugehören. Im Übrigen nahmen die Sitzungen in diesem Unternehmen insgesamt sehr viel weniger Zeit in Anspruch als in vergleichbaren Firmen, während sehr viel mehr Entscheidungen gefällt wurden, zu deren Umsetzung sich die Beteiligten wirklich bekannten.

Was eine Pause bewirken kann

Die Gruppe, mit der wir arbeiteten, war keineswegs eine Anomalie. Einige Spitzenunternehmen setzen die Achtsamkeitstheorie wirkungsvoll in die Praxis um.

Uli Heitzlhofer, der bei Google für die globale Mitarbeiterentwicklung zuständig war, berichtete über das »Mental Pause Team«, dessen Ziel es ist, Ablenkungen zu verringern, die Sitzungen oft in kritischen Augenblicken aus der Bahn werfen. Ein Beispiel für eine geeignete Maßnahme ist eine zweiminütige Meditationspause vor Beginn von Teambesprechungen, in denen Schlüsselentscheidungen fallen sollen. Um bei dieser gelenkten Meditation zu helfen, kann das Team entweder einen Spezialisten vom Mental Pause Team hinzuziehen oder sich detaillierte Instruktionen holen, wie es diese Meditation allein durchführen kann. Das bisherige Feedback ist sehr positiv.

Nicht weit von Google entfernt liegt der Sitz des Softwareriesen SAP, der den Titel eines »Botschafters der Achtsamkeit« eingeführt hat. Das Unternehmen nimmt diese Position so ernst, dass die Personen, die sie bekleiden, den Titel auf ihrer Visitenkarte führen können.

Von der Konzentration zum Flow

Man könnte meinen, es sei schon lange zu erwarten gewesen, aber Arbeitspraktiken, die ehemals als verrückt oder abwegig galten, lenken mittlerweile führende Unternehmen in eine andere Richtung. Nachdem die Neurowissenschaftler dieses Gebiet jahrzehntelang gründlich erforscht haben, gelangen mehr und mehr Führungskräfte zu der Erkenntnis, dass sie ihre Mitarbeiter durch die Verringerung von Ablenkungen, die Bekämpfung des Multitasking und die Förderung der Achtsamkeit zur befriedigendsten und produktivsten Form der zielgerichteten Aufmerksamkeit lenken können: dem Flow.

In den Flow kommen

Wenn es Ihnen gelingt, Ablenkungen auszuschalten, sich vollkommen auf die gegenwärtige Aufgabe zu konzentrieren und einfach zu genießen, was Sie gerade tun, geschieht etwas beinahe Magisches: Nachdem Sie gefrühstückt, ein paar E-Mails beantwortet und mit Ihren Kollegen geplaudert haben, schließen Sie Ihre Bürotür, weisen Ihren Assistenten an, keine Anrufe mehr durchzustellen, und konzentrieren sich. Innerhalb weniger Minuten beginnt eine brillante strategische Präsentation für die Sitzung mit einem wichtigen Kunden am Nachmittag zu entstehen. Sie fühlen sich gefordert, aber Sie sind zuversichtlich, dass Sie praktische Lösungen für die Probleme Ihres Klienten finden werden. Sie haben alle relevanten Zahlen gesammelt, um überzeugend argumentieren zu können. Sie können einen Volltreffer landen. Ihnen kommt eine Idee nach der anderen, und Sie bemerken überhaupt nicht, dass fast drei Stunden vergangen sind, seit Sie sich hingesetzt haben, um an der Präsentation zu arbeiten.

Der Psychologe Mihály Csíkszentmihályi erklärt, mit Beherrschung und Kontrolle zusammenhängende Verhaltensweisen seien ebenso wichtige Bestandteile der menschlichen Natur wie das Bedürfnis nach Fortpflanzung.[65] Tatsächlich war es Csíkszentmihályi, der den Begriff »Flow« prägte, um die höchste und befriedigendste Form der vollkommenen Konzentration zu beschreiben.

Wie sich Flow anfühlt

Der Flow ist ein subjektiver Zustand, in dem wir vollkommen in etwas aufgehen und nichts anderes mehr registrieren.[66] Personen, die den Zustand des Flow erleben, berichten oft über einen Verlust der Selbstwahrnehmung.[67] Sie haben ein Gefühl der Kontrolle, scheinen sich jedoch keine Sorgen zu machen, diese Kontrolle zu verlieren. Sie nehmen Ablenkungen unbestimmt wahr, ohne sich abgelenkt zu fühlen. Die Zeit verliert jegliche Bedeutung oder Dringlichkeit und wird der Aktivität untergeordnet.

Oft sind die erfolgreichsten Menschen in einem Bereich, seien sie nun Sportler oder Unternehmer, in der Lage, sich fast auf Befehl in diesen Zustand zu versetzen. Auf der anderen Seite deuten Umfragen darauf hin, dass zwischen 15 und 20 Prozent der Erwachsenen in den Vereinigten Staaten und Europa nie den Zustand des Flow erreichen. Ein ähnlich hoher Prozentsatz erklärt, ihn jeden Tag zu erleben.[68] Der Unterschied zwischen einem Manager, der im Flow ist, und einem, der es nicht ist, ist alles andere als belanglos. Er ist atemberaubend. Die Beratungsfirma McKinsey hat in einer Langzeitstudie festgestellt, dass die Produktivität auf das Fünffache steigt, wenn Spitzenmanager im Flow sind.[69]

Wie man den Flow in Gang bringt

Anstatt von einer externen Belohnung abzuhängen, hat der Flow seinen Ursprung normalerweise in der inneren Motivation, genauer gesagt im Nucleus accumbens, dem Belohnungszentrum des Gehirns, durch welches das Dopamin fließt.

Die bezahlten Mitarbeiter, die Microsofts Enzyklopädie Encarta entwickelten, konnten nicht mit Wikipedia mithalten, einer Online-Enzyklopädie, die von Menschen ins Leben gerufen worden war, die ihre Arbeit zum Spaß und unentgeltlich machten. In diesem und vielen anderen Fällen machte wahrscheinlich der Flow den Unterschied. Im Jahr 2009 wurde Microsoft Encarta eingestellt, während sich Wikipedia nach wie vor bester Gesundheit erfreut und den sechsten Rang unter den beliebtesten Websites der Welt einnimmt.[70] Wenn Sie also keinen Spaß an der Arbeit haben, sind Sie wahrscheinlich nicht im Flow.

Die Produktivität verfünffacht sich, wenn Spitzenmanager im Flow sind.

Wie man den Flow erreicht

Um den Flow zu erreichen, braucht man ein gut definiertes Ziel, eine optimale Herausforderung und klares, unmittelbares Feedback. Dank des Ziels wird Acetylcholin ausgeschüttet, das es ermöglicht, die zielgerichtete Konzentration aufrechtzuerhalten;[71] die Herausforderung löst die Ausschüttung von Noradrenalin aus, und das Feedback sorgt für einen belohnenden Anstieg des Dopaminspiegels. Während des Flow-Zustands werden Teile des präfrontalen Cortex deaktiviert und eine Vielzahl an Botenstoffen ausgeschüttet, unter anderem Endorphine, Anandamid, Serotonin und Oxytocin.

Ein gut definiertes Ziel

Sie werden kaum einen Flow-Zustand erreichen, einfach indem Sie arbeiten. Sie müssen auf ein *spezifisches* Ziel hinarbeiten, und Sie müssen genau wissen, wohin Ihre Bemühungen führen. Eine Gruppe von Anwendungsentwicklern, der die Aufgabe gestellt wird, eine Software »benutzerfreundlicher« zu machen, mag ein nobles Ziel haben, aber es ist auch ein einigermaßen unbestimmtes Ziel. Wird es jedoch spezifischer formuliert – beispielsweise können die Entwickler eine Operation, die bisher fünf Klicks erfordert, auf drei Klicks reduzieren –, so geht die Gruppe plötzlich in ihrer Aufgabe auf.

Die Visualisierung des Ziels kann manchmal einen gewaltigen Unterschied machen. Ein Team, das eine scheinbar klare Aufgabe wie die erhält, »innerhalb von zwei Jahren die Einnahmen zu verdoppeln«, kann trotzdem Schwierigkeiten haben, sich vollkommen zu konzentrieren, bis die Teammitglieder über die Zahlen hinausgehen und sich auf einem Foto mit dem Titel »Team des Jahres« sehen, das im Büro des Geschäftsführers an der Wand hängt. In diesem Moment kommen sie in den Flow.

Hat man einmal ein klares Ziel vor Augen, so wird es leichter, zwischen Ablenkungen und jenen Dingen zu unterscheiden, die unverzichtbar sind, um das Ziel zu erreichen. Wie der Autor Steven Kotler erklärt: »Wenn das Gehirn ein klares Ziel hat, wird dieses sehr viel schärfer ins

Auge gefasst. Das Unbedeutende wird außer Acht gelassen, und das Jetzt ist alles, was bleibt.«[72]

Ein klares Ziel erleichtert nicht nur die Konzentration, sondern verbessert auch die Stimmung. Wie Csíkszentmihályi erklärt: »Ohne eine Aufgabe, die unsere Aufmerksamkeit auf sich versammelt, befinden wir uns zusehends auf dem Weg in die Depression. Im *flow* ist kein Raum für derartige Grübeleien.«[73] Es gibt auch keinen Platz für Multitasking. Die Teilung der Aufmerksamkeit, die dadurch entsteht, dass man versucht, zwei oder mehr Dinge auf einmal zu tun, untergräbt die Produktivität und Zufriedenheit, die mit der gezielten Verfolgung eines einzigen Zwecks einhergehen.

Optimale Herausforderung

Obwohl ein Gleichgewicht zwischen Fähigkeiten und Herausforderungen bestehen sollte, sind die Voraussetzungen für Flow am besten, wenn man sich ein kleines bisschen überfordert fühlt. Wenn die Fähigkeiten den Herausforderungen angemessen sind, sollte es möglich sein, die Fixierung auf die Aufgabe aufrechtzuerhalten.

Übersteigt eine Herausforderung unsere Fähigkeiten, so bekommen wir wahrscheinlich Angst.[74] Schließlich ist es schwierig, wenn nicht unmöglich, die Situation zu beherrschen, wenn wir das Gefühl haben, einer Aufgabe nicht gewachsen zu sein.[75] Wenn wir aus dem Flow in die Bedrohungsreaktion umschalten, wird das Noradrenalin uns über den höchsten Punkt der Leistungskurve hinausschieben (siehe Kapitel 1), der daraus resultierende Stress wird dem präfrontalen Cortex die Kontrolle entziehen und ihn der Fähigkeit berauben, mäßigenden Einfluss zu nehmen.

Übersteigen Ihre Fähigkeiten hingegen die Herausforderung, so wird es Ihnen an einer für Höchstleistungen ausreichenden Menge an Noradrenalin und Dopamin fehlen. Die wahrscheinliche Folge ist Langeweile.[76]

Es muss darauf hingewiesen werden, dass die Chance, in den Flow zu gelangen, mit den Fähigkeiten wächst. Je höher das Niveau der Fähigkeiten, desto größer die Wahrscheinlichkeit von Flow. Deshalb wird die Konzertpianistin eher Flow erleben als der Klavierschüler im ersten Jahr – selbst wenn sich beide leicht überfordert fühlen. Je größer die Fähigkeiten, desto leichter wird es, Spaß zu haben!

Klares, augenblickliches Feedback

Es ist sehr ermutigend zu wissen, wie man vorankommt und ob man am bisherigen Vorgehen festhalten oder Korrekturen vornehmen sollte. Die Hersteller von Videospielen wenden dieses Prinzip seit langem erfolgreich an. Man beachte, dass die beliebtesten Spiele fast immer in »Level« unterteilt sind. Jedes Mal, wenn man einen Meilenstein erreicht, wird man mit der Freisetzung von Dopamin belohnt, was es erleichtert, die Konzentration aufrechtzuerhalten und bei der Stange zu bleiben. Wie Erik Gregory, der Leiter des gemeinnützigen Media Psychology Research Center in Boston, einmal erklärte: »Es trägt entscheidend zur universellen Attraktivität der Videospiele bei, dass sie den Spieler im Flow halten.«[77]

Den Flow strategisch einsetzen

Flow funktioniert kaum, wenn man versucht, ihn ständig zu nutzen. Der Versuch, einen Flow-Zustand über längere Zeit aufrechtzuerhalten, kann sogar zum Burnout führen. Um willentlich in den Zustand des Flow einzutreten, muss man bewusst die Herausforderung vergrößern. Konzertpianisten beispielsweise loten unentwegt ihre Grenzen aus, indem sie immer schwierigere Stücke einstudieren und vor Publikum spielen. So bleiben sie im Flow. In anderen Fällen kommt man in den Flow, indem man neue Fähigkeiten erwirbt. Es hilft, sich der Bedingungen oder Situationen bewusst zu sein, in denen man diesen Zustand in der Vergangenheit erlebt hat. Das kann die Tageszeit, die Umgebung, die Stimmung und sogar die Personen beinhalten, mit denen man zusammengearbeitet hat. In einer Teamsituation ist es vielleicht möglich, uns Aufgaben auszusuchen, die uns eher in den Flow versetzen werden, und jene, die uns unter Stress setzen oder uns langweilen, mit anderen zu teilen oder zu delegieren.

Flow ist der Gipfel der Höchstleistung. In diesem Zustand erreichen wir das optimale Maß an emotionaler Regulierung und sind vollkommen konzentriert. Er hilft uns, das Optimum zu finden, das erforderlich ist, um dauerhaft vorzügliche Leistungen zu erzielen.

Dean Potters atemberaubende Überquerung der Enshi-Schlucht in China dauerte weniger als drei Minuten und war nur eine von vielen Meisterleistungen in der an Wagnissen reichen Karriere dieses Abenteurers.[78] In Steven Kotlers inspirierendem Buch *The Rise of Superman* über Menschen, die zu solchen Höchstleistungen fähig sind, erklärte Potter, wie seine Mutter, eine Yoga-Lehrerin, und sein Vater, ein Heeresoffizier, dazu beigetragen hatten, seine Persönlichkeit zu formen: »Ich denke, durch Yoga lernte ich erstmals, was es bedeutet, ›in the zone‹ zu sein, aber beim Training mit meinem Vater und den Soldaten hatte ich definitiv ein Läufer-Hoch.«[79]

Beaver Theodosakis, der Gründer und Präsident von Prana, einem Hersteller von Kletterausrüstung, der zu Potters Sponsoren zählte, erklärte: »Dean kann diesen Zustand stundenlang aufrechterhalten, den Zustand, in dem die Gedanken nicht abschweifen können, in dem man keine Vermutungen anstellen kann, in dem man absolutes Vertrauen in jede seiner Bewegungen haben und sich seiner selbst bewusst sein muss.«[80]

»Stellen Sie sich vor«, sagte Theodosakis, »wie es wäre, wenn wir im Alltag so ins Büro gehen könnten und uns nicht ablenken ließen.«[81]

Stellen Sie sich das vor.

Vielleicht war es unvermeidlich, dass Dean Potter am Ende bewies, dass selbst Vorstellungskraft und vollkommene Konzentration an Grenzen stoßen. Am 16. Mai 2015 starb er gemeinsam mit dem befreundeten Bergsteiger Graham Hunt bei einem Wingsuit-Unfall im Yosemite-Nationalpark.[82] Potters Fähigkeit zur extrem zielfixierten Aufmerksamkeit hatte ihm ein ums andere Mal das Leben gerettet, und seine Fähigkeit zur Achtsamkeit ermöglichte ihm eine präzise kognitive Kontrolle, aber letzten Endes war es das sublime Gefühl des Flow – ein Zustand, der auf einem Berggipfel oder in einem Sitzungszimmer erreicht werden kann –, das ihn dazu trieb, seine Grenzen immer weiter hinauszuschieben, und ihm die Kraft gab, seine Ziele zu erreichen.

Kapitel 3 auf einen Blick

Kernaussagen von »Gezielt aufmerksam sein«

Exekutivfunktionen. Die Fähigkeiten zu planen, Belohnungen hinauszuzögern und über einen längeren Zeitraum hinweg gezielte Aufmerksamkeit aufrechtzuerhalten, haben ihren Ursprung allesamt im präfrontalen Cortex (PFC).

Neigung zur Ablenkung. Der PFC ist sehr leistungsfähig, aber er ist auch sehr empfänglich für eine Vielzahl von Störungen. Zwei der Hauptschuldigen am Arbeitsplatz sind unerwartete Unterbrechungen verschiedenen Ursprungs, vor allem aber das Multitasking.

Der Mythos vom Multitasking. Anstatt die Produktivität zu erhöhen, untergräbt das Multitasking sie. Es kann dazu führen, dass die Erledigung von Aufgaben 50 Prozent länger dauert und dass dabei 50 Prozent mehr Fehler begangen werden. Eine Reihe verheerender Unfälle werden auf Multitasking zurückgeführt.

Sie glauben wirklich, Multitasking zu beherrschen? Wirkliches Multitasking, das zur Gänze vom PFC gesteuert würde, ist unmöglich. In Wahrheit springt das Gehirn schnell zwischen den verschiedenen Aufgaben hin und her – was ausgesprochen ineffizient ist und sowohl die Konzentration als auch die Produktivität erheblich beeinträchtigt.

Widersetzen Sie sich Ablenkungen nicht. Beseitigen Sie sie. Der bewusste Versuch, Ablenkungen zu ignorieren, kann das Gehirn ebenso viel Kraft kosten wie das Multitasking. Der Schlüssel zu erfolgreicher Konzentration besteht darin, den Kopf klar zu bekommen und potenzielle Ablenkungen vom Schreibtisch zu entfernen, bevor Sie sich auf eine wichtige Aufgabe oder ein Problem konzentrieren.

Setzen Sie ein regelmäßiges Meeting mit sich selbst an. Eine einfache Strategie zur Erhöhung der gezielten Aufmerksamkeit besteht darin, einen regelmäßigen Zeitblock zu reservieren, in dem Sie die Tür schließen, Ihre Geräte stummschalten und sich für einige

Minuten oder Stunden ausschließlich und ohne Ablenkungen darauf konzentrieren, nachzudenken.

Das Wunder der Achtsamkeit. Es gibt eine wachsende Zahl wissenschaftlicher Belege dafür, dass als Achtsamkeitstraining bezeichnete mentale Übungen hochwirksam sind. Die Achtsamkeit kann die Verbindungen im Gehirn ändern und dadurch Leistungs- und Konzentrationsfähigkeit erhöhen.

Der Gipfel der Leistungsfähigkeit ist der Flow. Der Zustand des Flow, der durch vollkommene und gezielte Aufmerksamkeit gekennzeichnet ist, tritt dann ein, wenn die Fähigkeiten der Herausforderung angemessen sind. Sehr fähige Personen, die sich geringfügig überfordert fühlen, können sehr viel eher in den Zustand des Flow eintreten, wenn es nötig ist.

TEIL 2

Das Gehirn verändern

KAPITEL 4 – Gewohnheiten managen
KAPITEL 5 – Das Unbewusstsein von der Leine lassen
KAPITEL 6 – Das Lernen fördern

Kapitel 4

Gewohnheiten managen

Wie man den Autopiloten des Gehirns nutzt

Was haben der ehemalige US-Präsident Barack Obama und die Schauspielerin Jennifer Aniston gemein? Es stimmt, sie sind beide attraktiv, intelligent und talentiert, aber da ist noch etwas: Beide haben lange Zeit mit ihrer Nikotinabhängigkeit gekämpft.

Aniston, die mit der weltweit beliebten Fernsehserie *Friends* berühmt wurde, wurde seinerzeit bei den Dreharbeiten wiederholt mit einer Zigarette in der Hand fotografiert. Im Jahr 2002 schwor sie, »endlich mit dem Rauchen aufzuhören«. Doch als sie fast zehn Jahre später auf eine auffällige Gewichtszunahme angesprochen wurde, erklärte die Schauspielerin, die Extrakilos seien eine unwillkommene Folge ihrer jüngsten Entscheidung, dem Nikotin zu entsagen. »Ich habe vor kurzem aufgehört zu rauchen«, sagte sie im Oktober 2011, »und deshalb habe ich ein paar Pfund zugelegt.«[1]

Jene Fans, die Anistons schauspielerische Karriere sowie ihr Privatleben genau verfolgten, atmeten erleichtert auf, spendeten ihrem Idol Beifall und äußerten die Vermutung, das lange hinausgezögerte Ende ihrer Nikotinsucht sei möglicherweise auf den positiven Einfluss ihres neuen Freundes (und späteren Ehemanns) Justin Theroux zurückzuführen.[2] Aber selbst Lebensgefährten können offenbar keine Wunder wirken. Im Februar 2013 wurde Aniston bei ihrer Geburtstagsfeier mit Theroux und zahlreichen anderen Film- und Fernsehstars beim Rauchen einer zeremoniellen Zigarette fotografiert.[3]

Es ist nicht bekannt, wann genau Barack Obama seine erste Zigarette rauchte, aber er hat zugegeben, dass er bereits Raucher war, als er im Jahr 1980 sein Studium am Occidental College begann.[4] Seit damals hat er wieder und wieder versucht, diese Gewohnheit abzuschütteln. In der Schlussphase des Präsidentschaftswahlkampfs geriet er unter wachsenden Druck, mit gutem Beispiel voranzugehen: Es hatte schon einige Raucher im Weißen Haus gegeben, aber mittlerweile gab es keine Zweifel mehr daran, dass der Tabakkonsum der Gesundheit schadete. Trotzdem gab Obama sechs Monate nach seinem Amtsantritt in einer Pressekonferenz zu, dass er sich immer noch gelegentlich eine Zigarette genehmigte.[5]

Zu Jahresbeginn 2010 riet sein Arzt, Jeffrey Kuhlman, dem Präsidenten, er solle sich weiter »um die Nikotinentwöhnung bemühen«, was jedem, der zwischen den Zeilen las, deutlich machte, dass es der Präsident immer noch nicht geschafft hatte, sich das Rauchen abzugewöhnen.[6] Als das Jahr 2010 zur Neige ging, erklärte Robert Gibbs, der Pressechef des Weißen Hauses, im Gespräch mit Journalisten, die sich nach Obamas Kampf mit der Nikotinsucht erkundigten: »Ich habe seit wahrscheinlich neun Monaten keine Beweise mehr dafür gesehen oder davon gehört, dass er noch raucht.«[7] Kurz darauf machte es das Weiße Haus offiziell: Der Präsident war kein Raucher mehr.

Wenige Tage nach der Bekanntgabe bestätigte auch First Lady Michelle Obama in einem Interview, dass ihr Ehemann endlich das Rauchen aufgegeben habe; nun könne er seinen Töchtern in die Augen schauen und ihnen aufrichtig versichern, dass er nicht rauchte.[8] Allerdings nannte der Präsident im Gespräch mit der UN-Sonderberichterstatterin Maina Kiai, das von einem versehentlich eingeschalteten Mikrofon aufgezeichnet wurde, einen etwas anderen Grund für seine Entscheidung: Er gestand Kiai, er habe mit dem Rauchen aufgehört, »weil ich mich vor meiner Frau fürchte«.[9]

Woran liegt es, dass es derart vielen Menschen, darunter reiche, talentierte und hochintelligente, so schwerfällt, sich das Rauchen abzugewöhnen, obwohl sie die unheilvollen und unanfechtbaren Beweise für die gesundheitsschädlichen Wirkungen von Zigaretten kennen? Manche sehen den Grund in der körperlichen Abhängigkeit vom Nikotin. Doch die Geschichten von Jennifer Aniston und Barack Obama zeigen, dass der Drang zum Rauchen noch lange nach dem Verschwinden der Symptome der körperlichen Abhängigkeit anhält. Der Grund dafür, dass das Rauchen einige von uns so fest im Griff hat, ist relativ einfach: Es ist eine Gewohnheit.

Obwohl wir oft an schlechte Angewohnheiten wie das Rauchen, Trinken, Spielen, Drogenkonsum und sogar das Nägelkauen denken, wenn wir von »Gewohnheiten« hören, ist es eine Tatsache, dass wir einen Großteil unseres Tages mit Gewohnheiten verbringen. Und das ist im Wesentlichen etwas Gutes. Der Psychologe David Neal von der University of Southern California erklärt, Gewohnheiten der einen oder anderen Art machten etwa 45 Prozent unseres Alltags aus. In dieser Zeit greifen wir nicht auf Vernunft oder Motivation zurück, sondern schalten den Autopiloten ein und machen unser Verhalten vom Kontext, von automatisierten Abläufen, vom Zeitdruck – und ja: von geringer Selbstbeherrschung abhängig.[10]

Dafür gibt es einen guten Grund: Unser Gehirn würde rasch überbelastet, wenn wir alles, was wir tun, bewusst tun müssten. Gute Gewohnheiten erleichtern uns das Leben, weil sie das Gehirn effizienter nutzen. Schlechte Gewohnheiten erschweren uns das Leben und können in einigen Fällen schädlich oder sogar tödlich sein. Da gewohnheitsmäßiges Verhalten automatisch ist, ist es schwer zu kontrollieren oder zu ändern. Unabhängig davon, ob sie gut oder schlecht sind, sind alte Gewohnheiten attraktiv für das Gehirn, weil sie einen geringeren Energieaufwand erfordern. Deshalb kann es schwierig sein, sich etwas Neues anzugewöhnen. Neue Gewohnheiten zwingen das Gehirn anfangs, härter und weniger effizient zu arbeiten, als ihm lieb wäre. Ist es jedoch einmal gelungen, eine neue und lohnende Gewohnheit ausreichend zu festigen, so wird das Gehirn sie automatisch der alten vorziehen.

Die überraschend schwierige Aufgabe, bis 30 zu zählen

Wir nennen das Spiel »Die böse Nummer 7«. Abhängig von Ihrem Alter können Sie sich vielleicht aus der Grundschule an eine Variante dieses Spiels erinnern.

Für unser Experiment teilten wir die Teilnehmer eines Seminars in zwei Gruppen, die sich jeweils in einem Kreis hinsetzten. Anfangs schien ihre Aufgabe relativ einfach: Sie sollten im Uhrzeigersinn nacheinander die Zahlen 1 bis 30 aufsagen. Die erste Person würde »Eins« sagen, die zweite »Zwei«, und so weiter. Einfacher geht es nicht.

Wären da nicht ein paar Ausnahmen gewesen, die das Spiel interessant machten. Wann immer eine Zahl erreicht wurde, die entweder die Ziffer 7 enthielt oder durch 7 teilbar war, musste die betreffende Person nicht die Zahl sagen, sondern aufstehen, in die Hände klatschen und sich wieder hinsetzen. Die nächste Person, die an der Reihe war, musste »Acht« und im nächsten Fall »Fünfzehn« sagen …

Und haben wir schon erwähnt, dass es ein Wettbewerb war? Während eine Gruppe versuchte, so schnell wie möglich bis zur 30 zu kommen, wobei die Teilnehmer, die bei einer Zahl an der Reihe waren, welche die Ziffer 7 enthielt oder durch 7 teilbar war, nicht vergessen durften, aufzustehen und in die Hände zu klatschen, beobachteten die Mitglieder der anderen Gruppe genau, was die Konkurrenz tat, und freuten sich über jeden Fehler der gegnerischen Mannschaft.

Ach ja, und da war noch eine Kleinigkeit: Wenn ein Teilnehmer eine Zahl ausließ oder vergaß, aufzustehen und zu klatschen, wenn seine Zahl eine 7 enthielt oder durch 7 teilbar war, musste die Gruppe von vorn anfangen. Das Pech wollte es, dass die beiden Gruppen kurz vor dem Ziel auf den größten Stolperstein stießen. In den meisten Fällen erhob sich die Person, welche die Nummer 27 hatte, und klatschte ordnungsgemäß in die Hände. Aber was war mit der Person, welche die 28 hatte? Die Tatsache, dass direkt auf die 27, welche die Ziffer 7 enthält, eine Zahl folgt, die durch 7 teilbar ist, wurde unseren Teilnehmern wieder und wieder zum Verhängnis. So wurden sie ganz kurz vor der Ziellinie gezwungen, von vorne anzufangen.

Wir probierten es mit mehreren Gruppen aus. Vermutlich hatten die meisten Teilnehmer seit den Tagen, als sie in der Schule zählen gelernt hatten, nicht mehr so viel Stress beim Zählen bis 30.

Aber damit war die Sache noch nicht erledigt. Die Seminarteilnehmer waren lauter intelligente Menschen, und wie nicht anders zu erwarten, rechneten sich viele von ihnen im Voraus aus, bei welcher Nummer sie das nächste Mal an die Reihe kommen würden, und bereiteten sich insgeheim darauf vor, insbesondere auf die Fälle, in denen sie aufstehen und klatschen müssten. Also bauten wir noch eine zusätzliche Hürde in die Regeln ein: Jedes Mal, wenn jemand aufstand und klatschte, musste die Richtung der Zählung umgekehrt werden. Wenn eine Gruppe im Uhrzeigersinn zählte und die Zahl 7 erreichte, musste sie anschließend gegen den Uhrzeigersinn bis zur 14 zählen, um bei dieser Zahl erneut die Richtung zu ändern. Es erübrigt sich zu sagen, dass das Rennen zur Nummer 30 unter dieser Bedingung noch länger dauerte.

Dieses kleine Spiel veranschaulicht nicht nur, wie schwierig und kontraproduktiv es sein kann, fest verwurzelte Gewohnheiten zu durchbrechen, sondern es lehrt uns auch eine Menge darüber, wie zwei wichtige Teile des Gehirns funktionieren: der präfrontale Cortex und die Basalganglien.[11] Den präfrontalen Cortex kennen wir schon aus dem vorangegangenen Kapitel. Aber wenn wir zählen, wird die Arbeit normalerweise in den Basalganglien erledigt, einer Region, die nicht größer ist als ein Golfball. Die meisten von uns haben vor so langer Zeit zählen gelernt, dass wir es fast unbewusst tun können. Aber was geschieht, wenn wir etwas nehmen, das wir »in- und auswendig« können – zum Beispiel bis 30 zählen –, und eine zusätzliche Aufgabe hinzufügen? Dann erfordert eine normalerweise selbstverständliche Aktivität plötzlich eine zusätzliche bewusste Anstrengung.

Obwohl Zählen nicht dasselbe ist wie Radfahren, werden beide Aktivitäten von den Basalganglien übernommen. Es sind Dinge, die wir im Langzeitgedächtnis gespeichert haben und relativ leicht abrufen können. Das Gehirn ist intelligent, aber es ist auch ein wenig faul. Für das Gehirn erfüllt jede in den Basalganglien gespeicherte Gewohnheit die gleiche Funktion wie eine Geschirrspülmaschine oder ein elektrischer Dosenöffner: Sie dient der Energieersparnis.

Gewohnheiten als Makros

Wenn Sie ein erfahrener Computernutzer sind, wissen Sie wahrscheinlich, dass Produktivitätssoftware oft die Möglichkeit bietet, für regelmäßig verwendete Funktionen Routineabläufe zu entwickeln und zu speichern. In Microsoft Word und Excel werden diese Routinen als Makros bezeichnet. Viele Macintosh-basierte Anwendungen nutzen AppleScript. In den Adobe-Programmen Photoshop und Illustrator werden diese Routinen als Action Scripts bezeichnet.

Die Namen mögen verschieden sein, aber der Grundgedanke ist immer derselbe: Ein regelmäßig angewandtes Verfahren, das Dutzende Schritte umfassen kann, wird als eine einzige Routine gespeichert, die mit einem einzigen Befehl aufgerufen werden kann. Von da an muss man nicht mehr jeden einzelnen Schritt mühsam wiederholen, sondern kann den Routineablauf bei Bedarf auslösen, indem man einfachen einen Menüpunkt auswählt oder eine Schaltfläche anklickt.

Das Gehirn ist intelligent, aber es ist auch ein wenig faul.

Gewohnheiten funktionieren ähnlich. Nehmen Sie sich einen Augenblick Zeit, um sich alle Schritte vor Augen zu führen, die nötig sind, um Ihre Schuhe anzuziehen und zuzubinden. Der Prozess wirkt einigermaßen beängstigend, wenn man jeden einzelnen Schritt auflistet. Aber Sie gehen den ganzen Ablauf wahrscheinlich mindestens einmal am Tag durch, ohne sich dessen überhaupt bewusst zu werden. Wenn es um Gewohnheiten geht, sind wir alle erfahrene Nutzer. Die Basalganglien sind der Speicher im Gehirn, in dem die Makros unseres Verhaltens aufbewahrt werden.

Haben wir einmal die Bestandteile der Gewohnheit verstanden, so fällt es uns leichter, schlechte Gewohnheiten abzulegen und uns gute anzueignen. Die typische Gewohnheit hat drei Bestandteile: einen Auslösereiz, eine Routine und eine Belohnung. Der Auslöser ist ein bestimmter Reiz oder eine Kombination von Reizen. Er kann praktisch alles sein: ein Ort, eine Emotion, eine Tageszeit, ein Gegenstand oder auch ein Wort oder ein Satz. Dieses Signal löst die Routine aus. Die Routine ist die Gewohnheit an sich. Routinen sind unterschiedlichster Art: Sie können extrem einfach wie eine Grimasse oder relativ komplex sein, zum Beispiel die Art und Weise, wie sich jemand die Krawatte bindet oder der Weg, den man jeden Tag zur Arbeit nimmt. Anfangs werden wir durch die Erwartung einer Belohnung dazu motiviert, die Routine auszuführen, was die Speicherung in den Basalganglien gewährleistet. Bei der Belohnung kann es sich um Nahrung oder Drogen oder einfach ein Gefühl der Entspannung, des Erfolgs oder der Zufriedenheit handeln.[12]

Gewohnheiten ändern

Um uns gute Gewohnheiten anzueignen oder schlechte abzulegen, müssen wir folgende Elemente kombinieren: 1) Zielsetzung und Motivation, 2) erste Schritte und 3) Kurs halten.

Zielsetzung und Motivation

Wie kann man wissen, wann man seinen Bestimmungsort erreicht hat, wenn man nicht weiß, wohin man will? Die Zielsetzung liefert den Bestimmungsort. Sie ermöglicht die erforderliche Konzentration, um eine neue Gewohnheit aufzunehmen oder sich einer alten zu entledigen. Die meisten Ziele, die mit Erfolg angestrebt werden, weisen zwei wesentliche Eigenschaften auf: 1) Es gibt eine emotionale Grundlage für die Motivation. 2) Die Person, die sich das Ziel setzt, kann nicht nur den Augenblick visualisieren, in dem sie das Ziel erreicht haben wird, sondern sie sieht auch den Prozess, der zum Ziel führt.

Eine emotionale Verbindung herstellen

Eine schlechte Gewohnheit zu ändern oder eine neue anzunehmen gelingt selten einfach deshalb, weil diese Verhaltensänderung richtig ist. Diese Denkweise mag auf dem Papier gut aussehen, aber in der Praxis funktioniert sie nur selten. Wenn das Ziel, das wir uns setzen, unsere Augen nicht leuchten lässt, oder wenn wir uns angesichts der Möglichkeit, dieses Ziel zu verfehlen, nicht fürchten, dann ist es wahrscheinlich kein geeignetes Ziel.

Die Belohnungs- und Bedrohungsschaltkreise, welche die grundlegende Infrastruktur unseres emotionalen Systems darstellen, sind unverzichtbar, um ein Ziel zu verfolgen und zu erreichen (siehe Kapitel 2). Ein Ziel ohne Emotion ist ein Ziel, das wir mit einiger Sicherheit verfehlen werden.

Die Intensität der begleitenden Emotion wirkt sich oft darauf aus, wie schnell eine neue Gewohnheit angenommen wird. Das Ziel sollte spezifisch und persönlich sein und schriftlich festgehalten werden. Außerdem sollte eine Reihe von Aktionen definiert werden, die zu diesem Ziel führen werden. Es ist kein Zufall, dass ein Schlüsselbestandteil der erfolgreichen Änderung einer Gewohnheit auch wesentlich für den Flow ist (siehe Kapitel 3). Ist das Ziel klar definiert, so kann man besser bestimmen, wann es erreicht ist, weshalb die Belohnung normalerweise leichter zu erreichen ist. Diese Kombination erhöht die Motivation.

Visualisieren Sie Ihr Ziel

In den meisten Büros finden in bestimmten Abständen Notfallübungen statt, in denen die Mitarbeiter lernen, das Gebäude auf einer sorgfältig geplanten Route ruhig und geordnet zu evakuieren.

Die Visualisierung der Schritte, die wir planen, um ein Ziel zu erreichen, hat ein wenig Ähnlichkeit mit einer Notfallübung. Sie zeichnet den neuronalen Pfad vor, dem wir folgen können, um das Ziel zu erreichen. So ist der Weg, den wir einschlagen werden, bereits vorgezeichnet, wenn der Zeitpunkt kommt, um das Ziel nicht nur im Geist, sondern auch in der Realität anzustreben. Das Gehirn sagt eigentlich: »Mach dir keine Sorgen. Ich kenne den Weg. Lass mich von hier aus die Führung übernehmen.«

Im Allgemeinen ist die Visualisierung des Wegs, der zu einem Ziel führt, wirkungsvoller als das Bemühen, uns die Verwirklichung des Vorhabens vorzustellen – so wie das Nachdenken über den Fluchtweg, den wir wählen würden, um einem Feuer zu entkommen, nützlicher ist, als uns lediglich vorzustellen, wie wir uns außerhalb der Reichweite der Flammen in Sicherheit befinden. Trotzdem kann es die Motivation erhöhen, wenn wir uns auch vorstellen, wie wir uns fühlen werden, wenn wir das Ziel erreicht haben.

Wenn es um die Visualisierung eines positiven Ergebnisses geht, sei es die gelungene Flucht aus einem brennenden Gebäude oder eine erfolgreiche Präsentation, nehmen Psychologen eine wichtige Unterscheidung zwischen positiven *Fantasien* und positiven *Erwartungen* vor. Positive Fantasien können manchmal ein unterhaltsames Mittel zur Entspannung und Realitätsflucht sein, aber bei der Zielsetzung sind sie von begrenztem Wert oder wirken sich sogar nachteilig aus. Schließlich kann eine lebhafte Vorstellung vom Erfolg das Gehirn überlisten und zu dem

Irrglauben verleiten, das Ziel sei bereits erreicht, obwohl wir noch nicht einmal den ersten Schritt getan haben. Der Wert positiver Erwartungen besteht darin, dass unsere Zuversicht eine zusätzliche Botschaft vermittelt: Wir haben nicht nur das Gefühl, es schaffen zu können, sondern wissen auch, *wie* wir es schaffen können. Anstatt vorzeitig zu feiern, setzt das Gehirn Dopamin frei und erhöht die Motivation in Erwartung des bevorstehenden Erfolgs.

Erste Schritte

Natürlich stoßen wir, wenn wir uns neue Gewohnheiten aneignen oder alte ablegen wollen, selbst dann, wenn wir klare Ziele, große Erwartungen und einen sorgfältig entworfenen Plan haben, oft gleich zu Beginn auf ein Hindernis: Einer der schwierigsten Veränderungsschritte besteht darin, sie in Gang zu setzen. Deshalb beginnt man am besten sofort: Die Verschleppung ist das größte Hindernis für die Änderung einer Gewohnheit. Große Ziele können beängstigend wirken, wenn sie nicht in beherrschbare Schritte zerlegt werden. *Kaizen*, die Praxis der kleinen Schritte, kann uns helfen, die Bedrohungsreaktion zu vermeiden, die häufig zu Prokrastination führt.

Eine Bahn nach der anderen

Ein Kollege, der sich in Form bringen wollte, entschloss sich zu einem Trainingsprogramm im örtlichen Schwimmbad. Aber da er sich schon mehrfach erfolglos an Fitnessplänen versucht hatte, befürchtete er, auch dieses Vorhaben könnte mit einem Fehlschlag enden. Wenn er versuchte, regelmäßig schwimmen zu gehen, und an seinem Vorhaben scheiterte, würde er sich jeden Tag an sein Versagen erinnern, wenn er auf dem Weg zur Arbeit am Schwimmbad vorbeifuhr. Das war keine ermutigende Aussicht. Das Schwimmbad war klein (das Becken war weit von olympischer Größe entfernt), sodass er für ein ausreichendes aerobes Training mindestens 20 bis 30 Bahnen würde schwimmen müssen. Das schien sowohl eintönig als auch unerreichbar. Also begann er stattdessen mit fünf Bahnen am Tag (für die er etwa fünf Minuten brauchte) und stellte eine sehr einfache Regel auf: Es stand ihm frei, mehr als fünf Bahnen zu schwimmen, wann immer er wollte, aber hatte er das Pensum einmal erhöht, so würde er von da an nie wieder weniger Bahnen schwimmen. Theoretisch hätte er für immer bei fünf Bahnen bleiben können. Aber die menschliche Natur ist, wie sie ist, und im Lauf der Zeit erhöhte er sein Pensum. Nach wenigen Monaten hatte er es fast unbemerkt auf mehr als 70 Bahnen täglich hochgeschraubt – unabhängig von der Witterung. Das Schwimmen war zu einer fest verwurzelten Gewohnheit geworden.

Zu jenem Zeitpunkt war es unserem Kollegen vielleicht nicht bewusst, aber sein Plan zur Entwicklung einer Trainingsgewohnheit war ein ausgezeichnetes Beispiel für Kaizen. Die Kaizen-Methode wird allgemein mit Japan verbunden, aber ihren Ursprung hat sie im US-amerikanischen Militär. Der mit dem Mantra der »kontinuierlichen Verbesserung« ausgedrückte Grundgedanke lautete, dass der Betrieb japanischer Unternehmen durch kleine, aber stetige Veränderungen weiterentwickelt werden sollte. Diese Methode, die als Kaizen bekannt wurde, wurde von den japanischen Industriebetrieben begeistert übernommen und verwandelte das Land schließlich in eine dynamische Volkswirtschaft, die weltweit für die Effizienz ihrer Produktion und die Qualität ihrer Erzeugnisse bewundert wird.[13]

Wie können wir Kaizen im Management für uns nutzen? Robert Maurer hat in seinem Buch *Wie ein kleiner Schritt Ihr Leben verändert: Der Weg des Kaizen* sechs Prinzipien identifiziert, die allesamt das Konzept des »Kleinen« in den Mittelpunkt rücken:

1. **Stelle kleine Fragen.** Die »kleinen Fragen« sind sehr gut geeignet, um das Gehirn zu programmieren. Anders als größere Fragen, die eine Bedrohungsreaktion auslösen, können kleinere Fragen Spaß machen. Wenn das Ziel zu groß oder beängstigend wirkt, fragen Sie sich einfach: »Welchen kleinen Schritt kann ich tun, um diesem Ziel näher zu kommen?«[14]
2. **Denke kleine Gedanken.** Nachdem die kleine Frage beantwortet ist, ist der Zeitpunkt gekommen, sich vorzustellen, wie man entsprechend handeln kann. Das Prinzip der »geistigen Skulptur« besagt, dass das Gehirn in kleinen Dosen besser lernt als in großen. Wer schon einmal am Ufer des Meeres gestanden und zugesehen hat, wie die Wel-

len langsam die Füße im Sand begraben, kennt die Wirkung dieser geringfügigen, aber stetigen Veränderungen. Wenn wir eine Aufgabe, vor der wir uns fürchten oder die uns unangenehm ist, isolieren und uns schrittweise – in sehr kleinen Schritten – ausmalen, wie wir beginnen daran zu arbeiten, wird sich unsere Einstellung zu der zuvor gefürchteten Aufgabe im Lauf der Zeit ändern.[15]

3. **Mache kleine Schritte.** Kleine Fragen und kleine Gedanken erfordern letzten Endes kleine Handlungen. Die von uns betreuten Führungskräfte verlangen oft zu viel von ihren Mitarbeitern. Die Ziele, die sie ihnen setzen, sind zu groß. Das führt auf beiden Seiten zu Enttäuschung und Entmutigung. Geben Sie einem Mitarbeiter nie ein Ziel wie dieses vor: »Bis zum Jahresende werden Sie regelmäßig zehn Kunden pro Tag anrufen.« Stattdessen raten wir zu Folgendem: Fordern Sie den Mitarbeiter auf, in der ersten Woche täglich *einen* Kunden anzurufen, in der zweiten Woche zwei Kunden et cetera. Setzen Sie sich regelmäßig mit ihm zusammen, um sich anzusehen, wie er vorankommt. Es sollte leicht sein, jede Woche einen zusätzlichen Anruf pro Tag hinzuzufügen. Entscheidend ist, dass die Mitarbeiter stetige Fortschritte machen.[16]
4. **Löse kleine Probleme.** Stellen Sie sich die Frage, ob Sie Verhaltensweisen an den Tag legen, die Ihre Familie, Freunde, Kollegen oder Kunden ärgern. Tun Sie das, ohne sich selbst zu kasteien. Negative Selbstgespräche sind selten geeignet, um sich selbst zu Veränderungen zu bewegen. Auf der anderen Seite sollte Ihre neue Bewusstheit genügen, um die Wahrscheinlichkeit zu verringern, dass Sie diesen Fehler erneut begehen werden. Fragen Sie sich auch, ob dieser Fehler Teil eines größeren Problems ist. Wenn Sie den Fehler mit einem übergeordneten Problem verknüpfen können, haben Sie einen zusätzlichen Anreiz, daran zu arbeiten.[17]

Wir betreuten einen Spitzenmanager, dessen Mitarbeiter das Gefühl hatten, dass ihm nicht wirklich etwas an ihnen lag. Dieser Eindruck verursachte beträchtliche Spannungen in der Gruppe, aber es war offenkundig eine einigermaßen unbestimmte Klage. Es wäre unrealistisch gewesen zu erwarten, dass dieser Manager über Nacht in eine empathische Führungskraft verwandelt werden könnte. Stattdessen schlugen wir ihm zunächst die Lösung des kleinsten greifbaren

Problems vor: seine Gewohnheit, in Besprechungen seine E-Mails zu bearbeiten. Das zu ändern, fiel ihm nicht schwer. Aber diese Veränderung wirkte sich nachhaltig auf die Einstellung seiner Mitarbeiter aus. Der Unterschied fiel ihnen auf. Wir nutzten diese vorteilhafte Dynamik und fanden 15 weitere Verhaltensweisen, die zu dem Problem beigetragen hatten: Unter anderem sah er seine Mitarbeiter im Gespräch nicht direkt an, brach Gespräche abrupt vorzeitig ab und sprach über heikle Themen, die unter vier Augen hätten geklärt werden sollen, in Gegenwart des gesamten Teams. Die Motivation zur Veränderung war groß. Nach mehreren schrittweisen Verbesserungen war das Problem wenige Monate später gelöst.

5. **Kleine Belohnungen.** Mittlerweile wissen wir, dass die meisten unserer Gewohnheiten ursprünglich in Erwartung einer Belohnung entwickelt wurden. Die kleine Belohnung, die Sie mit der Etablierung oder Änderung einer Gewohnheit verbinden, sollte dem Ziel angemessen sein. Beispielsweise ist eine Tafel Schokolade eine angemessene Belohnung für die Bewältigung einer lästigen Aufgabe, während sie wahrscheinlich keine geeignete Belohnung für jemanden ist, der versucht, sich gesündere Essgewohnheiten anzueignen. Es kann auf den ersten Blick widersinnig scheinen, aber kleine Belohnungen können motivierender wirken als große.[18] Ein von dem Psychologen Dan Ariely geleitetes Forschungsteam hat herausgefunden, dass größere Belohnungen die Motivation sogar verringern können.[19] Abgesehen davon sind sie möglicherweise nicht einmal das, was der Mitarbeiter wirklich will. Eine uns bekannte vielbeschäftigte Managementberaterin, die für ihren unermüdlichen Einsatz rund um den Erdball sehr gut bezahlt wurde, maß einem freien Tag oder auch nur der Chance, zwischendurch ins Fitnessstudio gehen zu können, sehr viel größeren Wert bei als einer weiteren Bonuszahlung.

Kleine Belohnungen motivieren oft mehr als große.

6. **Identifiziere kleine Momente.** Die kleinen Dinge können manchmal große Bedeutung haben. Oft stellen Personen, die anscheinend unbedeutende Details beobachten, fest, dass diese Details gewaltige Veränderungen bewirken können.[20] Ende des 19. Jahrhunderts verbrannte die Münzanstalt von San Francisco alle vier Jahre die Teppiche

> in ihren Büros und gewann dadurch Goldstaub im Wert von etwa 3 200 US-Dollar zurück.[21] Zum heutigen Geldwert wären das mehr als 200 000 US-Dollar. Der ehemalige Geschäftsführer einer US-amerikanischen Fluglinie entdeckte, dass das Unternehmen schätzungsweise 40 000 US-Dollar im Jahr einsparen konnte, indem es eine Olive aus dem Salat entfernte, der den Passagieren an Bord serviert wurde.[22]

Aber bei kleinen Momenten geht es nicht immer ums Geld. Manchmal geht es um die kleinen Dinge, die wir tun – oder nicht tun. Der Psychologe John Gottman fand in einer Studie über Paare heraus, dass in funktionierenden Beziehungen die positive Aufmerksamkeit, die er als »Zuwendung« bezeichnet, die negative Aufmerksamkeit (»Abkehr«) um das Fünffache überwiegt. Was ist positive Aufmerksamkeit? Sie wären überrascht. Dem Partner positive Aufmerksamkeit zu widmen, bedeutet nicht, ihn in ein schönes Restaurant oder zu einer Mittelmeerkreuzfahrt einzuladen (obwohl beides natürlich nett ist). Positive Aufmerksamkeit beinhaltet eher die anscheinend geringfügigen, alltäglichen Interaktionen wie das gemeinsame Einkaufen oder eine aufmunternde Sprachnachricht, wenn wir wissen, dass die andere Person einen harten Tag vor sich hat.[23] Solche kleinen Gesten verstärken das Gefühl, dass man nicht getrennt, sondern zusammen arbeitet.

Egal ob negativ oder positiv: Die kleinen Dinge, die wir leicht übersehen, können gewaltige Auswirkungen haben.[24] So wie der unablässig tropfende Wasserhahn, den wir beim Einschlafen ignorieren, um am Morgen zu entdecken, dass das Bad unter Wasser steht, oder der symbolische Geldbetrag, den man jeden Monat beiseitelegt, um nach Jahren festzustellen, dass man einen schönen Betrag für den Ruhestand angehäuft hat, summieren sich diese kleinen Dinge.

Diese kleinen Momente können sich auch am Arbeitsplatz erheblich auswirken. In der Fabrik eines unserer Klienten waren die Mitarbeiter verärgert über die Unzugänglichkeit ihres Chefs. Sie wussten nie, wann er im Haus war, und beklagten sich darüber, dass sie selbst einfache Fragen nur über eine Sekretärin an ihn herantragen konnten. Wir entdeckten, dass er sein Büro jeden Tag über einen Nebeneingang betrat. Das ersparte ihm vielleicht einen Weg von 20 Metern, aber es machte ihn für seine Mitarbeiter praktisch unsichtbar. Wir schlugen ihm vor, den Hintereingang des Büros zu verschließen, um sich zu zwingen, jeden Morgen den kleinen Umweg durch die Werkshalle zu machen, um zu seinem Schreibtisch zu gelangen. Diese kleine Veränderung hatte eine gewaltige Wirkung auf die Moral der Belegschaft. Jeder Tag begann mit freundlichen Begrüßungen und lächelnden Gesichtern. Nun konnte der Chef auf dem Weg in sein Büro viele kleine Probleme lösen und im Vorbeigehen Ratschläge geben. Die Änderung seiner Route verlängerte seinen Weg zum Arbeitsplatz vielleicht um fünf oder zehn Minuten, aber der zusätzliche Zeitaufwand wurde in der nächsten Mitarbeiterbefragung mit einer deutlich erhöhten Zufriedenheit belohnt.

Warum das »Kleine« betonen? Wäre es nicht schneller und effizienter gewesen, auf Anhieb größere Veränderungen herbeizuführen? Um zu verstehen, warum große Veränderungen oft nicht funktionieren, müssen wir uns erneut den Bedrohungs- und Belohnungsschaltkreisen im Gehirn zuwenden. Wir alle kennen Dinge, die uns aus unserer Komfortzone holen, aber nur die wenigsten von uns kennen die neurochemischen Grundlagen unserer Reaktionen. Wer schon einmal versucht hat, die Abläufe in seinem Unternehmen grundlegend zu verändern, der weiß, dass man mit solchen Bemühungen auf überraschend hartnäckigen Widerstand stoßen kann. Manche Mitglieder der Organisation reagieren extrem defensiv auf Veränderungsbemühungen. »So machen wir das hier nicht«, sagen die einen. »Das bisherige System funktioniert doch gut«, wenden die anderen ein. »Warum müssen wir ein vollkommen neues Verfahren erlernen?«, fragt jemand. Manchmal ist der Widerspruch durchaus begründet, aber die Reaktionen sind fast immer impulsiv. Die gut gemeinten Verbesserungsvorschläge haben den vernünftigen präfrontalen Cortex der Kollegen umgangen und direkt die Amygdala erreicht, die Hauptverantwortliche für die berüchtigte Kampf-oder-Flucht-Reaktion.

Mit anderen Worten: Die Veränderungen werden als Bedrohung empfunden. Sie dürften nicht so gefährlich sein wie ein wildes Tier oder marodierende Kämpfer einer rivalisierenden Stammesgemeinschaft, aber auf einer grundlegenden Ebene macht das Gehirn keinen großen Unterschied zwischen einem körperlichen Angriff und einer unerwarteten Änderung an der Projektmanagementsoftware. Unter bestimmten Umständen wird eine harmlose Bemerkung wie »Darf ich einen Vorschlag machen?« so verstanden, als hätte man gesagt: »Darf ich Ihre Frau und Ihre Kinder verschleppen?«

Überraschenderweise ist dies eine natürliche Reaktion. Sofern die Aussicht auf eine Belohnung nicht klar und unmittelbar ist, ist unser Gehirn evolutionär darauf programmiert, die meisten Veränderungen als Bedrohung wahrzunehmen. Aus Sicht des Gehirns sind nicht nur Dinge bedrohlich, die unser Leben unmittelbar gefährden, obwohl dies zweifellos die dramatischste Art von Bedrohung ist. Vielmehr kann alles, was das Gehirn als Fehlzuteilung von Ressourcen wahrnimmt, als Bedrohung betrachtet werden. Wenn wir uns daran gewöhnen, die Dinge auf eine bestimmte Art zu machen, wird diese Vorgehensweise zur Gewohnheit, was den Energieaufwand verringert. Die Änderung eines Routinevorgangs, sei es in unserer Arbeitsweise, in der Strukturierung unseres Tages oder auch in der Zusammensetzung unserer Speisen, erfordert zumeist eine zusätzliche bewusste Anstrengung und damit einen erhöhten Energieaufwand. Aus der angenehmen Genügsamkeit gerissen, löst das Gehirn Alarm aus und weckt den Wachhund des limbischen Systems, die Amygdala, die sofort eine Bedrohungsreaktion auslöst.

Das Geheimnis von Kaizen ist, dass es unter dem Radar des Bedrohungsschaltkreises unseres Gehirns arbeitet. Wenn wir eine warme Oberfläche berühren und unsere Finger die Temperatur spüren, werden wir kaum eine dramatische Reaktion zeigen. Berühren wir hingegen eine glühend heiße Oberfläche, so werden wir die Hand reflexartig zurückziehen, bevor unser Bewusstsein überhaupt die Chance gehabt hat zu begreifen, was geschehen ist. Desgleichen können wir normalerweise weiterarbeiten, selbst wenn in der Nähe jemand flüstert. Durchbricht jedoch jemand die Stille im Büro mit einem plötzlichen Schrei, so werden die meisten von uns hochschrecken.

Kaizen funktioniert wie eine warme statt einer heißen Herdplatte, wie ein Flüstern statt eines Schreis. Die Schritte sind so klein und haben anscheinend so geringe Auswirkungen, dass sie auf Zehenspitzen an der Amygdala vorbeischleichen, wie der Psychologe Robert Maurer in seinem Buch *Wie ein kleiner Schritt Ihr Leben verändert: Der Weg des Kaizen* erklärt.[25]

Auf Kurs bleiben

Neue Gewohnheiten zu verankern, kann schwierig oder sogar unmöglich sein, wenn man versucht, Hemmung und Willenskraft einzusetzen. Etwa die Hälfte der US-Amerikaner geht mit guten Vorsätzen in ein neues Jahr. 92 Prozent scheitern an ihren Vorhaben.

Es mag verlockend und sogar bewundernswert scheinen, mit »mentaler Härte« an einem Entschluss oder einem Plan festzuhalten, aber eine derartige Beharrlichkeit ist energetisch extrem ineffizient und wird fast garantiert fehlschlagen. Es ist, als würde man sich entschließen, die Vereinigten Staaten mit einer einzigen Tankfüllung im Auto zu durchqueren. Die gesamte Strecke kann vollkommen eben sein und man kann die besten Absichten haben – man wird es trotzdem nicht von einer Küste bis zur anderen schaffen. Es ist einfach eine Frage der Energie: Wenn uns der Treibstoff ausgeht, haben wir keinen Treibstoff mehr. Unser bewusstes Gehirn nutzt Glukose als Treibstoff, und wie ein klassischer Cadillac oder ein monströser Hummer ist es ein Spritfresser. Wenn wir Entscheidungen fällen, Pläne entwerfen, uns an eine Telefonnummer erinnern oder unseren Diätplan einhalten, nutzen wir dieselbe Gehirnregion und verbrauchen denselben begrenzten Treibstoff.

Um an unseren Vorsätzen festhalten zu können, müssen wir die Energieeffizienz erhöhen. Das tun wir, indem wir Vorhaben in Gewohnheiten verwandeln. Schließlich müssen sich die meisten von uns nicht entscheiden, am Morgen die Kaffeemaschine einzuschalten, sich nach dem Frühstück die Zähne zu putzen, sich jeden Morgen ins Netzwerk der Firma einzuloggen oder die unverzichtbaren Teammitglieder bei wichtigen E-Mails in CC zu setzen. Um es mit den Worten eines bekannten Herstellers von Sportausrüstung zu sagen: Wir tun es einfach.

Einige der Vorsätze, die wir zum Jahreswechsel fassen, sind nicht viel anspruchsvoller als diese Gewohnheiten, und doch schaffen es die meisten von uns nicht, bei der Stange zu bleiben. Woran liegt es, dass diese Vorsätze nicht zu Gewohnheiten werden?

Vorsätze lassen sich am ehesten verwirklichen, wenn sie automatisch werden, das heißt wenn sie durch einen Auslösereiz in Gang gesetzt werden, der dem Unbewusstsein ein erkennbares Signal gibt, eine bestimmte Routine auszulösen. Bei den meisten fest verwurzelten Gewohnheiten haben wir seit langem den Auslösereiz vergessen. Im Fall der Kaffeemaschine könnte das Betreten der Küche am Morgen der Auslöser sein. Die Routine des Zähneputzens wird vielleicht dadurch ausgelöst, dass man nach dem Frühstück ins Badezimmer geht. Das Gehirn hat diese Auslösereize vor langer Zeit erlernt und die dadurch ausgelösten Routineabläufe festgelegt. Das Problem bei guten Vorsätzen ist, dass sie oft nicht mit jener Art von Auslösereizen verknüpft sind, die unsere täglichen Gewohnheiten so mühelos erscheinen lassen. Wir müssen tatsächlich darüber nachdenken. Ein Vorsatz ohne auslösenden Reiz belastet die begrenzte Willenskraft unseres Gehirns.

Gewohnheiten können nur selten mit roher Gewalt beseitigt – oder etabliert – werden. Wie wir in Kapitel 2 gesehen haben, wird unsere Vernunft in einer direkten Konfrontation mit unserem mächtigen Unbewusstsein immer den Kürzeren ziehen. Langfristigen Erfolg verspricht eher die Strategie, sich auf das kognitive Jiu Jitsu zu stützen und *mit* dem Unbewussten zu arbeiten, anstatt es zu bekämpfen. In diesem Fall wird der dreiteilige Rahmen aus Auslösereiz, Routine und Belohnung bewusst manipuliert.

Eine als Implementierungsintention bezeichnete Strategie kann uns dabei helfen, auf Kurs zu bleiben, indem sie die drei Elemente der meisten Gewohnheiten künstlich reproduziert. Mit Implementierungsintentionen ist es möglich, bewusst einen Auslösereiz, eine Routine und eine Belohnung zu wählen.

Wenn-Dann-Pläne zur Entwicklung von Gewohnheiten

Implementierungsintentionen, die auch als »Wenn-Dann-Pläne« bezeichnet werden, sind bemerkenswert flexibel. Man kann sie verwenden, um eine alte Gewohnheit zu ändern, indem man einem vorhandenen Auslösereiz eine neue Routine zuordnet, oder um eine neue Gewohnheit zu entwickeln, indem man eine angestrebte Routine mit einem Auslösereiz verknüpft. Anstatt sich beispielsweise vorzunehmen, Ihre Ausgabenaufzeichnungen stets auf dem neuesten Stand zu halten – ein lobenswertes Vorhaben, das jedoch wahrscheinlich dasselbe Schicksal wie die meisten guten Vorsätze erleiden wird, wenn Sie sich auf Ihr Gedächtnis und Ihre Willenskraft verlassen –, können Sie eine Implementierungsintention entwickeln, die diesen Vorsatz schrittweise in eine selbstentwickelte Gewohnheit verwandelt. Sie können sagen: »Während mein Computer am Morgen hochfährt, werde ich die Quittungen sammeln und in einen Umschlag stecken.« Jetzt haben Sie einen Auslöser – das Hochfahren des Computers –, der Sie anregt, eine Routine zu praktizieren, die darin besteht, Ihre Quittungen zu sammeln. Sie können dieser Implementierungsintention sogar eine weitere folgen lassen, um den Prozess abzuschließen: »Auf dem täglichen Weg zur Kantine werde ich meine Quittungen in der Buchhaltung abgeben.« Wenn Sie oft genug bewusst den Computerstart und den Gang in die Kantine als Auslösereize nutzen, werden Sie tatsächlich ein sonderbares Gefühl haben, sollten Sie aus irgendeinem Grund einmal vergessen, Ihre Quittungen zu sammeln und abzugeben. Schließlich wird die Implementierungsintention so wie die meisten Gewohnheiten zu einem Automatismus werden.

Implementierungsintentionen können eine große Hilfe bei der Mitarbeiterentwicklung sein, denn sie erleichtern es einem Vorgesetzten, gemeinsam mit einem Mitarbeiter eine Änderung von Verhaltensweisen zu planen. Tatsächlich haben wir festgestellt, dass dann, wenn ein Bekenntnis zu persönlicher Veränderung von einer konkreten Implementierungsintention begleitet wird, die Wahrscheinlichkeit, dass spezifische Ziele erreicht werden, doppelt so hoch ist wie ohne Implementierungsintention.

In einem Fall sagte ein Mitarbeiter seiner Chefin zu, dass er in Besprechungen »aktiver« werden würde. Das war ein lobenswertes Ziel, aber was genau bedeutete es? Die meisten Unternehmen geben sich damit zufrieden, derartige Entwicklungsziele als SMART-Ziele zu beschreiben, wobei das Akronym SMART für »Spezifisch, Messbar, Akzeptiert, Realistisch, Terminiert« steht. Im Fall des Mitarbeiters, der sich in den Diskussionen mehr engagieren möchte, könnte also das spezifische Ziel definiert werden, dass er in einer 60-minütigen Besprechung mit sechs Teilnehmern versuchen wird, seine Redezeit auf mindestens zehn Minuten auszudehnen.

Doch obwohl das Ziel hier nun klarer definiert ist, fehlen leider nach wie vor konkrete Anweisungen zur Verwirklichung. Wann genau sollte sich der Mitarbeiter zu Wort melden oder Beiträge leisten? Es ist möglich, dass er mit der Absicht in das Meeting geht, eine aktivere Rolle zu übernehmen, am Ende jedoch kein Wort sagt.

An diesem Punkt kommen die Implementierungsintentionen ins Spiel. Im Fall des schüchternen Mitarbeiters schlugen wir einen Wenn/dann-Plan vor, der vorsah, dass der Mitarbeiter mit einem einfachen Hinweis daran erinnert werden sollte, sich zu Wort zu melden. Wann immer die Vorgesetzte absichtlich mit dem Kugelschreiber klickte, war es an der Zeit, dass der Mitarbeiter das Wort ergriff. Mit diesem Hinweis wurde die Routine der Wortmeldung etabliert. Diese kleine Veränderung hatte eine große Wirkung, denn sie bewegte den Mitarbeiter nicht nur dazu, sich aktiver zu beteiligen, sondern auch dazu, sich mehr auf die Diskussion zu konzentrieren. Zudem sorgte ein augenblickliches Gruppen-Feedback nach jeder Sitzung dafür, dass er im Lauf der Zeit sowohl mehr als auch bessere Beiträge leistete.

Dieses Grundmuster kann relativ einfach auf verschiedenste Bereiche angewandt werden. Es gibt viele Möglichkeiten, Implementierungsintentionen einzusetzen, um in Teams individuelle Gewohnheiten zu ändern. Ein akustisches Signal, das alle 20 Minuten ertönt, kann Sie daran erinnern, einen Klienten anzurufen, oder Sie können eine Routine zur Stressverringerung entwickeln, indem Sie nach jedem Telefongespräch aufstehen und sich strecken. Einer unserer Kollegen fand den stockenden Stoßverkehr in der Stadt unerträglich. Mittlerweile nutzt er jede rote Ampel als Auslöser, um Zwerchfellatmung zu praktizieren. Die neue Routine ist doppelt vorteilhaft. Sie lenkt ihn von der Verzweiflung über den furchtbaren städtischen Verkehr ab und ermöglicht es ihm, eine bewährte Entspannungstechnik anzuwenden.

Die Resultate solcher einfachen Veränderungen können fast wie Zauberei wirken. Nach Aussage des Psychologen Jonathan Schooler von der University of California in Santa Barbara liegt der Zauber in der strikten und rigorosen Wenn-Dann-Verbindung, die vollkommen mechanisch sein kann – sie muss nicht mit dem Inhalt in Zusammenhang stehen. Beispielsweise können Sie sich jedes Mal, wenn Sie eine Bürotür schließen, die fünf Werte des Unternehmens in Erinnerung rufen. Und jedes Mal, wenn Sie ein Kapitel dieses Buchs fertig gelesen haben, können Sie sich zurücklehnen und über die drei wichtigsten Punkte nachdenken, die darin behandelt wurden.[26]

Gewohnheitsänderung in 3D

Manche Gewohnheiten sind so hartnäckig, dass es unmöglich scheint, sie zu durchbrechen. Viele von uns werden von zwanghaftem Verhalten geplagt: Wir kauen an den Nägeln, kontrollieren ständig den E-Mail-Posteingang oder können uns wie Jennifer Aniston und Ex-Präsident Obama nur schwer das Rauchen abgewöhnen.

Der Psychiater Jeffrey Schwartz, der an der University of California in Los Angeles forscht, hat speziell für Patienten mit einer Zwangsstörung einen vierteiligen Prozess für die Änderung von Gewohnheiten entwickelt.[27] Die Gewohnheiten der meisten Menschen können nicht als Zwangsneurose eingestuft werden, daher haben wir Schwartz' vierstufigen Prozess gestrafft und angepasst und zu drei einfachen, aber wirksamen Prozessen zusammengefasst, die wir als »Gewohnheitsänderung in 3D« bezeichnen: *describe* (beschreiben), *distract* (ablenken) und *delay* (verzögern).

Beschreiben *(describe)*. Der erste Schritt zur Befreiung von einer tief verwurzelten Gewohnheit besteht darin, den Auslösereiz zu erkennen und sich seiner bewusst zu werden, wenn er auftritt. »Wenn ich nervös bin, habe ich immer das Bedürfnis, meine Fingernägel zu kauen.« Oder: »Wenn ich ein Bier trinke, bekomme ich immer Lust auf eine Zigarette.« Oder: »Wann immer ich das Gefühl habe, bei einer Tätigkeit auf der Stelle zu treten, kontrolliere ich meine E-Mails.«

Wenn Ihnen dieser Schritt bekannt vorkommt, so ist das kein Zufall. Er beruht auf derselben kognitiven Technik wie die Etikettierung, die wir in Kapitel 2 erklärt haben. Wie die Etikettierung führt die Beschreibung einer Gewohnheit zur Metakognition, das heißt zum »Denken über das Denken«. Ein normalerweise unbewusster Vorgang wird in die Domäne des Bewusstseins verschoben. Dieser Schritt nutzt auch die Kraft der Achtsamkeit (siehe Kapitel 3), indem er die Aufmerksamkeit für das Hier und Jetzt erhöht. Das eröffnet Ihnen die Chance, die bewusste Kontrolle über eine unbewusste Reaktion wiederzuerlangen, und bereitet den nächsten Schritt vor.

Ablenken *(distract)*. Anstatt zu versuchen, Ihren Impuls mit energieaufwändiger, das Gehirn erschöpfender Selbstbeherrschung zu unterdrücken, können Sie sich des kognitiven Jiu Jitsu bedienen (siehe Kapitel 2). Lenken Sie diese Energie auf etwas anderes. Wenn Sie Lust bekommen, zu Ihrem Bier eine Zigarette zu rauchen, versuchen Sie stattdessen ein bisschen Salzgebäck zu essen. Wenn Sie versucht sind, an den Fingernägeln zu kauen oder den E-Mail-Posteingang zu kontrollieren, entwickeln Sie ein konkurrierendes Ritual, indem Sie zum Beispiel eine Strichliste anlegen, um Ihre Aufmerksamkeit vorübergehend von Ihrem ursprünglichen Zwang abzulenken.

Nebenbei bemerkt: Angenehme Ablenkungen sind am wirksamsten. Sie versetzen uns in einen Belohnungszustand, indem sie die Dopamin-Ausschüttung anregen, was das Gehirn für Veränderungen empfänglicher macht. Leider sabotieren viele Leute ihre Versuche zur Änderung von Gewohnheiten, indem sie sehr unattraktive Ablenkungen wählen. Es ist fast, als wollten sie sich bewusst bestrafen. Man muss kein Neuropsychologe sein, um zu wissen, dass die Strategie, sich vom Verzehr eines köstlichen Schokoladeneises abzulenken, indem man ungekochte Kohlsprossen isst, vermutlich zum Scheitern verurteilt ist.

Wie die Beschreibung verschiebt die Ablenkung den Energiekonsum von den unbewussten Gehirnregionen, welche die meisten Gewohnheiten steuern, zurück zum präfrontalen Cortex dem Brennpunkt der bewussten Aufmerksamkeit.[28] Und so wie die Technik der Beschreibung der in Kapitel 2 behandelten Etikettierung ähnelt, hat die Ablenkung viel mit der im selben Kapitel beschriebenen kognitiven Neubewertung gemein. Sich einer Gewohnheit direkt zu widersetzen, ist nicht wirksamer als die Hemmung zur Unterdrückung einer unwillkommenen Emotion. Tatsächlich werden beide Vorgehensweisen eher zu einer Verschlechterung als zu einer Verbesserung führen.

In beiden Situationen verspricht das kognitive Jiu Jitsu mehr Erfolg, das heißt die geschickte Nutzung der Kraft des Unbewusstseins durch Umlenkung anstelle von Widerstand. Manchmal genügt schon eine momentane Ablenkung, um den Schaltkreis einer schlechten Gewohnheit zu durchbrechen.

Der Arzt Andrew Weil, ein bekannter Anhänger der Alternativmedizin, erwähnt eine milde Form der Aversionstherapie, bei der man ein

Gummiband um das Handgelenk trägt. Wenn man sich dabei ertappt, dass man einer schlechten Gewohnheit wie dem Nägelkauen nachgibt, spannt man das Gummiband an und lässt es gegen den Arm schnalzen, um ein leichtes Stechen zu spüren – keinen wirklichen Schmerz, aber unangenehm genug, um sich die Gewohnheit bewusst zu machen und sich daran zu erinnern, dass man sich davon lösen möchte.[29]

Verzögern *(delay)*. Haben Sie einmal eine wirksame Alternative zu Ihrer schlechten alten Gewohnheit gefunden, so besteht die Aufgabe darin, an dieser Alternative festzuhalten. In einigen Fällen bezieht sich das Festhalten am Verhalten auf dessen *Dauer*. Das ist insbesondere bei Zwangsverhalten wichtig. Wenn Sie zum Beispiel ständig versucht sind, Ihre E-Mails zu kontrollieren, wird der neue neuronale Pfad umso stabiler, je länger Sie es aushalten können, ohne diesem Bedürfnis »nachzugeben«. In anderen Fällen kann sich das Festhalten am neuen Verhalten auf die *Wiederholung* beziehen. Je öfter Sie das alternative Verhalten zeigen, desto fester wird es sich Ihnen einprägen, und desto schwächer wird die alte Gewohnheit. Während die beiden Routinen um die Vormachtstellung ringen, werden Sie die neue Gewohnheit im Bewusstsein halten müssen, bis sie so fest verankert ist wie die alte unbewusste Routine und diese schließlich verdrängt. Wenn es schließlich soweit ist, sollte Ihnen die neue Gewohnheit so wie die alte, an deren Stelle sie getreten ist, zur zweiten Natur werden.[30]

»Mach es einfach«

Charles Duhigg, der Autor von *Die Macht der Gewohnheit*, erklärt in seinem Buch eine so simple wie effektive goldene Regel der Verhaltensänderung: »Behalte den Auslöser und die Belohnung bei und verändere die Gewohnheit.«[31] Das heißt, anstatt große Veränderungen durchzuführen, wird nur die gewohnte Routine gegen eine andere ausgetauscht. Dies ist auch im Einklang mit den Erkenntnissen des Nobelpreisträgers Richard Thaler, welcher in seinem Buch *Nudge: Wie man kluge Entscheidungen anstößt* vorschlägt, Anregungen zur Verhaltensänderung einfach und attraktiv zu gestalten. Sein Motto? »Mach es einfach.«[32] Nur Verhaltensänderungen, die mit geringem Aufwand verbunden sind und keine größere Willensanstrengung erfordern, lassen sich erfolgreich etablieren.

Obwohl das wahrscheinlich niemand außer Familienmitgliedern und engen Freunden mit Sicherheit sagen kann, gelang es US-Präsident Obama am Ende offenbar, sich das Rauchen abzugewöhnen. Im Fall von Jennifer Aniston liegen die Dinge nicht so klar. Fest steht, dass das Rauchen ein ernüchterndes Beispiel dafür ist, wie hartnäckig Gewohnheiten sein können.

Gewohnheiten zeigen sehr deutlich, wie mächtig und nützlich unser Unbewusstsein ist. Aber der Einfluss des Unbewussten endet nicht bei den Gewohnheiten. Die alte Redensart, dass wir nur zehn Prozent unseres Gehirns nutzen, trifft nicht zu, aber wir können durchaus lernen, es besser zu nutzen. Das ist das Thema des nächsten Kapitels.

Kapitel 4 auf einen Blick

Kernaussagen von »Gewohnheiten managen«

Es ist schwer, Gewohnheiten zu ändern. Unser Gehirn bevorzugt den Weg des geringsten Widerstandes. Um einen neuen neuronalen Pfad anzulegen, muss das Gehirn überzeugt werden, dass sich dieser zusätzliche Aufwand lohnt.

Gewohnheiten ändern. Für den Erwerb guter und die Beseitigung schlechter Gewohnheiten braucht man drei Dinge: 1) Zielsetzung und Motivation, 2) erste Schritte und 3) den Kurs halten.

Mit ganzem Herzen bei der Sache. Dass ein Ziel auf dem Papier gut aussieht, ist keine Garantie dafür, dass man es erreichen wird. Dazu muss das Ziel emotional relevant sein.

Was habe ich davon? Wenn man kein emotionales Interesse am Prozess hat, wird man eine Gewohnheit kaum ändern. Wenn keine sinnvolle Belohnung zu erwarten ist oder keine Gefahr droht, wird man so tun als ob, aber die für eine wirkliche Veränderung erforderliche Bemühung nicht auf sich nehmen.

Der erste Schritt ist immer der schwierigste. Das größte Hindernis für den ersten Schritt ist die Prokrastination. Um die natürliche Abneigung des Gehirns gegen Veränderungen zu umgehen, kann man die Kaizen-Methode anwenden, die darin besteht, sehr kleine Schritte zu tun. Das versetzt uns in die Lage, stetige Fortschritte zu erzielen, ohne die evolutionär angelegten Alarmglocken in unserem Gehirn zu läuten.

Nachhaltige Gewohnheiten brauchen Auslöser. Wenn wir eine dauerhafte Veränderung anstreben, genügen gute Absichten nicht. Wir müssen die neue Routine mit einem Auslösereiz verbinden. Diese Kombination von Auslöser und Routine trägt die technische Bezeichnung »Implementierungsintention«, ist jedoch eher als Wenn-Dann-Plan bekannt.

Kapitel 5

Das Unbewusstsein von der Leine lassen

Die schnellsten und besten Entscheidungen fallen manchmal ohne direkte Beteiligung des Bewusstseins

Die meisten der Männer ruhten sich gerade aus, als der Alarm die Stille durchbrach und von den Mauern der Feuerwache widerhallte: *Wahrscheinlicher Küchenbrand in einem Einfamilienhaus.* Als die Löschwagen am Unglücksort eintrafen und der Einsatzleiter einen Trupp in das Haus führte, wurde ihm sofort klar, dass hier etwas nicht stimmte. Im Wohnzimmer war es sehr viel heißer als bei einem Brand, der seinen Ursprung in der Küche hatte, zu erwarten gewesen wäre. Das Feuer war auch ungewöhnlich leise. Feuer machen Lärm, und ein sehr heißes Feuer macht sehr viel Lärm. Noch beunruhigender war, dass es unmöglich war, die aus der Küche schlagenden Flammen zu löschen.[1]

Der Einsatzleiter hatte genug gesehen. Bei diesem Brand hatte er einfach ein ungutes Gefühl. Er befahl seinen Leuten, das Haus augenblicklich zu räumen. Wenige Sekunden nachdem der letzte Feuerwehrmann das Haus verlassen hatte, brach der gesamte Wohnzimmerboden ein. Wären sie auch nur eine Minute länger in diesem Haus geblieben, so wären einige oder alle Mitglieder des Löschtrupps möglicherweise ums Leben gekommen.

Jahrelang glaubte der Einsatzleiter des Löschtrupps, eine Art von extrasensorischer Wahrnehmung (ESW) habe ihn vor der drohenden Gefahr gewarnt. Er war im Irrtum. Obwohl die Wissenschaftler immer noch darüber streiten, ob Menschen zur ESW fähig sind, wurden die

Feuerwehrmänner, die aus dieser Todesfalle entkamen, von etwas gerettet, das wir alle besitzen: von einem leistungsfähigen Unbewusstsein.

Die Macht des Unbewussten

Der einflussreichste und zugleich am meisten unterschätzte Teil des menschlichen Gehirns ist jener, dessen wir uns definitionsgemäß nicht bewusst sind: das Unbewusstsein. Nach Aussage von Wolf Singer, dem ehemaligen Leiter des Max-Planck-Instituts für Hirnforschung in Frankfurt, ist unser Unbewusstsein für einen Großteil unserer Entscheidungsprozesse verantwortlich.

Tatsächlich erfährt unser Bewusstsein oft zuletzt davon, dass wir zur Tat schreiten. Dafür gibt es einen guten Grund. Unser Unbewusstsein ist dafür gemacht, schneller zu arbeiten, um unser Überleben zu sichern. Wenn wir auf ein wildes Tier stoßen, haben wir keine Zeit, das Für und Wider der möglichen Reaktionen abzuwägen. Indem das unbewusste Gehirn unseren Herzschlag und unsere Atmung aufrechterhält, hält es uns buchstäblich am Leben. Und anders als das Arbeitsgedächtnis, in dem normalerweise nur vier Informationseinheiten gleichzeitig Platz haben, ist die Kapazität des Unbewusstseins praktisch unbegrenzt.

Analyseparalyse

Obwohl ein Großteil unseres Denkens in unserem Bewusstsein stattfindet, können zwei Schlüsselfaktoren – die begrenzte Kapazität des Arbeitsgedächtnisses und die Gefahr dessen, was Psychologen als Analyseparalyse oder Entscheidungsermüdung *(decision fatigue)* bezeichnen – dazu führen, dass die Verarbeitung im Bewusstsein bei Aktivitäten, die eine komplexe Beurteilung erfordern, die schlechtere Wahl ist.

Das Arbeitsgedächtnis ist schlau, aber seine Kapazität ist gering. Tatsächlich ist es fast unmöglich, ausschließlich gestützt auf das Arbeitsgedächtnis eine komplexe bewusste Entscheidung zu fällen: Es fehlt dort einfach an Platz und Ressourcen zur Bewältigung sämtlicher Variablen.

Wenn dem Arbeitsgedächtnis die Energie ausgeht, kommt es zu Entscheidungsermüdung. Diese führt nicht zu einer Verringerung der gesamten Gehirnaktivität, sondern sie verursacht eine Zunahme der Aktivität in einigen Hirnregionen und eine Verringerung in anderen. Das Gehirn konzentriert sich mehr auf kurzfristige Belohnungen und verliert das Interesse an den langfristigen Aussichten.[2] Haben Sie schon einmal ein Auto mit zweifelhaften Sicherheitsmerkmalen gekauft, weil Ihnen seine Farbe so gut gefiel? Wenn ja, dann haben Sie wahrscheinlich Bekanntschaft mit der Entscheidungsermüdung gemacht.

So sonderbar das klingen mag: Oft fällen wir klügere Entscheidungen, wenn wir *weniger* denken. Oft ermöglichen Zeitmangel, ein Mangel an bewusst aufgerufener Information und verringerte Aktivität im präfrontalen Cortex, dem »denkenden Teil« des Gehirns, sowohl bessere Entscheidungen als auch bessere Aktionen und Resultate. Obwohl das in bestimmten Fällen für jedermann gelten kann, trifft es insbesondere dann zu, wenn man eine Expertin auf dem Gebiet ist, auf dem die Aktion erforderlich ist. In einigen Fällen entfernen wir uns umso weiter vom optimalen Ergebnis, je mehr wir nachdenken.

Oft fällen wir klügere Entscheidungen, wenn wir weniger denken.

Wenn das Unbewusstsein der Schlüssel ist

So wie wir oft ohne bewusste Aufmerksamkeit kompetent handeln, fällen wir auch oft unbewusst kompetente Entscheidungen. Es ist eine Sache, sich am Morgen die Zähne zu putzen oder den Wasserkocher einzuschalten, ohne sich dessen bewusst zu sein. Derartige Gewohnheiten sind von einem Tag auf den anderen praktisch identisch. Anders liegen die Dinge, wenn die Aufgabe erfordert, auf neue und andersartige Information zu reagieren. In einem aufschlussreichen Experiment zeigten Kognitionspsychologen der Vanderbilt University und der Universität Kobe im Maschinenschreiben geschulten Personen ein Bild von einer Computertastatur mit nicht beschrifteten Tasten und forderten sie auf, jedes Mal, wenn eine Taste hervorgehoben wurde, den entsprechenden Buchstaben zu nennen. Die meisten Versuchspersonen hatten eine überraschend lückenhafte Kenntnis der Tastaturbelegung oder ordneten Tasten falsch zu.

Sie konnten etwas mehr als die Hälfte der Tasten richtig benennen, aber sie identifizierten fast 23 Prozent falsch und ließen fast 20 Prozent aus. Und das waren im Maschinenschreiben geübte Personen! Sie tippten mit einer Durchschnittsgeschwindigkeit von mehr als 76 Worten pro Minute und kamen dabei auf eine durchschnittliche Trefferquote von fast 95 Prozent. Und trotz ihrer unzweifelhaften Sachkenntnis konnten sie im Durchschnitt nur etwas mehr als die Hälfte der Tasten bewusst identifizieren. Diese Personen schrieben nicht so schnell, weil ihnen bewusst war, wo sich die Buchstaben auf der Tastatur befanden, sondern weil sie sie alle unbewusst kannten.[3]

Weniger ist mehr

Wenn es um Information geht, ist mehr nicht immer besser. Die meisten Unternehmen glauben, dass sie durch das Sammeln großer Datenmengen und die Einführung komplexer Algorithmen das Verhalten ihrer Kunden zukünftig besser vorhersagen können. Ein wichtiges Kriterium dabei ist die Einstufung der Kunden in aktive und inaktive Kunden. Es gibt komplexe stochastische Modelle, die diese Aufgabe lösen können. Doch eine Studie zeigte, dass eine einfache Faustregel, eine sogenannte Heuristik, zukünftige Entscheidungen genauso effektiv vorhersagt wie das komplexe Modell. Die einfache Heuristik lautet: »Hat die Person in den letzten neun Monaten etwas gekauft?« Dann handelt es sich um einen aktiven Kunden. Alle Kunden, die in den letzten neun Monaten nichts gekauft haben, werden als inaktiv eingestuft. Oft ist eben weniger mehr.[4] Der Nobelpreisträger Herbert A. Simon, der einen Großteil seines beruflichen Lebens dem Studium der Entscheidungsfindung widmete, erklärte es prägnant: »Informationsreichtum erzeugt Aufmerksamkeitsarmut.«

Kein Grund zum Versagen

Ein besonders dramatisches und zugleich häufig zu beobachtendes Beispiel für die Analyseparalyse ist das »Choking« (Verschlucken), ein Phänomen, das vor allem mit dem Sport verbunden wird, aber in fast jeder Situation zu beobachten ist, auch im Wirtschaftsleben.

Interessanterweise ist das Choking beinahe das Gegenteil der Unfähigkeit zur emotionalen Regulierung wie beim berüchtigten Amygdala-Hijack, der eine Person dazu veranlasst, ihre Vernunft vollkommen aufzugeben und impulsiv oder sogar destruktiv zu handeln. Bei einem Amygdala-Hijack überwältigt uns unsere Bedrohungsreaktion und schaltet unser bedächtigeres und vernünftigeres Gehirn ab.

Beim Choking entführt der präfrontale Cortex das Unbewusstsein. Ein Golfprofi verkrampft plötzlich, weil er über die einzelnen Elemente seines Schwungs nachdenkt, was dazu führt, dass eine normalerweise fließende Bewegung durch eine unnötige Analyse zerstückelt wird. Die Tatsache, dass professionelle Spieler eher unter einer solchen Verkrampfung leiden als Amateurgolfer, deutet auf einen faszinierenden Umstand hin. Es gibt einen wichtigen Unterschied zwischen der Intuition eines Experten und der eines Novizen oder zwischen dem Putt eines Profis und dem eines Amateurs. Während Anfänger davon profitieren, mehr nachzudenken, kann es Experten tatsächlich hemmen.

Eine klassische Demonstration dieses Phänomens sehen wir in einem Tennisspiel, in dem eine unterlegene Spielerin ihrer Gegnerin ein Kompliment für einen ausgezeichneten Rückhand-Return macht. »Toll! Wie hast du das gemacht?«, fragt sie mit vorgetäuschter Bewunderung. »Hast du den Griff ein bisschen verschoben oder den Ellbogen ein wenig mehr gedreht?« Selbst wenn die Gegnerin keine korrekte Antwort auf diese Frage geben kann (und wenn sie eine Expertin ist, kann sie es wahrscheinlich nicht), ist es gut möglich, dass der Schaden bereits angerichtet ist. Ihre nächste Rückhand wird nicht annähernd so effektiv sein wie dieser perfekte Schlag. Der Grund dafür ist, dass die Spielerin, die gefragt hat, ihre Gegnerin dazu gebracht hat, sich etwas bewusst zu machen, was sie sonst unbewusst tut. Das genügt normalerweise, um einen reibungslosen Vorgang zu stören und die Spielerin aus dem Rhythmus zu bringen. Fast alle Sportler haben diese unangenehme Erfahrung schon gemacht, aber normalerweise wird sie nicht von außen ausgelöst. In unserem Beispiel jedoch hat eine teuflisch schlaue Frage das Choking verursacht.

Während Anfänger davon profitieren, mehr nachzudenken, kann es Experten tatsächlich hemmen.

Wenn man eine neue Fähigkeit erlernt, übt und vervollkommnet, braucht man das Bewusstsein, um das, was man lernt, zu organisieren, zu analysieren und zu verarbeiten. Wenn man Golf spielen lernt, muss man darüber nachdenken, ob die Distanz zwischen den Füßen der Schulterbreite entspricht. Man muss den Griff anpassen oder den Ellbogen anders anwinkeln. Aber ist man einmal ein Experte, so ist diese Information längst ein Bestandteil der Verfahrenserinnerung. Man setzt das Bewusstsein nicht mehr ein, um die Aufgabe zu bewältigen. Der Schwung ist fließender, sicherer und genauer. Genauso fällt man Entscheidungen am Arbeitsplatz rasch und mit Selbstvertrauen. Darüber nachzudenken, was man tut, ist nicht einfach nur unnötig: Es kann sich tatsächlich nachteilig auswirken.

Ob man nun ein Golfprofi oder eine erfahrene Managerin in einem internationalen Unternehmen ist, die Lösung besteht darin, so oft wie möglich die Belastung des präfrontalen Cortex zu verringern, indem man auf die Geheimwaffe des Gehirns vertraut: die unbewusste Intuition. Eine verstärkte Nutzung des unbewussten Gehirns kann Geschwindigkeit, Effizienz und Genauigkeit unserer Leistungen erhöhen. Das Unbewusste kann eine Hauptrolle bei der Entscheidungsfindung, der Problemlösung und der Wahl kreativer Vorgehensweisen spielen.

Intuitive Entscheidungen

Als am 15. Januar 2009 über New York das Triebwerk eines Passagierflugzeugs nach einem Zusammenstoß mit einer Gänseschar ausfiel, reagierte Kapitän Chesley »Sully« Sullenberger schnell und schaffte es, die Maschine auf dem Hudson notzulanden. Alle 155 Passagiere an Bord überlebten. Der Zwischenfall machte Sullenberger als »Held vom Hudson« berühmt, aber er selbst war zurückhaltender: »Man kann es auch so betrachten«, sagte er im Gespräch mit der CBX-Moderatorin Katie Couric, »dass ich 42 Jahre lang regelmäßig kleine Einlagen auf dem Konto für Erfahrung, Bildung und Training gemacht habe. Und am 15. Januar war so viel auf dem Konto, dass ich einen großen Betrag abheben konnte.«[5]

Wayne Gretzky, der vielleicht beste Eishockeyspieler aller Zeiten, war keine körperlich beeindruckende Erscheinung, aber er hatte eine verblüffende Fähigkeit, zum richtigen Zeitpunkt am richtigen Ort zu sein. »Um ein Sieger zu sein, musst du nicht dorthin laufen, wo der Puck ist, sondern dorthin, wo er sein wird«, sagte er einmal.[6] Dank seines außergewöhnlichen »Eishockeygespürs«, wie es die Fans dieses Sports nennen, sammelte Gretzky im Lauf seiner Karriere mehr Scorerpunkte als jeder andere Spieler in der Geschichte der NHL. Er ist auch der einzige Spieler, der im Lauf einer einzigen Saison auf mehr als 200 Scorerpunkte gekommen ist – und obendrein hat er diese Meisterleistung in vier Spielzeiten vollbracht.[7]

Weder Kapitän Sullenberger noch Wayne Gretzky hatten den Luxus, sich bei ihren Entscheidungen Zeit lassen zu können. Beide mussten schnell und intuitiv entscheiden. Eine verbreitete Fehleinschätzung lautet, dass intuitive Entscheidungen willkürlich sind und einen Mangel an Können zeigen. Das Gegenteil ist richtig: Intuitive Entscheidungen sind oft das Ergebnis von jahrelanger Erfahrung und Tausenden Stunden Übung. Sie sind das Ergebnis der effizientesten Nutzung unserer akkumulierten Kompetenz.

Ein Münzwurf

Einige von denen, die den Wert intuitiver Entscheidungen anzweifeln, befürchten, das Ergebnis solcher Entscheidungen sei so zufällig wie das eines Münzwurfs. Komischerweise kann ein Münzwurf tatsächlich eine gute Methode sein, um eine Entscheidung zu fällen – wenn auch wahrscheinlich nicht aus dem Grund, den Sie vielleicht vermuten. Probieren Sie es aus: Wenn Sie zwei anscheinend gleichwertige Optionen haben, werfen Sie eine Münze. Wenn Sie mit der Entscheidung, welche die Münze für Sie gefällt hat, zufrieden sind oder Erleichterung verspüren, dann sollten Sie dabei bleiben. Wenn Sie sich hingegen mit dem Ergebnis des Münzwurfs nicht wohlfühlen oder sich sogar fragen, warum Sie überhaupt eine so wichtige Entscheidung einer Münze überlassen haben, dann sollten Sie stattdessen die andere Option wählen. Denn Ihr »Bauchgefühl« signalisiert Ihnen, welches die richtige Entscheidung ist. Es war das zufällige Ergebnis eines Münzwurfs nötig, um Ihnen das zu zeigen. Was ist dieses »Bauchgefühl«? Um diese Frage zu beantworten, müssen wir uns die Anatomie der Intuition genauer ansehen.

Die Anatomie der Intuition

Intuitive Entscheidungen sind in zwei Gehirnregionen angesiedelt: in den Basalganglien und in der Insula. Wie wir in Kapitel 4 gesehen haben, verwalten die Basalganglien die gespeicherten Muster und Routinen, die Ihrer gesamten Kompetenz entsprechen. Die Insula (oder Inselrinde) ist für die Körperbewusstheit zuständig. Sie reagiert extrem sensibel auf alle Veränderungen im Körper. Sie überwacht nicht nur Vitalfunktionen wie den Herzschlag, sondern registriert auch, ob die Haut kühl oder heiß, ob die Blase voll oder der Magen aufgebläht ist. Mit anderen Worten, wir können froh sein, sie zu haben.

Wenn wir vor einer Entscheidung stehen, beginnt unser Unbewusstsein oft sofort, sich damit zu beschäftigen. Wenn wir schließlich versuchen, eine bewusste Entscheidung zu fällen, vergleicht das Gehirn sie mit der Entscheidung, die das Unbewusstsein bereits gefällt hat. Stimmen die bewusste und die unbewusste Entscheidung überein, so kommt es zu einer subtilen Belohnungsreaktion. Stimmen die beiden Entscheidungen nicht überein, so wird dies als Bedrohung empfunden. Beide Reaktionen lösen Veränderungen im Körper aus.

Bleibt eine vom Gehirn vorausgesehene Belohnung aus, so reagieren wir mit Überraschung. Dafür ist der vordere cinguläre Cortex zuständig. Dieser enthält zahlreiche Dopaminneuronen und ist ein Fehlerdetektor. Wenn eine erwartete Belohnung nicht kommt, sendet der vordere cinguläre Cortex ein elektrisches Signal, das als »fehlerkorrelierte Negativität« (*error-related negativity*, ERN) bezeichnet wird. (Manchmal hört man auch die eher informelle Bezeichnung »Oh-Scheiße!-Schaltkreis«.[8])

Dank der Insula fühlen Menschen mit einer guten Körperwahrnehmung eine Veränderung. Deshalb werden intuitive Entscheidungen oft auf ein Bauchgefühl zurückgeführt. Wir fühlen, ob eine Entscheidung richtig oder falsch ist, weil wir eine subtile Veränderung unseres körperlichen Zustands spüren.

Expertenintuition

Die Expertenintuition ist nicht vollkommen unbewusst. Wie Kapitän Sullenberger so anschaulich erklärte, greift sie umfassend auf unseren Erfahrungsschatz zurück. Zuerst sammelt sie bewusst alle für die Entscheidung benötigten Daten, und anschließend lenkt sie das Bewusstsein ab, während das Unbewusstsein die Ärmel hochkrempelt und sich an die Arbeit macht.

Bei der intuitiven Entscheidungsfindung wird dieselbe grundlegende Operation durchgeführt wie bei der bewussten, nur dass die intuitive Entscheidung sehr viel schneller und effizienter gefällt wird und die begrenzten Ressourcen des Gehirns weniger beansprucht. Man kann es sich etwa so vorstellen: Wir können unser Geschirr von Hand abwaschen. Wir können es aber auch in den Geschirrspüler packen, ein bisschen Spülmittel dazutun, die Tür schließen, die Maschine einschalten und uns anschließend mit einem Buch hinsetzen oder ein wenig laufen gehen. Während wir anderweitig beschäftigt sind, wird das Geschirr schneller und ohne große Anstrengung unsererseits besser gereinigt. Der Einsatz der Expertenintuition für Entscheidungen ist wie die Nutzung der Geschirrspülmaschine zum Abwaschen.

Ein Grund dafür, dass die intuitive Entscheidungsfindung oft besser funktioniert als die bewusste, ist darin zu finden, dass im Gehirn mehr Raum dafür zur Verfügung steht. Nehmen wir an, Sie haben mehrere Hundert Bücher und wollen sie alphabetisch ordnen. Eine bewusste Analyse hat Ähnlichkeit mit dem Versuch, die Bücher in einer Telefonzelle neu zu ordnen. Die Intuition ähnelt dem Versuch, sie auf dem Boden eines geräumigen Wohnzimmers zu sortieren.

Die Psychologen Joseph Johnson und Markus Raab zeigten in einer Studie Handballspielern Videos von Spitzenspielen und unterbrachen die Aufzeichnungen gelegentlich, um die Spieler aufzufordern, rasch die beste mögliche Fortsetzung des Spielzugs zu nennen. Doch anschließend drückten sie nicht sofort die Wiedergabetaste, sondern gaben den Spielern Zeit, über weitere mögliche Fortsetzungen der Aktion nachzudenken. Wie sich herausstellte, hatten die Spieler bei der ersten Entscheidung fast immer die beste Variante gewählt.[9]

Wenn es einen sportlichen Wettkampf gibt, der als ausgesprochen analytisches, gehirnintensives Spiel gilt, so ist es Schach. Aber die wirklichen Meister liefern eine überraschende Erkenntnis dazu, wie Schachzüge tatsächlich gemacht werden. »Natürlich kann die Analyse manchmal akkuratere Resultate liefern als die Intuition«, erklärte Magnus Carlsen, »aber normalerweise ist das einfach nur eine Menge Arbeit.« Carlsen sollte es wissen. Im Alter von 22 Jahren überholte er den legendären Großmeister Garri Kasparow als der Schachspieler mit dem höchsten Elo-Wert in der Geschichte. Schachspieler stehen in dem Ruf, hyperrationale Analysten zu sein, aber Carlsen ging ganz anders vor, um Weltmeister zu werden. »Normalerweise tue ich das, was mir meine Intuition sagt«, sagte er in einem Interview mit der *Financial Times*. »Wenn ich nachdenke, so meistens, um den Zug noch einmal zu überprüfen.«[10]

Warum wir unserer Intuition nicht vertrauen

Wenn die Expertenintuition schneller, effektiver und genauer ist als die bewusste Entscheidungsfindung, warum wird sie dann nicht von mehr Menschen und Unternehmen genutzt?

Denken wir einen Augenblick darüber nach: Was wäre, wenn Sie Ihrem Topmanagement eröffneten, Sie hätten vor, das Geschäft des Unternehmens auf einen neuen Markt auszuweiten und sehr viel Geld in dieses Vorhaben zu investieren, weil Sie dabei ein gutes Gefühl haben? Wie weit würden Sie mit diesem Vorschlag kommen? Szenarien wie dieses lassen selbst jene zweifeln, die mit der Kraft der Intuition vertraut sind, sich jedoch fragen werden: »Und was, wenn es nicht funktioniert?«

Ein unangenehmes Nebenprodukt dieses tief verwurzelten Unbehagens gegenüber der Intuition ist das, was der Psychologe Gerd Gigerenzer als »defensive Entscheidungsfindung« bezeichnet. In der risikofeindlichen Unternehmenswelt stehen Führungskräfte, die intuitive Entscheidungen fällen, oft unter Druck, diese Entscheidungen mit Daten zu untermauern. Sie müssen *nachträglich* eine detaillierte Erklärung für eine Entscheidung liefern, die ursprünglich einem Bauchgefühl entsprang. Desgleichen können sich erfahrene Ärzte, die die Symptome einer Patientin auf Anhieb richtig einschätzen, trotzdem verpflichtet fühlen, eine Reihe von kostspieligen und manchmal invasiven Untersuchungen durchzuführen, um zu bestätigen, was sie die ganze Zeit wussten. Noch schlimmer ist, dass sich Manager möglicherweise für die zweit- oder drittbeste Wahl entscheiden, nur weil diese Option scheinbar mit Fakten und Zahlen gestützt werden kann. Gigerenzer schätzt, dass ein derart unberechenbares Vorgehen, das zu schlechteren Ergebnissen führt, bei einem Drittel bis zu einer Hälfte aller Entscheidungen gewählt wird. Wie er im Gespräch mit der *Harvard Business Review* erklärt hat: »Die defensive Entscheidungsfindung schützt den, der die Entscheidung fällt, und schadet dem Unternehmen.«[11]

Das verbreitete Misstrauen gegenüber der Intuition hat eine Reihe von Gründen: historisches Vorurteil, voreingenommene Analyse und eine falsche Vorstellung davon, was Intuition eigentlich ist.

Historisches Vorurteil

Seit mehr als 250 Jahren ist die Rationalität das Maß aller Dinge, und das aus gutem Grund. Die Aufklärung leitete ein Zeitalter der Vernunft ein, gab den Anstoß zu einer rasanten Entwicklung in Naturwissenschaften und Mathematik, entzog manchmal tödlichem Aberglauben den Boden und ebnete den Weg für die moderne Demokratie. Aber in einigen Fragen war die Aufklärung nicht ganz so aufgeklärt, wie es den Anschein hatte. Ihr Siegeszug forderte mindestens ein Opfer, das einen kulturellen Kollateralschaden darstellt: die Intuition. In einem Zeitalter, in dem die Vernunft regiert, ist die Intuition verpönt. Die Führungskräfte, die überwiegend Männer waren und die Rationalität über alles stellten, machten alles nur noch schlimmer, indem sie Bauchentscheidungen nicht einfach als »Intuition«, sondern als »weibliche Intuition« einstuften – eine doppelte Beleidigung, die klarmachte, dass die Intuition um jeden Preis zu vermeiden war.[12]

Und damit war die Richtung vorgegeben. Seit damals kämpft die Intuition um ihre Rehabilitation.

Voreingenommene Analyse

Wir denken gerne, dass wir uns seit der Aufklärung weiterentwickelt haben, aber es kann schwer sein, alte Gewohnheiten abzulegen. Wir geben dem bewussten, rationalen Denken immer noch Vorrang vor der Expertenintuition. Ein weiterer Akteur, den wir beschuldigen können, befindet sich genau hinter unserer Stirn: der präfrontale Cortex. Ist es ein Wunder, dass der Sitz unseres bewussten Denkens Entscheidungen, die dem Unbewusstsein entspringen, mit Misstrauen begegnet?

Der präfrontale Cortex, jener Teil des Gehirns, der ein Held ist, wenn es gilt, uns zu konzentrieren und zu analysieren (siehe Kapitel 3), kann sich in einen heimtückischen Intriganten am königlichen Hof verwandeln, der uns einzuflüstern versucht, wir dürften keineswegs die Intuition den bewussten und gewissenhaften Diensten vorziehen, die er uns voller Stolz leistet.

Vielleicht ist es ein Minderwertigkeitskomplex, aber es überrascht nicht, dass eine dezidiert bewusste Gehirnregion misstrauisch gegenüber einem rivalisierenden System ist, das dezidiert unbewusst ist.

Intuition oder rationale Analyse? Wofür sollen wir uns entscheiden? Das allgemeine Vorurteil gegenüber der Intuition mag falsch sein, aber es ist nachvollziehbar. Denn welcher Teil des Gehirns entscheidet darüber, welche Methode besser ist? Natürlich das Bewusstsein! Würden Sie der Jury eines Schönheitswettbewerbs vertrauen, bei dem die Tochter des einzigen Kampfrichters antritt? Natürlich nicht! Unser bewusster Verstand ist selbstverständlich voreingenommen zugunsten – Sie haben es erraten – unseres bewussten Verstands! Wie der Neurologe Robert A. Burton in seinem Buch *A Skeptic's Guide to the Mind* erklärt: »Den Verstand als Berater zu engagieren, um den Verstand zu verstehen, wirkt wie das metaphorische Gegenstück dazu, einen vorbestraften Betrüger um eine Selbstbeurteilung und ein Empfehlungsschreiben zu bitten.«[13]

Eines der Hauptmerkmale der Intuition ist, dass wir nicht immer genau erklären können, was uns zu einer bestimmten Entscheidung bewegt hat. Unser Bauchgefühl und die daraus resultierende Entscheidung sind die einzigen Bestandteile eines komplizierten Prozesses, derer wir uns bewusst werden. Das erklärt, warum der Feuerwehroffizier seine Entscheidung einer extrasensorischen Wahrnehmung zuschrieb. Er war nicht in der Lage, eine bessere Erklärung zu geben. Er hatte einfach das Gefühl gehabt, dass eine Evakuierung die richtige Entscheidung war. Man kann sich vorstellen, dass dies ein Problem für unser Bewusstsein ist, dem es weniger um Gefühle und mehr um Erklärungen geht. Der Neurowissenschaftler David Eagleman vergleicht die verschiedenen Teile des Gehirns gerne mit einem Team von Rivalen. Die Regionen arbeiten zusammen, aber ihre Bestrebungen sind nicht identisch. Die Intuition scheint ein direkter Angriff auf die Bestrebungen unseres rationalen Verstandes zu sein.[14]

Aber ist es wirklich so? Eine häufig zu hörende Klage über die Intuition lautet, sie sei »übermäßig emotional«. Offiziell geben wir der kalten, berechnenden Entscheidungsfindung den Vorzug. Leider beruht diese Klage auf einer grundlegend falschen Vorstellung von der tatsächlichen Funktionsweise rationaler Entscheidungsprozesse.

Einer der bekanntesten Fälle für die moderne Neurowissenschaft war ein Patient, dessen Name die Initialen EVR hatte. EVR hatte einen Gehirntumor in einem Teil seines Frontallappens, der als ventromedialer präfrontaler Cortex oder vmPFC bezeichnet wird. Obwohl der Tumor erfolgreich entfernt wurde und der Patient sich scheinbar erholte, wurde EVR beruflich und privat unzuverlässig. Er erschien häufig verspätet zur Arbeit, konnte Aufgaben nicht vollständig erledigen und schien vollkommen unfähig, auch nur die einfachsten Entscheidungen zu fällen. Der Schaden an seinem vmPFC hatte weder sein Gedächtnis noch seine Intelligenz beeinträchtigt. Aber eine unverzichtbare Verbindung zwischen den denkenden und fühlenden Teilen des Mannes war gekappt worden.[15]

Wenn wir Entscheidungen fällen, haben wir Ziele vor Augen, und diese Ziele sind mit unseren Belohnungs- und Bedrohungsschaltkreisen verknüpft. Jede unserer Entscheidungen – sogar eine so triviale wie die, welche Aufgabe wir als nächste in Angriff nehmen oder was wir zum Mittagessen bestellen sollen – hat eine emotionale Kompetente. Die Emotionen beeinflussen nicht nur unsere Entscheidungen, sondern sie sind auch ein unverzichtbarer Bestandteil des Entscheidungsprozesses. Nach Aussage des Neurowissenschaftlers Antonio Damasio sind selbst rationale Entscheidungen auf einer bestimmten Ebene Bauchentscheidungen. Ohne emotionale Kompetente sind wir unfähig, uns an unsere Ziele zu erinnern. Und ohne Ziele ist es praktisch unmöglich zu entscheiden, welche Information für eine Entscheidung benötigt wird und welche irrelevant ist. Im Fall von EVR bedeutete das, dass sein Gehirn mit Nebensächlichkeiten überflutet wurde,

Auf einer bestimmten Ebene sind selbst rationale Entscheidungen Bauchentscheidungen.

die ihn der Fähigkeit beraubten, auch nur die einfachsten Entscheidungen zu fällen.[16]

Wir verstehen nicht, was Intuition bedeutet

Wenn wir erklären, unsere Intuition sage uns, Lionel Messi werde diesen Freistoß verwandeln, ist das nicht wirklich Intuition. Es ist einfach geraten. Wenn jemand unsere Handfläche studiert und uns erklärt, wir würden einen großgewachsenen, dunkelhaarigen Mann kennen lernen, so ist das keine Expertenintuition, sondern eine Ausgabe von 25 US-Dollar, für die wir auch ein Abendessen oder zwei Kinokarten bekommen hätten. Wenn wir an einem Ort eine traumatische Erfahrung gemacht haben, beschleicht uns vielleicht ein ungutes Gefühl, wenn wir wieder dorthin zurückkehren. Aber das ist keine Intuition. Es ist einfach eine überempfindliche Bedrohungsreaktion.

Wenn wir in diesem Buch von Intuition sprechen, ist damit die »Expertenintuition« gemeint, das heißt eine schnellere Analyse der verfügbaren Information anhand akkumulierter Kenntnisse. Aber ohne die Kenntnisse wird die Intuition nicht funktionieren. Was wir mit Intuition nicht meinen ist, dass man eine wilde Vermutung anstellt. Leider verstehen viele Leute genau das, wenn sie das Wort »Intuition« hören. Wenn man es mit einer neuen Aufgabe oder einem unbekannten Geschäft zu tun hat, ist es unklug und wahrscheinlich unverantwortlich, sich auf seine Intuition zu verlassen. Aber wenn man im Lauf der Zeit Kompetenz angehäuft hat, kann die Intuition die beste Entscheidung ermöglichen.

Wenn wir die Intuition richtig untersuchen wollen, stoßen wir unter anderem auf das Problem, dass ihr im Lauf der Jahre das Stigma der Unwissenschaftlichkeit angeheftet wurde. Wenn man im Internet den Suchbegriff »Intuition« eingibt, findet man eine bunte Mischung aus legitimer Neurowissenschaft und Hokuspokus.

In Wahrheit ist an der Expertenintuition nichts Magisches. Sie beruht auf solider, anerkannter Neurowissenschaft. Sie ist das Produkt akkumulierter Kenntnisse und Praxis und funktioniert, indem die Erfahrung mit äußeren Hinweisen kombiniert wird, um zu einer Entscheidung zu gelangen, die auf der unbewussten Ebene fällt und eine körperliche Reaktion auslöst, die wir gemeinhin als »Bauchgefühl« bezeichnen. Nach

Aussage von Herbert Simon, einem Experten für Entscheidungsprozesse, »sind Intuition und Urteilsvermögen einfach in der Gewohnheit verankerte Analysen«.[17]

Diese Bauchentscheidungen sind im Normalfall nicht so spontan wie sie wirken. Im Gegenteil: Das Unbewusstsein legt oft lange bevor wir überhaupt die Chance bekommen, die Frage zu stellen, das Fundament für eine Antwort.[18] Tatsächlich stellt das Unbewusstsein im Lauf unseres Lebens eine Enzyklopädie von Erfahrungen zusammen. Der ehemalige Disney-Chef Michael Eisner sieht es ebenfalls so: »Das Bauchgefühl ist die Summe der Erfahrungen – von Millionen und Abermillionen Erfahrungen. Und diese Summe ermöglicht es uns, vernünftige Entscheidungen zu fällen.»[19]

Die ultraschnelle intuitive Entscheidungsfindung kann gelegentlich manipuliert werden. Aber die zeitaufwändige (und oft die Kapazitäten sprengende) rationale Entscheidungsfindung kann ebenfalls anfällig für massive Fehlurteile sein.

Warum wir nicht immer auf die rationale Entscheidungsfindung vertrauen sollten

Wenige geschäftliche Fiaskos in der jüngeren Geschichte sind mit der misslungenen Einführung von New Coke im Jahr 1985 vergleichbar. Mit einer sorgfältig durchdachten Änderung der Formel des legendären Erfrischungsgetränks wollte Coca-Cola in einem als Pepsi Challenge bezeichneten berühmten Geschmackstest den Erzrivalen besiegen. Dem Management von Coca-Cola lagen große Mengen ermutigender Daten vor, die für die Änderung des Geschmacks sprachen, aber die Markteinführung des neuen Getränks endete mit einer Katastrophe. Um die empörten Konsumenten zu beschwichtigen, sah sich das Unternehmen nach nur 75 Tagen gezwungen, die »alte« Coke unter den Namen Coca-Cola Classic zurückzubringen. Die meisten treuen Coke-Trinker begriffen dank ihres »Bauchgefühls« innerhalb von Sekundenbruchteilen, was das Unternehmen nach monatelanger Forschung und mit einem Berg von Daten nicht hatte sehen können: »Wenn die neue Coke wie Pepsi schmeckt, kann ich auch gleich Pepsi trinken.«

Die Intuition ist nicht perfekt, aber dasselbe gilt für die rationale Entscheidungsfindung. Die Geschichte des Fiaskos von Coca-Cola ist nur ein berühmtes Beispiel dafür, wie sich rationale Entscheidungen als vollkommen falsch erweisen können. Es gibt eine Vielzahl solcher Fälle.

Clayton Cristensen erzählt in seinem klassischen Wirtschafts-Bestseller *The Innovators Dilemma* Geschichten von etablierten Unternehmen, die sich darauf verließen, dass neue Konkurrenten nie gefährlich werden würden: Die Kaufhäuser machten sich keine Sorgen über das Auftauchen von Discountern. Die Hersteller von Großrechnern hielten die Einführung des PCs nicht für bedrohlich. Die Hersteller von kabelbetriebenen Erdbaumaschinen sahen keinen Grund zur Sorge, als hydraulische Ausrüstung auf den Markt kam. Warum machten sich diese Unternehmen keine Sorgen? Weil sie ihre Hausaufgaben gemacht hatten und über solide Zahlen verfügten, die bewiesen, dass sie alles richtig machten. Sie fällten die rationale Entscheidung, an ihrem Kurs festzuhalten – doch wie sich herausstellte, war es ein Kollisionskurs.[20]

Xerox, einem ehemaligen Branchenriesen, der den Markt für Fotokopierer beherrschte, muss zugutegehalten werden, dass das Unternehmen die Bedeutung von Forschung und Entwicklung erkannte und Anfang der 1970er Jahre das Forschungszentrum Xerox Parc in Palo Alto gründete. Leider machten die Neuerungen, die im Parc entwickelt wurden – darunter die Computermaus, die graphische Benutzerschnittstelle und der Laserdrucker – das Management ein wenig nervös. Da Xerox besorgt war, einige seiner Innovationen könnten sein Kerngeschäft mit Kopiergeräten untergraben, hielt es diese Ideen unter Verschluss. Aber Besucher des Forschungszentrums, darunter zwei junge Männer namens Bill Gates und Steve Jobs, ließen sich dadurch nicht entmutigen. Noch Jahre später erinnerte sich Jobs ungläubig an diesen monumentalen Besuch zurück. »Sie hatten keine Ahnung, was sie da hatten«, sagte er.[21] Ohne die im Parc entwickelten Werkzeuge wäre die Arbeit mit Computern im Internetzeitalter fast undenkbar. Aber die rationale Entscheidungsfindung hinderte Xerox daran, diese Innovationen zu nutzen.

Wenn du im Zweifel bist, delegiere

Was kann eine Führungskraft in Anbetracht des Fehlerpotenzials sowohl der Intuition als auch der rationalen Entscheidungsfindung tun? Da ist zunächst eine bewährte Managementstrategie, die auch auf die individuelle Entscheidungsfindung angewandt werden kann. Die optimale Methode, um das Gehirn in vielen Entscheidungssituationen zu nutzen, besteht darin, den Löwenanteil der Arbeit dem Unbewusstsein zu übertragen und das Bewusstsein in erster Linie einzusetzen, um den unbewussten Entscheidungsprozess zu überwachen und zu prüfen. Das Unbewusstsein ist sehr gut darin, die Arbeit richtig und effizient zu tun. Das Bewusstsein ist am besten darin, zu überprüfen, ob die Arbeit richtig gemacht wurde. Das ist einer der Gründe dafür, dass die Schlüsselaktivitäten im präfrontalen Cortex normalerweise als Exekutivfunktionen bezeichnet werden!

Tipps zur Verbesserung der intuitiven Entscheidungsfähigkeit

Obwohl manche Menschen von Natur aus intuitiver sind als andere, können wir alle unsere Intuition verbessern und vervollkommnen, indem wir unsere Kompetenz erhöhen und unsere Körperbewusstheit verbessern.

1. **Bauen Sie sich einen Weg zur Kompetenz auf.** Die besten intuitiven Entscheidungen fällen Sie, wenn Sie unbewusst aus einem großen Reservoir von Erfahrung und Kompetenz schöpfen können. Wenn Sie auf dem fraglichen Gebiet gegenwärtig kein Experte sind, sind Sie jedoch besser beraten, sich auf die Analyse zu stützen.
2. **Verbessern Sie Ihre Körperbewusstheit.** Das sogenannte Bauchgefühl ist ein Schlüsselbestandteil der Expertenintuition. Achtsamkeit (Kapitel 3) vergrößert die graue Masse in der rechten vorderen Insula, der Region, die für das Erkennen subtiler körperlicher Warnhinweise zuständig ist.[22]
3. **Lernen Sie, wann Sie Ihrer Intuition vertrauen sollten – und wann nicht.** Intuitive Entscheidungen, die auf akkumulierter Kompetenz beruhen, sind effektiv und normalerweise zuverlässig. Entscheidungen, die auf tief verwurzelten Stereotypen und Vorurteilen beruhen, sind es normalerweise nicht.

Das Unbewusstsein spielt nicht nur in der effektiven Entscheidungsfindung, sondern auch in der Problemlösung eine Schlüsselrolle. Obwohl rationale, bewusst kalkulierte Entscheidungen unverzichtbar sind, sind einige der innovativsten Ideen der Welt das Produkt kreativer Erkenntnis. Sie kommen in einem inspirierten Geistesblitz zum Vorschein und sind das Resultat abschweifender Gedanken. Die Kenntnis der Faktoren, die kreative Erkenntnis ermöglichen, kann wesentlich dazu beitragen, geeignete Voraussetzungen für Innovation zu schaffen.

Rationale Problemlösung

Oft genügt die rationale Problemlösung oder ist der Intuition sogar überlegen, und in anderen Situationen gibt es einfach keine andere Option. Fast jedes mathematische Problem wird rational gelöst, selbst wenn man den Taschenrechner verwendet. So sehr man sich auch bemüht, es ist unwahrscheinlich, dass die Summe einer langen Zahlenspalte in einem plötzlichen Aha-Moment vor dem inneren Auge auftauchen wird.

Hier ist ein klassisches Beispiel für ein Problem, das eine rationale Problemlösung erforderlich macht: Nach einem Einbruch verhaftet die Polizei vier Verdächtige – A, B, C und D –, die im Verhör folgende Angaben machen:

- A sagt: »Es war C.«
- B sagt: »Ich war es nicht.«
- C sagt: »Es war D.«
- D sagt: »C lügt, wenn er behauptet, ich sei es gewesen.«

Wie sich herausstellt, ist nur eine dieser vier Behauptungen wahr, und nur ein einziger Verdächtiger hat das Verbrechen begangen. Können Sie herausfinden, wer die Wahrheit gesagt und wer das Verbrechen begangen hat? (Die richtige Antwort finden Sie in der Fußnote auf S. 166.)*

Es ist praktisch unmöglich, dass Ihnen die Lösung für dieses Problem unvermittelt in den Sinn kommt. Sie müssen logisch denken und die möglichen Szenarien durchspielen, um die richtige Antwort zu finden. Statt des weiträumigen Unbewusstseins werden für die rationale Problemlösung die begrenzten Ressourcen des präfontalen Cortex genutzt, um die Informationen bewusst zu analysieren, zu vergleichen und neu anzuordnen.

Andere Probleme können auf beide Arten gelöst werden – entweder rational oder mit Kreativität. Ein gutes Beispiel ist ein Wortpuzzle. Manche Menschen sehen die folgenden Buchstaben und können sie auf Anhieb richtig anordnen:

NEHIRG

Diese Personen nutzen kreative Erkenntnis. Die Geschwindigkeit, mit der sie die Lösung finden, veranschaulicht die Leistungsfähigkeit des Unbewusstseins. Andere finden es möglicherweise notwendig, methodisch verschiedene Buchstabenkombinationen auszuprobieren. Das ist ein Beispiel für rationale Problemlösung. Sie mag bewusst und systematisch sein, aber da sie die begrenzten Ressourcen des präfrontalen Cortex nutzt, ist sie auch deutlich langsamer. (In der richtigen Reihenfolge bilden die Buchstaben übrigens das Wort GEHIRN.)

Kreative Erkenntnis

Der antike Gelehrte und Mathematiker Archimedes entwickelte eine Methode zur Beurteilung der Reinheit von Metallen, während er in der Badewanne lag. Wenn die Geschichte stimmt, war er so begeistert von seiner Entdeckung, dass er nackt durch die Straßen von Syrakus lief und »Heureka!« (»Ich habe es gefunden!«) schrie. Mehr als 2000 Jahre später kam das Wunderkind Philo Farnsworth beim methodischen Mähen der Wiesen auf der elterlichen Farm auf die Idee, Bilder Zeile für Zeile elektronisch zu übertragen – und wurde so zum Pionier des Fernsehens.[23] Wie die berühmte Geschichte von Archimedes und die weniger bekannte Geschichte von Philo Farnsworth zeigen, verdanken wir einige der größten Entdeckungen in der Geschichte der Menschheit einem kreativen Geistesblitz.

Die Anatomie kreativer Erkenntnisse

Dank einer Reihe wichtiger technischer Innovationen in den vergangenen 25 Jahren haben die Neurowissenschaftler mittlerweile eine ziemlich gute Vorstellung davon, wie wir zu kreativen Erkenntnissen gelangen. Normalerweise geschieht das in drei Phasen: 1) Sackgasse, 2) Augenblick der Erkenntnis und 3) Bestätigung.

Die Sackgasse

Wir alle kennen das Gefühl, in einer Sackgasse zu stecken. Wir müssen ein Problem lösen. Wir zerbrechen uns seit Stunden, vielleicht sogar seit Tagen den Kopf darüber, ohne eine Antwort zu finden. In diesen Situationen fährt das Gehirn normalerweise die großen Geschütze auf und greift auf die Regionen des präfrontalen Cortex zurück, um unsere kognitiven Fähigkeiten optimal zu nutzen.

Paradoxerweise wird das Problem umso schwerer lösbar, je mehr wir uns bewusst bemühen. (Wir kennen das alle aus dem Alltag: Beim »Auf-der-Zunge-Syndrom« wissen wir, dass wir die Antwort kennen, ohne sie jedoch artikulieren zu können.) Schließlich ist es kein reines Kalkulationsproblem. Wir addieren nicht die Zahlen in einer langen Spalte oder übersetzen einen unbekannten Text aus einer alten Sprache. Obwohl es uns in diesen Situationen oft schwerfällt, es zu begreifen, ist hier mehr oft weniger. Normalerweise ist unsere Fähigkeit zur intensiven Konzentration ein Vorteil. Aber in diesem Fall schränkt sie tatsächlich unsere Fähigkeit ein, jene Art von Zusammenhängen herzustellen, die zu kreativen Erkenntnissen führen.

Wie wir gesehen haben, sind wir für intensive Konzentration auf die drei Neurotransmitter Dopamin, Noradrenalin und insbesondere Acetylcholin angewiesen, damit wir alle irrelevanten Reize blockieren können. Aber was ist irrelevant, wenn es um Kreativität geht? Das ist der Haken. Leider ist dies ein Fall, in dem es dem präfrontalen Cortex tatsächlich *zu gut* gelingt, irrelevantes Material auszublenden. Mögliche Wege zur Lösung des Problems werden von vornherein versperrt. Tatsächlich geschieht das oft unbewusst, weshalb wir nicht einmal wissen,

---

* Lösung der Knobelaufgabe auf S. 164: D hat die Wahrheit gesagt. B ist der Täter.

dass es diese Optionen überhaupt gab. In dysfunktionalen Teams findet man oft lebende, atmende Verkörperungen des präfrontalen Cortex. Sie kennen den Typ: Es sind die Leute, die jedes Mal, wenn jemand einen unkonventionellen Vorschlag macht, reflexartig sagen: »Gute Güte! Wie soll das jemals funktionieren?!« Oft gelingt es ihnen, jede weitere Diskussion über die Anregung abzuwürgen. So gerät das kreative Denken in eine Sackgasse: Der präfrontale Cortex ist bei der Beseitigung von Ablenkungen, die möglicherweise gar keine sind, übermäßig streng.

Zur Messung der Gehirnaktivität, die zum Heureka-Moment führt, setzen die Neuropsychologen oft sogenannte Erkenntnisprobleme ein. Hier ein typisches Beispiel:

> *Rachel und Rebecca wurden am selben Tag im selben Monat desselben Jahrs geboren. Sie haben dieselbe Mutter und denselben Vater und sind doch keine Zwillinge. Wie ist das möglich?*

Im Allgemeinen finden weniger als 20 Prozent der Versuchspersonen, die mit derartigen Problemen konfrontiert werden, die Lösung. Aber jene, die das Rätsel lösen können, wissen oft auf Anhieb, dass ihre Antwort richtig ist.[24]

Wenn wir die Art von Tunnelblick, die das kreative Denken in eine Sackgasse führt, besser verstehen wollen, müssen wir uns nur die ersten drei Worte des Problems ansehen: »Rachel und Rebecca«. In einem gut gemeinten, aber fehlgeleiteten Versuch, den Problemlösungsprozess zu straffen, ist der präfrontale Cortex wahrscheinlich zu dem Schluss gelangt, dass die beiden Mädchen Zwillinge sind. Wenn wir am Ende des Problems ankommen und erfahren, dass sie *keine Zwillinge* sind, ist es zu spät: Der PFC kommt nicht mehr von dem Schluss los, den er vorher gezogen hat.

Die Sackgasse ist so bedeutsam, weil das Bewusstsein sie als Signal zur Kapitulation deutet. Der PFC sagt im Grunde: »Ich habe mir also all die Arbeit gemacht, um Ablenkungen auszublenden, und du hast das Problem immer noch nicht gelöst? Ich gehe ein Bier trinken. Kümmere dich selbst darum.«

Und damit löst der PFC, der bisher alle eingehenden Reize blockiert hat, die das Gehirn mit Ablenkungen bombardieren und seine Ressourcen in Anspruch nehmen konnten, seinen festen Griff: Plötzlich werden alle diese Reize hereingelassen. Es ist fast so, als hätten wir Ohrstöpsel und eine Augenbinde getragen, die nun plötzlich entfernt werden. Die Geräusche wirken intensiver, und das normale Licht im Zimmer zwingt uns zum Blinzeln. Wir können uns kaum noch von Dingen lösen, die wir zuvor ignoriert haben. Der PFC ist außer Dienst und trinkt ein Bier, weshalb jetzt die unbewussten Gehirnregionen die Stellung halten müssen.

Und an diesem Punkt geschieht etwas Magisches.

Der Augenblick der Erkenntnis

Die kreative Erkenntnis ist in einer direkt über dem Ohr angesiedelten Hirnregion angesiedelt, die als vorderer Gyrus temporalis superior bezeichnet wird und ein Teil des Temporallappens ist. Während es bei der Konzentration um Präzision geht, dreht sich bei der kreativen Erkenntnis alles darum, Verbindungen herzustellen.

Plötzlich wird uns klar, dass es sich bei Geschwistern, die am selben Tag desselben Monats im selben Jahr zur Welt kommen, nicht unbedingt um Zwillinge handeln muss. Rachel und Rebecca haben ein weiteres Geschwisterteil, das ebenfalls an diesem Tag geboren wurde. Sie sind keine Zwillinge. Sie sind Drillinge!

Einer der wichtigsten Indikatoren für einen unmittelbar bevorstehenden Augenblick der Erkenntnis sind stetige Alphawellen in der rechten Hemisphäre. Die Alphawellen sind ein Hinweis darauf, dass sich das Gehirn von zielorientierten und absichtlichen Gedanken löst und in einen Zustand der tiefen Entspannung eintritt.[25] Und sie scheinen visuelle Reize zu blockieren, die uns von der Problemlösung ablenken könnten.[26]

300 Millisekunden, bevor wir die Antwort finden, erreicht der Gammarhythmus im Gehirn einen Höhepunkt, die höchste elektrische Frequenz.[27] Es wird angenommen, dass die Gammawellen mit der Impulsweiterleitung zwischen den Neuronen zusammenhängen. Das Gehirn stellt buchstäblich die Zusammenhänge her.[28]

Ausschlaggebend ist, dass die mentalen Berechnungen, die zu kreativen Erkenntnissen führen, unbewusst sind. »Hätte Archimedes seine Gedanken in der Badewanne bewusst überwacht«, erklärt der Neurowissenschaftler Joydeep Bhattacharya vom Goldsmiths College der Universität London, »so hätte er nie ›Heureka‹ gerufen.«[29]

Die Bestätigung

Eines der eigentümlichen Elemente der kreativen Erkenntnis ist das sonderbare Gefühl der Gewissheit, das man hat, wenn man endlich die Lösung findet. Der präfrontale Cortex leuchtet in Anerkennung der korrekten Antwort auf, auch wenn wir nicht selbst zu dieser Antwort gelangt sind. Tatsächlich hat der PFC hinter unserem Rücken gearbeitet und heimlich jene Gehirnregionen eingebunden, die für die Lösung des Problems benötigt wurden. Er informiert uns erst darüber, nachdem diese Regionen die richtige Antwort gefunden haben. Zu dem Zeitpunkt, da uns die Lösung in einem Aha-Erlebnis bewusst wird, kann sie aufregend genug sein, um uns dazu zu bringen, nackt durch die Straßen von Syrakus zu laufen, aber für den PFC ist sie bereits keine Neuigkeit mehr.[30]

Bedingungen für die kreative Erkenntnis

Man kann die kreative Erkenntnis nicht bewusst auslösen, aber man kann durchaus einige Dinge tun, um günstige Voraussetzungen dafür zu schaffen. Bestimmte Bedingungen erleichtern Aha-Erlebnisse eher als andere. In unseren Seminaren haben wir das demonstriert, indem wir die Teilnehmer in zwei Gruppen unterteilten, denen wir dasselbe Rätsel vorlegten, das sie nur mit Kreativität lösen konnten.

Beide Gruppen erhielten sechs Bleistifte und wurden aufgefordert, einen Weg zu finden, um damit vier gleichseitige Dreiecke zu bilden. Anfangs scheint das Problem unlösbar, weil die Zahl der Stifte offenbar nicht ausreicht. Aber ob Sie es glauben oder nicht, es gibt eine sehr elegante Lösung für das Problem.

Stets an der Grenze zum Diabolischen, bereiteten wir die beiden Gruppen unterschiedlich vor. Die Teilnehmer wussten nicht, dass sich die jeweils andere Gruppe in einem etwas anderen Kontext bewegte, obwohl beide dasselbe Ziel verfolgten. Für die erste Gruppe versuchten wir eine Umgebung zu schaffen, die Aha-Erlebnisse begünstigt. Bei der zweiten taten wir das Gegenteil und versuchten Bedingungen zu erzeugen, die kreative Erkenntnisse verhindern.

Fünf geeignete Bedingungen für Aha-Erlebnisse

Wenn Sie mit einem Problem konfrontiert werden, dessen Lösung Kreativität erfordert, dann können verschiedene Faktoren die Chancen auf ein Aha-Erlebnis erhöhen.

1. **Sorgen Sie dafür, dass es Spaß macht.** Menschen haben normalerweise eher kreative Ideen, wenn sie heiter und vergnügt sind.
2. **Werfen Sie den Rahmen weg.** Suchen Sie nicht nur nach Lösungen, die den Rahmen sprengen, sondern werfen Sie ihn weg. Kreativität entfaltet sich stets dort am besten, wo es wenige Einschränkungen und Strukturen gibt.
3. **Schalten Sie in einen anderen Gang.** Nachdem Sie ein wenig an dem Problem gearbeitet haben, sollten Sie eine Pause machen und etwas vollkommen anderes tun, zum Beispiel singen oder trainieren. (Je alberner die Aktivität wirkt, desto besser. Siehe Punkt 1.) Sich ausschließlich auf ein Problem zu fixieren, kann die Kreativität beeinträchtigen, weil man auf diese Art das übrige Gehirn ausgrenzt, das bei der Problemlösung helfen könnte.
4. **Horchen Sie in sich hinein.** Achten Sie auf Ihre Gefühle und machen Sie sich Ihre innere Achtsamkeit bewusst. Dafür ist Stille ideal. Wenn Sie möchten, können Sie die Augen schließen. Das individuelle Gehirn hat das Heureka-Erlebnis. Eine solche Erkenntnis können Sie nicht haben, wenn Sie sich auf das konzentrieren, was andere Personen tun.
5. **Halten Sie Ihre Zunge im Zaum.** Warten Sie, bevor Sie verbalisieren. Das Sprechen hat keine messbaren Auswirkungen auf die analytische Problemlösung, aber es kann die Intuition stören, die für Aha-Erlebnisse erforderlich ist.[31] Natürlich sollten Sie Ihre tolle Idee irgendwann mit der Gruppe teilen, aber ein Übermaß an unausgegorenen Äußerungen kann die Inkubation kreativer Gedanken stören – und zwar nicht nur Ihrer eigenen, sondern auch der Gedanken Ihrer Kollegen. Bei Erkenntnisproblemen finden stille Gruppen in mehr als 60 Prozent der Fälle die Lösung, während verbale Problemlöser nur in etwas mehr als 30 Prozent der Fälle erfolgreich sind.

Fünf einfache Dinge, die man tun kann, um die Kreativität zu unterdrücken

Die folgenden Methoden sind nicht narrensicher, aber wenn Sie wirklich entschlossen sind, die Kreativität in Ihrem Team zu unterdrücken, sollten Ihnen diese Regeln helfen, die Wahrscheinlichkeit bahnbrechender Erkenntnisse drastisch zu verringern.

1. **Dämpfen Sie die Stimmung.** Schlechte Nachrichten, Schuldzuweisungen oder auch eine ungebremste Tirade sollten helfen, auf dem falschen Fuß zu beginnen.
2. **Erzeugen Sie sehr viel Stress.** Zum Glück gehen eine schlechte Stimmung und großer Stress oft Hand in Hand. Sollte Ihr Team missmutig, aber immer noch sonderbar entspannt wirken, so können Sie den Druck erhöhen, indem Sie den Anwesenden in Erinnerung rufen, dass ein Fehlschlag inakzeptabel ist. Und setzen Sie den Leuten eine unvernünftig kurze Frist.
3. **Befolgen Sie strikte Leitlinien.** Eine strukturelle Zwangsjacke sollte helfen, jede kreative Regung zu unterdrücken. Entwickeln Sie ein Skript und halten Sie sich daran!
4. **Sorgen Sie dafür, dass alle Beteiligten konzentriert bleiben.** Entfernen Sie alles aus dem Sitzungsraum, was irrelevant oder vergnüglich scheint, und ermahnen Sie die Teilnehmer, jederzeit aufmerksam zu sein.
5. **Fördern Sie das Chaos und lassen Sie die Teilnehmer durcheinander reden.** Schweigen mag Gold sein, aber das gilt nicht, wenn es Ihr Ziel ist, kreative Impulse zu torpedieren. Ermutigen Sie Geplauder und bestehen Sie darauf, dass alle Gedanken ausgesprochen werden.

Diese beiden Listen zogen wir insgeheim als Leitlinien heran und bildeten eine Teilnehmergruppe, bei der wir die fünf Methoden zur Förderung der Kreativität anwendeten, und eine zweite, in der wir Techniken einsetzten, um kreative Erkenntnisse gezielt zu unterdrücken. Die Resultate zeigten den Teilnehmern in beiden Gruppen ein ums andere Mal, wie sehr man die Kreativität beeinflussen kann.

Es gibt klare Schritte, die man unternehmen kann, um die Chancen auf kreative Erkenntnis zu erhöhen. Selbstverständlich kommt Kreativität nicht immer als plötzliche Eingebung. Menschen in den verschiedensten Berufen schaffen es, kreativ zu denken, ohne auf den inspirierenden Geistesblitz zu warten.

Die kreative Verknüpfung

Als der schweizerische Erfinder George de Mestral mit lästigen kleinen Kletten übersät von einem Jagdausflug in den Bergen zurückkehrte, fragte er sich, ob das Prinzip, das bewirkte, dass die Kletten so fest an seiner Kleidung hafteten, vielleicht für einen Verschluss genutzt werden konnte, der ohne Knöpfe, Schnallen oder Reißverschlüsse auskam. Das Resultat seiner kreativen Neugierde war der Klettverschluss. De Mestrals Idee hatte ihren Ursprung in seiner Fähigkeit, über das Offenkundige hinauszublicken und Zusammenhänge herzustellen, die den meisten Wanderern entgangen waren.

Während kreative Erkenntnisse die Fähigkeit des Unbewussten nutzen, um ein bestimmtes Problem zu lösen, zeichnet sich Kreativität durch die Offenheit für Optionen in alle Richtungen und durch die Fähigkeit aus, auf das Unbewusstsein zuzugreifen, um innovative Verknüpfungen und Assoziationen herzustellen und Entdeckungen zu machen, die uns andernfalls möglicherweise nicht in den Sinn gekommen wären.

Da fällt mir ein: Wie Kreativität funktioniert

Kreative Menschen besitzen eine besonders ausgeprägte Fähigkeit zu dem, was als abweichendes Denken bezeichnet wird: Sie sind in der Lage, auf eine offene Frage zahlreiche Antworten zu finden. Dieser Verknüpfungsprozess findet im Assoziationscortex statt, wo die vom Gehirn aufgenommene Information verarbeitet wird, um einer Vielzahl von inneren und äußeren Stimuli einen Sinn abzugewinnen.[32] Die Aktivität im Assoziationscortex ist am größten, wenn das Standardnetzwerk (das narrative Netzwerk) dominant ist (siehe Kapitel 3), was erklärt, warum wir typischerweise am kreativsten sind, wenn wir zulassen, dass unsere Gedanken abschweifen.

»Ich weiß. Du bist bei der Arbeit.«

Als er noch ein Teenager war, saß ein uns bekannter Schriftsteller oft reglos auf einem Sessel im Wohnzimmer, starrte ins Leere und brütete scheinbar vor sich hin. Wenn seine Mutter vorbeiging, sagte sie sanft: »Ich weiß. Du bist bei der Arbeit.«

Vielleicht war sie verständnisvoller, weil der Vater unseres Freundes ebenfalls ein Schriftsteller war. Wie sich herausstellte, hatte sie vollkommen Recht. Unser Freund stand vor einer kreativen Aufgabe und war in eine Sackgasse geraten.

Kreativität ist etwas anderes als Würste zu machen oder Holz zu fällen. Die Kurbel des Fleischwolfs noch schneller zu drehen oder die Axt mit noch größerer Verve zu schwingen, wird die Produktion kaum erhöhen. Anhand des Neuroimaging haben Psychologen bestätigt, was Künstler und Wissenschaftler seit langem vermuteten: Kreativität hängt ebenso sehr vom Unbewusstsein ab wie vom Bewusstsein. Deshalb erfordert sie eine Auszeit des Bewusstseins.

Zu beachten ist, dass wir von einer Auszeit des bewussten Verstands sprechen. Auszeit bedeutet nicht, dass das Gehirn aufhört zu arbeiten. Es bedeutet nur, dass man sich dieser Arbeit nicht länger bewusst ist. Im Normalfall erfordert das, dass die bewusste Aufmerksamkeit von der aktuellen Aufgabe weggelenkt wird, damit sich das Unbewusstsein ungestört damit beschäftigen kann. Wenn wir eine klare Aufgabe haben, wenn es bestimmte Anweisungen zu befolgen gilt, wenn wir einen Berg zu besteigen haben oder ein Buch oder einen Zeitschriftenartikel fertiglesen müssen, besteht die beste Vorgehensweise darin, sich vollkommen darauf zu konzentrieren. Aber wenn das Problem oder die Aufgabe kreativer Natur ist, ist es oft die schlechteste Vorgehensweise, sich darauf zu konzentrieren.

Konzentration auf Kreativität ist ein Widerspruch in sich. Während Konzentration bedeutet, sämtliche Informationen mit Ausnahme der wirklich relevanten auszublenden, besteht der Zweck der Kreativität darin, anhand von Information, die auf den ersten Blick irrelevant scheinen mag, einzigartige Verknüpfungen herzustellen. Wenn wir kreativ denken, stellen wir das Objektiv nicht scharf. Wir stellen es unscharf.

Unsere Instinkte leisten uns seit jeher gute Dienste. Und wie wissenschaftliche Studien gezeigt haben, sind Expertenintuition, kreative Erkenntnis und Kreativität im Allgemeinen das Produkt unseres leistungsfähigen unbewussten Gehirns.

Der Einsatzleiter der Feuerwehr, der seine Kameraden wenige Sekunden bevor der Boden einstürzte aus dem brennenden Haus holte, erklärte sich seine Entscheidung so, aber er blickte nicht in die Zukunft. Er stützte sich auf die Expertenintuition.[33] Die Hitze in dem Wohnzimmer, die vergleichsweise geringe Lautstärke der Flammen und die Unempfänglichkeit des Feuers für Wasser widersprachen alle der Annahme, dass es sich um einen Küchenbrand handelte. Der Grund dafür war einfach, dass es nicht in der Küche brannte: Das Feuer stieg aus dem Keller auf. Deshalb war es so heiß im Wohnzimmer, deshalb schien das Feuer leiser als gewohnt. Und da die Flammen, die durch die Küche aufstiegen, lediglich die Spitze des Feuers waren, konnte das Wasser wenig gegen sie ausrichten.[34]

All dieser Details war sich der Einsatzleiter nicht bewusst. Aber dank jahrelanger Erfahrung in der Brandbekämpfung hatte er das deutliche Gefühl, dass hier etwas nicht stimmte. Und wie sich herausstellte, hatte er Recht.[35]

Es hat nichts mit Zufall oder Glück zu tun, wenn man dank der Intuition zu einer Entscheidung gelangt oder ein Problem durch kreative Erkenntnis löst. Obwohl das Unbewusstsein schnell arbeitet und leistungsfähig ist, müssen wir erst unsere Hausaufgaben machen. Wie Louis Pasteur einmal sagte: »Der Zufall begünstigt nur den vorbereiteten Verstand.«

Um im entscheidenden Moment vorbereitet zu sein, müssen wir Dinge lernen. Es ist kein Zufall, dass das Lernen das Thema des nächsten Kapitels ist.

Kapitel 5 auf einen Blick

Kernaussagen aus »Das Unbewusstsein von der Leine lassen«

Das Unbewusste gibt den Ton an. Selbst wenn wir eine scheinbar bewusste Entscheidung fällen, hat der unbewusste Verstand den größten Anteil daran.

Das Unbewusstsein von der Leine lassen. Wenn Zeit und Information beschränkt sind, fällen Experten oft bessere Entscheidungen. Die strikten Beschränkungen zwingen das Gehirn, die Leistung, Geschwindigkeit und Rechenkapazität der Basalganglien zu nutzen, wo die erworbenen Kenntnisse gespeichert sind.

Vertraut uns. Wir sind Experten! Weil sie sich auf die stärkeren, schnelleren Basalganglien stützen, sind intuitive Entscheidungen von Experten den auf bewusster Berechnung beruhenden rationalen Schlussfolgerungen oft überlegen.

Anfänger brauchen mehr Zeit. Anders als Experten brauchen weniger erfahrene Führungskräfte im Normalfall mehr Zeit und Information und sind für einen Großteil der Verarbeitung auf den langsameren präfrontalen Cortex mit seiner geringeren Kapazität angewiesen.

Man darf Experten nicht zwingen, ihre Entscheidungen zu erklären. Da Experten ihre besten Entscheidungen oft unbewusst fällen, kann es ihnen schwerfallen zu erklären, wie sie zu einem Ergebnis gelangt sind. Wenn man einen Experten zwingt, eine intuitive Entscheidung nachträglich zu rechtfertigen, kann das zur Folge haben, dass er zögert und zu zweifeln beginnt, was seine Überzeugung von der Richtigkeit der Entscheidung untergraben kann.

Der analytische Zugang. Um optimale Bedingungen für die rationale Verarbeitung zu schaffen, sollte man einen ruhigen Winkel finden, die Ablenkungen auf ein Mindestmaß verringern und sich auf das Problem konzentrieren, um es Schritt für Schritt logisch zu lösen.

Geeignete Bedingungen für ein Aha-Erlebnis. Wenn es sich um ein kreatives Problem handelt, können die Stimmung, das Maß an Konzentration und die Atmosphäre in der Umgebung dazu beitragen, ein plötzliches Aufblitzen der kreativen Erkenntnis auszulösen.

Lächle, und vielleicht ergibt es sich. Forschungsergebnisse deuten darauf hin, dass eine heitere Gemütsverfassung die Wahrscheinlichkeit eines Aha-Erlebnisses erhöht. Wenn Sie vor einer kreativen Vexierfrage stehen, sollten Sie daher darauf achten, dass Sie oder Ihr Problemlösungsteam in einer guten Stimmung sind.

Kapitel 6
Das Lernen fördern

Mag sein, dass man »einem alten Hund keine neuen Tricks beibringen kann«. Andererseits sind wir keine Hunde.

Auf der Rückfahrt von Mexiko in seinen Heimatort in Kalifornien hatte der dreißigjährige David einen furchtbaren Autounfall. Er erlitt schwere Verletzungen und lag fünf Wochen im Koma. Er hatte den rechten Arm verloren und ein schweres Schädeltrauma erlitten, aber als er endlich aus dem Koma erwachte, stellten seine Eltern erleichtert fest, dass nichts auf eine Beeinträchtigung seiner geistigen Fähigkeiten hindeutete. Obendrein sahen die Ärzte keine sichtbaren Hinweise auf eine Psychose oder eine andere emotionale Störung.

Keine *sichtbaren* Hinweise.

Nach kurzer Zeit mussten Davids Eltern zu ihrem Entsetzen feststellen, dass er sie nicht wiedererkannte. Es war nicht so, dass er nicht wusste, wie seine Eltern aussahen. Er wusste *genau*, wie sie aussahen. Nur war er überzeugt, dass die beiden Personen, die behaupteten, seine Eltern zu sein, lediglich zwei gerissene Hochstapler seien. »Er sieht genau wie mein Vater aus, aber er ist es nicht«,[1] sagte er zu einem Arzt. Er erklärte, der Mann, der sich als sein Vater ausgebe, sei nett – aber sein Vater sei er nicht.

Die Frau, die darauf bestand, Davids Mutter zu sein, befand sich in der gleichen traurigen Lage. Als sie ihm eines Abends ein Essen vorsetzte, das ihm nicht schmeckte, sagte David zu ihr: »Die Frau, die morgens kommt, kocht sehr viel besser als Sie.« Natürlich waren die Frau, die dieses wenig schmackhafte Essen für ihn gekocht hatte, und die bessere Köchin, die er am Morgen im Haus angetroffen hatte, ein und dieselbe Person.[2]

Nachdem sie das quälende Verhalten ihres Sohns zwei Monate lang ertragen hatten, wandten sich Davids Eltern um Hilfe an den weltweit anerkannten Neurowissenschaftler V. S. Ramachandran.

Ramachandran stellte rasch fest, dass Davids sonderbares Verhalten auf eine Störung namens Capgras-Syndrom zurückzuführen war, benannt nach dem französischen Psychiater Joseph Capgras, der es im Jahr 1923 erstmals beschrieben hatte. Kennzeichnend für das Capgras-Syndrom ist eine »wahnhafte Fehlidentifizierung«.[3] Diese seltene Störung geht zumeist mit einer paranoiden Schizophrenie einher, aber sie tritt auch bei Patienten auf, die ein Schädeltrauma erlitten haben oder an Demenz leiden. Anfangs stufte Capgras das Syndrom als ödipale Störung ein, was vermutlich damit zu tun hatte, dass er Psychiater war. Nach Maßgabe der zu jener Zeit vorherrschenden freudschen Theorie glaubte Capgras, ein Patient könne versuchen, den intensiven Leidensdruck infolge einer sexuellen Anziehung der Mutter zu verringern, indem er beide Eltern als Hochstapler betrachtete.

Als Neurowissenschaftler war Ramachandran verständlicherweise skeptisch gegenüber dieser psychiatrischen Interpretation. Er verwies auf dokumentierte Fälle, in denen Capgras-Patienten glaubten, sogar der Hund der Familie sei durch einen Doppelgänger ersetzt worden. Für ihn war klar, dass die Ursache anderswo zu suchen war.

Es gab noch ein weiteres Detail in der Geschichte, das einen ohnehin sonderbaren Fall noch sonderbarer machte: Einmal ging David ans Telefon, als sein Vater daheim anrief. Obwohl David immer noch fest davon überzeugt war, mit Doppelgängern seiner Eltern zusammenzuleben, glaubte er auf Anhieb, dass die Person am anderen Ende der Leitung sein Vater war. Woran lag es, dass der junge Mann die Echtheit seines Vaters am Telefon anerkannte, aber unfähig dazu war, wenn er ihm persönlich gegenüberstand?

Die Lösung für Davids Geheimnis liefert auch die Antwort auf die Frage, warum wir uns an manche Dinge erinnern und an andere nicht, und gibt Hinweise darauf, wie wir die Wahrscheinlichkeit erhöhen können, dass wir das, was wir lernen, dauerhaft behalten werden.

Unsere formbaren Gehirne

Früher glaubten die meisten Leute, darunter sogar Neurowissenschaftler, die Fähigkeit zu lernen sei auf die Jugend beschränkt und die Struktur des Gehirns stehe im Wesentlichen fest, wenn ein Mensch erwachsen werde. Die beliebte Redensart »Was Hänschen nicht lernt, lernt Hans nimmermehr« hat ebenso zur Verfestigung dieser falschen Vorstellung beigetragen wie zahllose Erfahrungen von Menschen, die sich erfolglos bemüht haben, zu einem späteren Zeitpunkt im Leben eine Fremdsprache zu erlernen, oder als Erwachsene an die Universität zurückkehrten, nur um festzustellen, dass ihnen das Lernen jetzt sehr viel schwerer fiel als früher.

Doch die Erkenntnisse der Neurowissenschaft widerlegen die alte Redensart und die anekdotischen Belege. Die Forschung hat bewiesen, dass es durchaus möglich ist, das ganze Leben lang zu lernen. Dieses Konzept wird als Neuroplastizität bezeichnet.

Anstatt sich in der Jugend zu verfestigen, haben unsere neuronalen Netze das Potenzial zu ständiger Neuverkabelung im Lauf des Lebens. Die Neuroplastizität kann die Struktur des Gehirns physisch verändern und den Umfang bestimmter Hirnregionen sowie die Geschwindigkeit der Kommunikation zwischen diesen Regionen erhöhen.

Eine der spektakulärsten Demonstrationen der Neuroplastizität hat mit Taxis, Bussen und einer der bekanntesten Städte der Welt zu tun.

Taxi!

Sich in London zurechtzufinden, ist nicht leicht. Wie der Komiker Dave Barry einmal erklärte: »Keine Straße verläuft jemals mehr als 30 Meter in derselben Richtung oder behält denselben Namen. Nach dieser Strecke biegt sie unter einem neuen Namen in eine andere Richtung ab und eignet sich eine vollkommen neue Identität an.«[4] Anders als Washington, das einem sorgfältig entworfenen Plan folgend errichtet wurde, wuchs London über viele Jahrhunderte hinweg, breitete sich stetig aus und verschlang dabei wie ein geographischer Godzilla ahnungslose Dörfer und Ortschaften. Kein Wunder, dass der Grundriss dieser Metropole weder

Hand noch Fuß hat. Zwar wurde von Zeit zu Zeit eine Innovation wie der sadistische Kreisverkehr eingeführt, der ahnungslose Verkehrsteilnehmer so lange an der Nase herumführt, bis sie vollkommen die Orientierung verlieren.

London und seine 25 000 Straßen sind der Albtraum jedes Navigators und bieten sich als ideales Labor an, um die außergewöhnliche Wandlungsfähigkeit des menschlichen Gehirns zu demonstrieren. Wissenschaftler nahmen sich dieser Aufgabe an und scannten die Gehirne von Londoner Taxifahrern. Anschließend taten sie dasselbe mit Busfahrern der öffentlichen Verkehrsbetriebe. Zwei Jahre später scannten sie die Gehirne beider Gruppen erneut. Beim Vergleich der Aufnahmen machten sie eine faszinierende Entdeckung: Bei sämtlichen Taxifahrern war der hintere Hippocampus, eine am räumlichen Lernen beteiligte Region, gewachsen, während bei den Busfahrern keine vergleichbare Veränderung zu beobachten war. Wie war der Unterschied zu erklären? Anders als die Busfahrer, die tagein, tagaus dieselbe Strecke zurücklegten, mussten die Taxifahrer unentwegt durch neue Winkel der verrückten Geographie der Metropole navigieren. Die Herausforderung, sich in der Stadt zurechtzufinden, führte zur Erzeugung zusätzlicher Neuronen. Ihre Gehirne wuchsen buchstäblich, um die neue Information aufnehmen zu können.[5]

Aus dieser Studie können verblüffende Schlüsse gezogen werden. Und die Ergebnisse gelten zweifellos nicht nur für Einwohner Londons oder für Menschen, die ihre Tage am Steuer eines Taxis verbringen. Die Studie über die Londoner Taxifahrer zeigt, dass wir bis weit ins Erwachsenenalter hinein neue Fähigkeiten erwerben können und dass die gemeinhin als graue Masse bezeichneten kognitiven Regionen unseres Gehirns weiterwachsen, um das zu ermöglichen. Das lebenslange Lernen ist nicht einfach ein Slogan. Es ist eine faszinierende Realität.

Das lebenslange Lernen ist nicht einfach ein Slogan, sondern eine faszinierende Realität.

Darüber hinaus ist die Fähigkeit des Gehirns zur Veränderung nicht auf die graue Masse beschränkt, die nur etwa die Hälfte des Gehirns ausmacht. Während die graue Masse für das Denken, für Berechnungen, für die Entscheidungsfindung und vor allem für unser Gedächtnis verantwortlich ist, stellt die weiße Masse die unverzichtbaren Verbindungen im Gehirn her. Wenn wir uns die graue Masse als die Computer des Gehirns vorstellen, so können wir die weiße Masse als das Netzwerk denken, das die Rechner miteinander verbindet. Das Wachstum der weißen Masse kann man mit dem Austausch eines alten Einwählmodems durch einen Anschluss an das Glasfasernetz vergleichen. Wenn die weiße Masse dichter wird, beschleunigt sich die Kommunikation zwischen den Neuronen.

Bei Menschen, die neue Fähigkeiten erwerben, darunter alles vom Jonglieren über die Meditation bis zu Gesellschaftstänzen, wird mit wachsendem Können die weiße Masse dichter. Mit anderen Worten, die Kommunikation zwischen den Schlüsselregionen des Gehirns wird reibungsloser und schneller.

In einer an der Universität Oxford durchgeführten Studie stellte sich heraus, dass bei Personen, die jonglieren lernten, die Konnektivität in jenen Teilen des Gehirns verbessert wurde, die – welche Überraschung – benötigt werden, um die Bälle zu fangen.[6] Nach sechswöchigem Training hatte bei den Jongleuren die weiße Masse im Parietallappen zugenommen, jener Region, die für die Hand-Auge-Koordination genutzt wird.[7] Bemerkenswert ist, dass bei *allen* Studienteilnehmern unabhängig von ihrem Können die weiße Masse dichter geworden war.[8] Tatsächlich war die vorteilhafte Entwicklung des Gehirns nicht auf das Jonglieren an sich, sondern darauf zurückzuführen, dass diese Personen etwas Neues lernten. Wie Arne May von der Universität Hamburg, der Autor früherer Studien über das Jonglieren, im Gespräch mit der Zeitschrift *New Scientist* erklärte: »Das deutet darauf hin, dass das Erlernen einer Fähigkeit wichtiger ist als die Anwendung einer Fähigkeit, die man bereits beherrscht – das Gehirn will verwirrt werden und etwas Neues lernen.«[9]

Wenn wir eine Aktivität ausüben, die erfordert, dass bestimmte Neuronen gemeinsam feuern, setzen sie ein Protein frei, das als Wachstumsfaktor BDNF *(brain-derived neurotrophic factor)* bezeichnet wird und dabei hilft, diese Neuronen zu konsolidieren, damit sie in Zukunft gemeinsam feuern. BDNF aktiviert den Nucleus basalis, der Acetylcholin produziert. Acetylcholin, das A in unserer DNA der Höchstleistung, ist für eine intensivere Konzentration erforderlich und regt das Wachstum der Myelinscheide an, einer dünnen Fettschicht, die jedes Neuron umhüllt. Das Myelin ist eine Art von kognitivem Bratfett, ein fettiges Material, das die Neuronen wie ein Schmiermittel überzieht und die Verbindung zwischen ihnen effizienter und schneller macht.[10] Kurz gesagt, es ist der Stoff, der die weiße Masse weiß macht.

So unglaublich es klingen mag, die Neuroplastizität ermöglicht es sogar, körperliche Fähigkeiten zu entwickeln, indem man sich eine Aktivität nur vorstellt, anstatt ihr tatsächlich nachzugehen. In mehreren Studien zeigte sich, dass mentale Übung dieselben Veränderungen an der Verkabelung des Motorsystems des Gehirns bewirkte wie körperliche Übung.[11] Die Luftgitarre, die Sie seit der Schule spielen, hat Ihnen möglicherweise tatsächlich geholfen, Ihr Gitarrenspiel zu verbessen.

Im bekanntesten einschlägigen Experiment lernten Versuchspersonen, auf einem Keyboard eine einfache Melodie zu spielen. Die Teilnehmer wurden in zwei Gruppen unterteilt. Eine übte die Melodie fünf Tage lang zwei Stunden täglich, während die Mitglieder der anderen Gruppe ebenso lange vor dem Keyboard saßen, sich jedoch nur *vorstellten*, die Melodie zu spielen. Verblüffenderweise waren bei beiden Gruppen identische Veränderungen im Gehirn zu beobachten.[12] Als sie aufgefordert wurden, das Stück vorzuspielen, hatten die Versuchsteilnehmer, die tatsächlich auf dem Keyboard gespielt hatten, einen kleinen Vorteil, aber die Gruppe, die lediglich im Geist geübt hatte, brauchte nur eine einzige zweistündige Übungssitzung am Keyboard, um in der Praxis dasselbe Niveau zu erreichen.[13]

In einer weiteren Studie, die Bewegungsmuffel zu Freudensprüngen bewegen dürfte (sofern ihnen nicht auch das zu anstrengend ist), erhöhten Studienteilnehmer, die vier Wochen lang körperlich trainierten, ihre Muskelkraft um 30 Prozent, während jene, die dieselben Übungen lediglich *im Geist* machten, im selben Zeitraum 22 Prozent an Kraft zulegten. Wenn wir uns eine Übung lebhaft vorstellen, werden die Neuronen, die für die Bewegungsanweisungen zuständig sind, aktiviert und gestärkt, was wiederum die Muskeln stärkt, als würden sie tatsächlich angespannt werden.[14]

Die Übung üben

Übung vervollkommnet, und durch Übung vervollkommnet man die Übung. So wie die Übung einer bestimmten Aktivität unsere Fähigkeiten in dieser Aktivität verbessert, erhöht das stetige Lernen unsere Fähigkeit zu lernen. Michael Merzenich, ein Pionier auf dem Gebiet der Neuroplastizität, erklärt, dass das Lernen die Struktur des Gehirns verändert – und dabei unsere Lernfähigkeit weiter erhöht.[15] Mit anderen Worten: Zu lernen, wie man lernt, ist an sich eine Fähigkeit, die den Weg zu erfolgreicherem Lernen auf verschiedensten Gebieten ebnen kann.

Wenn wir wissen, wie unser Gehirn Wissen erwirbt, und Strategien entwickelt haben, um dieses Verständnis zu nutzen – die Psychologen bezeichnen das als metakognitive Aufmerksamkeit –, verfügen wir über wirksame Werkzeuge und Techniken, die das Lernen in Zukunft erleichtern und lohnender machen sollten.[16]

Außerdem haben Sie hier noch einen weiteren Grund dafür, auf das Multitasking zu verzichten (siehe Kapitel 3), sofern Sie noch einen gebraucht haben. Merzenich hat entdeckt, dass gezielte Aufmerksamkeit absolut unverzichtbar ist, um die Vernetzung des Gehirns langfristig zu ändern. Als Affen in einer Studie Aufgaben automatisch ausführten – ohne ihnen Aufmerksamkeit zu schenken –, stellten sie neue Verknüpfungen im Gehirn her, die jedoch nicht von Dauer waren.[17] Die dauerhafte Neuroplastizität hängt von dem mittlerweile vertrauten Trio ab, das die DNA der Höchstleistung bildet: Dopamin, Noradrenalin und Acetylcholin. Während uns Noradrenalin aufmerksam hält, führen die mit dem Lernen verbundenen Belohnungen zur Freisetzung von Dopamin und Acetylcholin, die dazu beitragen, dass die Verknüpfungen langfristig Bestand haben.[18]

Selbstverständlich hat die Neuroplastizität auch ihre Schattenseiten. Schlechte Gewohnheiten können das Gehirn genauso leicht verändern wie gute. Deshalb ist ein guter Start wichtig, wenn man sich an einem neuen Sport versucht oder neue Information erwirbt.

Eins nach dem anderen

Sie denken darüber nach, Golf spielen zu lernen? Wenn ja, so ist es ratsam, von Anfang an Stunden zu nehmen, anstatt es erst einmal auszuprobieren und ein paarmal ohne Lehrer zu versuchen, den Ball zu treffen. Sich Gelerntes wieder abzugewöhnen ist mindestens genauso schwierig und wahrscheinlich sogar schwieriger, als etwas Neues zu erlernen. Jeder, der eine schlechte Angewohnheit hat, weiß das aus eigener Erfahrung.

Schlechte Gewohnheiten stellen neue Verknüpfungen im Gehirn her, wodurch es immer schwerer wird, sie wieder abzulegen. Diese Tatsache unterstreicht nicht nur, dass es vorteilhaft ist, einen Golflehrer zu engagieren, sondern sie verdeutlicht auch, wie wertvoll die Früherziehung ist.[19] Hat man etwas einmal falsch geübt und die falsche Vorgehensweise in den Basalganglien gespeichert (mehr zu Gewohnheiten in Kapitel 4), so kann es sehr schwer sein, sich ihrer wieder zu entledigen. Diesen kleinen Ruck im Schwung oder diesen unorthodoxen Griff, den man sich angewöhnt hat, als man noch experimentierte, wird man schwer wieder los.

Die Hartnäckigkeit, mit der sich die erste Lernerfahrung hält, ist eine Erklärung dafür, dass sich viele prominente Unternehmen (darunter HP, IBM und McKinsey) ihre Nachwuchsmitarbeiter direkt an den Universitäten suchen, damit das Erste, was die neuen Mitarbeiter in der Berufswelt lernen, die eigentümliche Arbeitsweise ihrer Organisation ist. Erste Erfahrungen haben den zusätzlichen Vorteil der Neuheit, welche die Ausschüttung von Dopamin anregt, was zur Folge hat, dass die Erinnerung an diese anfängliche Erfahrung, ob sie nun gut oder schlecht ist, noch fester verankert wird und schwerer wieder zu beseitigen ist.[20] Gelerntes wieder zu verlernen ist schwierig, aber nicht unmöglich. Man braucht allerdings die richtige Methode dafür.

Oxytocin und Verlernen

Das Verlernen ist nicht einfach umgekehrtes Lernen. Die beiden Prozesse gehen mit unterschiedlichen chemischen Vorgängen einher. Wenn wir etwas Neues lernen, feuern Neuronen zusammen und bilden stabilere Pfade. Dabei findet auf neuronaler Ebene ein chemischer Prozess statt, der als »Langzeitpotenzierung« bezeichnet wird und diese Stabilisierung fördert.[21]

Wenn das Gehirn Assoziationen *verlernt* und den Kontakt zwischen Neuronen schwächt, findet ein anderer chemischer Prozess statt, der als »Langzeitdepression« bezeichnet wird (und nichts mit einer psychischen Depression zu tun hat). Das Verlernen und die Abschwächung der Signalübertragung zwischen Neuronen ist ein ebenso plastischer – und ebenso wichtiger – Prozess wie das Lernen und die Stärkung der Signalübertragung. Anscheinend ist das Verlernen bestehender Erinnerungen notwendig, um Platz für neue Erinnerungen in unseren neuronalen Netzen zu schaffen. Würden wir nur Verbindungen stärken, ohne andere zu schwächen, so würden diese Netze schließlich überlastet.[22]

Aber wie nehmen wir das Verlernen in Angriff? Überraschenderweise deuten die einschlägigen wissenschaftlichen Erkenntnisse darauf hin, dass das berühmte »Kuschelhormon« Oxytocin (siehe Kapitel 2 und 8) Einfluss auf unsere Fähigkeit hat, alte Information auszusondern. Oxytocin wird im Hypothalamus produziert und in den Blutkreislauf ausgeschüttet.

Der Biologe und Neurowissenschaftler Walter J. Freeman hat herausgefunden, dass Mutterschafe bei der Geburt eines Lamms Oxytocin freisetzen. Wird die Freisetzung des Hormons blockiert, so stellen sie keine Bindung zu ihrem Nachwuchs her. Und jetzt wird es wirklich interessant: Beim ersten Wurf setzt ein Schaf kein Oxytocin frei. Der Neuromodulator entfaltet erst beim zweiten und allen folgenden Würfen seine Wirkung. Doch das Mutterschaf hat anscheinend kein Problem, eine Bindung zu den Lämmern aus seinem ersten Wurf herzustellen. Daraus können wir schließen, dass das Oxytocin alte Bindungen löscht, um Platz für neue zu schaffen. Anstatt einfach *neu* erlerntes Verhalten zu fördern, hilft Oxytocin dabei, *altes* erlerntes Verhalten zu vergessen.[23]

Die Rolle von Oxytocin beim Lernen und Verlernen scheint übrigens nicht auf Lämmer beschränkt zu sein. Wenn Sie sich schon einmal mit einem/einer neuen romantischen Partner/-in zusammengetan und festgestellt haben, dass Sie dadurch einen vollkommen neuen Geschmack in Musik, Kleidung, Politik und vielleicht sogar Freundschaften entwickelt haben – was bei Ihren Freunden möglicherweise Entsetzen, Spott oder Verwirrung auslöste –, kennen Sie dieses Phänomen aus eigener Erfahrung. Allem Anschein nach macht Oxytocin unsere neuronalen Pfade formbarer, was uns in die Lage versetzt, leichter zu lernen – und zu verlernen – als unter normalen Bedingungen. Wir sind leichter zu beeindrucken, was zur Folge hat, dass uns Veränderungen leichter fallen.

Es ist schwer, alte Gewohnheiten abzulegen, aber alte Fähigkeiten gehen schnell verloren.

Es ist schwer, alte Gewohnheiten abzulegen, aber alte Fähigkeiten gehen schnell verloren. Eine weitere Schattenseite der Neuroplastizität ist, dass das Gehirn unentwegt auf der Suche nach ungenutzten oder vernachlässigten Nervenzellen ist, die es für eine neue Aufgabe einspannen kann. Die Fähigkeiten in unserem Gehirn sind wie Hausbesetzer: Wenn sie leerstehende Immobilien entdecken, übernehmen sie diese. Wenn wir aufhören, mit dem Basketball Korbwürfe zu üben oder die Fremdsprache zu üben, die wir in der Schule erlernt haben, steht bereits eine andere Funktion bereit, um das vakante Areal zu übernehmen und für ihre Zwecke zu nutzen.[24] Wir sagen in einem solchen Fall oft, wir seien »eingerostet«. Die Kognitionswissenschaftler ziehen den Terminus der kompetitiven Neuroplastizität vor. Wie der Großteil unseres Körpers hält sich auch das Gehirn an das Motto »Wer rastet, der rostet«: Wenn wir eine Fähigkeit bewahren wollen, müssen wir sie pflegen.

Ähnlich wie eine Person, die sich langweilt und verzweifelt auf der Suche nach einer neuen Beschäftigung ist, finden ungenutzte Nervenzellen normalerweise einen anderen Zweck, und zwar oft sehr schnell. Nancy Kanwisher, eine Professorin und Forscherin am MIT, erklärt: »Neuronen scheinen regelrecht nach Reizen zu verlangen.«[25]

Diese Tendenz des Gehirns zu opportunistischem Verhalten erweist sich oft als nützlich. Wenn ein Mensch erblindet, verkümmert der Occipitallappen, jener Teil des Gehirns, der die visuellen Reize verarbeitet, nicht einfach. Stattdessen wird er von Schaltkreisen kolonisiert, die der Verarbeitung von Klängen dienen. Es ist also kein Zufall, dass sehbehinderte Menschen oft ein empfindlicheres Gehör sowie außergewöhnliche taktile Fähigkeiten entwickeln, die sie zum Beispiel brauchen, um die Brailleschrift entziffern zu können. Diese Anpassung hat ihr formbares Gehirn vorgenommen.[26]

Alte Fähigkeiten wecken

Obwohl wir in der Vergangenheit erworbene Fähigkeiten im Lauf der Zeit vergessen, wenn wir sie nicht pflegen, gehen sie nicht verloren. Die neuronalen Pfade sind immer noch da – nur nehmen sie jetzt sehr viel weniger Raum ein und verbrauchen deutlich weniger Ressourcen.

Diese stillgelegten neuronalen Pfade haben eine gewisse Ähnlichkeit mit dem großen knallbunten Fitnessball, den Sie vor langer Zeit mit Begeisterung für alles Mögliche von Liegestützen bis zum Sitzen am Schreibtisch verwendeten. Irgendwann verloren Sie das Interesse daran; vielleicht liegt er jetzt platt in einem Regal in der Abstellkammer oder in der Garage, wo er weniger Platz einnimmt. Aber sollten Sie sich entschließen, wieder einen Fitnessball zu verwenden, müssen Sie keinen neuen kaufen gehen. Sie müssen nur den alten aus dem Regal holen und aufblasen, und er ist im Nu so gut wie neu.

Vor langer Zeit angelegte, aber selten genutzte neuronale Pfade sind natürlich weder knallbunt noch platt. Stattdessen wachsen und schrumpfen sie abhängig davon, ob eine Fähigkeit angewandt wird oder nicht: Es sind Verknüpfungsstellen, die als Dornenfortsätze bezeichnet werden und ein wenig wie die Knospen an einem Obstbaum im Frühling aussehen. Wenn wir eine alte Fähigkeit wiedererlernen, müssen wir daher nicht bei null beginnen. Die Dornenfortsätze erwachen aus dem Winter der Vernachlässigung und wachsen in einem Frühling der Erneuerung.[27] Das erklärt unter anderem, warum man sich nach dreißigjähriger Pause wieder auf ein Fahrrad setzen und auf Anhieb mit demselben Geschick fahren kann wie in der Kindheit.

Nicht mit dem Kopf, sondern mit dem Herzen lernen

Trotz ihres wunderbaren Potenzials hängt die Neuroplastizität von einer geheimen Zutat ab, die man weder in einer Tablette findet noch in einem Laden kaufen kann. Das stereotypische Bild von der gebildeten Person, die kalt und effizient ist, widerspricht in Wahrheit der Funktionsweise des Lernens. Der Schlüssel zum Lernen ist, dass es im Grunde ein emotionaler Vorgang ist, der von den Bedrohungs- und Belohnungsschaltkreisen im limbischen System gesteuert wird. Es überrascht nicht, dass eine unangenehme Erfahrung wie die, sich die Hand an einer heißen Herdplatte zu verbrennen, zu augenblicklichem Lernen führt. Nur wenige Kinder, denen dieses Missgeschick widerfährt, machen den Fehler ein zweites Mal. Dasselbe gilt für traumatische Ereignisse wie den Terrorangriff auf das World Trade Center im Jahr 2001, der das auslöste, was Psychologen als »Blitzlichterinnerungen« *(flashbulb memories)* bezeichnen. Bilder von den Geschehnissen jenes

Tages oder lebhafte (jedoch nicht unbedingt zutreffende) Erinnerungen daran, wo wir waren und was wir gerade taten, als wir von dem Terroranschlag erfuhren, sind ins Gedächtnis von Menschen in aller Welt eingebrannt.

Der Schlüssel zum Lernen ist, dass es im Grunde ein emotionaler Vorgang ist.

Belohnungsreaktionen sind nicht so stark wie Bedrohungsreaktionen, aber sie sind der häufigere und klar bevorzugte Motivationsfaktor bei erfolgreichem Lernen. Es ist kein Zufall, dass Kinder im Spiel oder bei Aktivitäten, die ihnen Spaß machen, oft am besten lernen. Und das emotionale Element spielt nicht nur beim Lernen in der Kindheit eine wichtige Rolle. Ein Mann, dem es jahrelang schwerfiel, Englisch zu lernen, entdeckte die Motivation, die es ihm ermöglichte, als er den Zusammenhang mit einer seiner bevorzugten Freizeitbeschäftigungen herstellen konnte.

Danke für die Englischstunde!

Als wir ihn kennen lernten, war dieser spanische Manager vollkommen sicher: Er würde es niemals schaffen, Englisch zu lernen. Er war überzeugt, dass wir sowohl unsere als auch seine Zeit vergeudeten.

Wir waren anderer Meinung. Anstatt in die Fußstapfen unserer an der Aufgabe gescheiterten Vorgänger zu treten und mit einer herkömmlichen Englischstunde zu beginnen, nahmen wir uns zunächst ein wenig Zeit, um unseren Schüler kennenzulernen. Wir brauchten nicht lange, um herauszufinden, dass dieser Mann abseits der Arbeit eine große Leidenschaft hatte: Er studierte die Geschichte des Zweiten Weltkriegs und war insbesondere von Panzern fasziniert. In seiner knapp bemessenen Freizeit baute er sogar Modelle von Panzern.

Das war unsere Chance. Mit Freude sahen wir, wie sich das Gesicht dieses Manns Mitte fünfzig aufhellte und wie er schneller zu sprechen begann, wann immer er Gelegenheit hatte, sich über sein Steckenpferd zu unterhalten. Als sich unsere erste Sitzung ihrem Ende näherte, gaben wir ihm eine kleine »Hausaufgabe«: Zur nächsten Unterrichtsstunde sollte er seine Panzermodelle mitbringen, um sie uns genau zu erklären. Wenn er uns die Bestandteile der Panzer auf Spanisch erläutern konnte, würden wir ihm beibringen, wie er Bezeichnung und Funktion jedes Teils auf Englisch erklären konnte. Es war unübersehbar, dass sich dieser skeptische Mann zum vielleicht ersten Mal in seinem Leben auf die nächste Englischstunde freute.

Zur nächsten Stunde brachte er ein liebevoll gebautes und sorgfältig bemaltes Modell eines Panzers mit. Da wir ebenfalls unsere Hausaufgaben gemacht hatten, waren wir in der Lage, für sämtliche Bauteile seines Panzers, die er uns methodisch beschrieb, die entsprechenden englischen Bezeichnungen zu liefern. Anschließend verbrachten wir die restliche Zeit mit einem Gespräch über Panzer, das jedoch ausschließlich auf Englisch geführt wurde.

Nach kurzer Zeit war unser widerwilliger Manager in der Lage, seinen Panzer und dessen Bestandteile in einfachen Worten ausschließlich in englischer Sprache zu beschreiben. Mit jeder weiteren Stunde entfernten wir uns weiter von den Panzern und vom Zweiten Weltkrieg und näherten uns der Gegenwart und dem englischen Vokabular, das ein Manager bei der täglichen Arbeit in der globalisierten Unternehmenswelt braucht.

Heiße Herdplatten, Panzer aus dem Zweiten Weltkrieg und die Zwillingstürme haben das Element der emotionalen Wirkung gemein. Wenn uns Informationen berühren, ängstigen, erfreuen oder anderweitig nachhaltigen Eindruck auf uns machen, werden wir uns im Allgemeinen eher daran erinnern. Doch selbst diese Regel stößt an Grenzen, und die emotionale Wirkung kann auch nachteilig sein.

Wenn Neuheit ein Nachteil ist

Wenn ein Lehrer oder eine Lehrerin in Badehose oder Bikini in die Klasse marschiert, wird diese Unterrichtsstunde den Schülern zweifellos in Erinnerung bleiben. Leider dürfte der eigentliche Lehrstoff in der Aufregung untergehen.

Hin und wieder werden gut gemeinte Versuche unternommen, Informationen sinnvoller zu machen, indem eine Lektion auf die eine oder andere Art attraktiver gestaltet wird. Leider wird dabei oft emotionale Relevanz mit bloßer Neuheit verwechselt. In einem Seminar an der psychologischen Fakultät der Ludwig-Maximilians-Universität in München hörten wir eine traurige Geschichte über Dozenten, die im Betriebswirtschaftsstudium versucht hatten, eine langweilige Buchhaltungsstunde aufzulockern, indem sie die üblichen generischen Namen in einem klassischen Beispiel ersetzten. Aus dem »Unternehmen« wurde das »Unternehmen Roboterrennen«, und »Person 1« und »Person 2« wurden durch Vornamen wie »Brad« und »Angelina« ersetzt, um die Dinge ein wenig aufregender zu machen.

Auf einer Ebene funktionierte die Strategie sehr gut. Das Beispiel war tatsächlich aufregender. In der Stunde schienen die Studierenden mehr Spaß zu haben und beteiligten sich aktiver. Aber als der Tag des Examens kam, wurden die Dozenten von der Realität eingeholt: Alle Studierenden hatten den albernen Namen des Unternehmens sowie die der Personen in dem Fallbeispiel behalten, aber ihre Prüfungsergebnisse waren miserabel. Tatsächlich waren die Resultate so schlecht ausgefallen wie nie zuvor!

Was war geschehen? Anstatt das Buchhaltungsbeispiel anschaulicher zu machen, hatten die kreativen Namen von seinem Inhalt abgelenkt. Die Studierenden registrierten die Namen, weil sie neu waren, aber der Inhalt des Beispiels ging dabei verloren. Die spektakulären Details überstrahlten die wesentliche Information.

Da der Umfang des Arbeitsgedächtnisses begrenzt ist und da das Gehirn praktisch unaufhörlich mit Reizen bombardiert wird, muss der präfrontale Cortex oft schwierige Entscheidungen fällen. Dopamin, das D in der DNA der Höchstleistung, hat wesentlichen Einfluss auf die Entscheidung. Das Dopamin fragt: »Ist es neu?« Wenn die Antwort ja ist, wird sich der präfrontale Cortex mit einiger Wahrscheinlichkeit auf diese Information fixieren, und das Arbeitsgedächtnis beginnt, sie zu speichern. Aber wenn Information, die lediglich neu ist, in Konflikt mit Information gerät, die wirklich wichtig ist, wird die wichtige wahrscheinlich verdrängt, weshalb wir uns kaum oder überhaupt nicht an die wirklich wichtigen Dinge erinnern können und stattdessen einen Bestand an reizvollen Belanglosigkeiten anlegen.

Die Lehren, die Führungskräfte daraus ziehen können, liegen auf der Hand: Um das Interesse an der Information zu erhöhen, die man vermitteln möchte, sollte man darauf achten, dass Ausschmückungen, welche die Attraktivität der Lektion erhöhen sollen, die zentrale Botschaft hervorheben, anstatt mit ihr zu konkurrieren.

Bedeutet das, dass wir auf enge Badehosen und Bikinis verzichten müssen? Nicht unbedingt. In seinem Buch *Gehirn und Erfolg* erinnert sich der Molekularbiologe John Medina an einen Kurs über Filmgeschichte, den er an der Universität besucht hatte. Während der Dozent über die Darstellung der emotionalen Verwundbarkeit im Film sprach, begann er, seine Kleidung abzulegen. Als sein Oberkörper nur noch von einem T-Shirt bedeckt war, öffnete er schließlich den Reißverschluss seiner Hose, die ihm bis auf die Knöchel hinunterrutschte. Und mit der Hose fielen auch die Kinnladen der meisten Studierenden im Hörsaal. Zum Glück hatte der Dozent Erbarmen mit ihnen gehabt und trug unter der Hose Laufshorts. Er ließ den Blick über die Köpfe seiner hingerissenen Zuhörer schweifen und sagte triumphierend: »Jetzt werden Sie vermutlich nie mehr vergessen, dass manche Filme sich der körperlichen Nacktheit bedienen, um emotionale Verletzlichkeit auszudrücken.«[28] Und vielleicht werden Sie es jetzt auch nicht mehr vergessen.

Eine emotionale Nachbarschaft

Manchmal werden die Dinge sehr viel klarer, wenn wir einmal Gelegenheit haben, auf einen Stadtplan zu schauen. In Anbetracht der wichtigen Rolle der Emotionen ist es sinnvoll, dass der Hippocampus, die für das Lernen verantwortliche Gehirnregion, in der emotionalen Nachbarschaft des limbischen Systems angesiedelt ist. Sein Nachbar zur Rechten ist die Amygdala, die für die Bedrohungsreaktion wichtig ist. Zur Linken sitzt der Nucleus accumbens, der an der Belohnungsreaktion beteiligt ist.

Wenn wir eine neue Information aufnehmen, wird diese zum Hippocampus geschickt, der entscheidet, ob sie emotional relevant ist und ob es eine positive oder negative Relevanz ist. Anschließend vergleicht der Hippocampus diese Information mit anderen Informationen, die bereits im Langzeitgedächtnis gespeichert sind, um festzustellen, ob die »neue« Information wirklich so neu ist.

Dem Lernen liegt ein evolutionäres Prinzip zugrunde: »Die Gefahr minimieren, die Belohnung maximieren.« Das limbische System unseres Gehirns sucht die Umgebung unentwegt nach Dingen ab, die uns schaden oder nützen können. Wenn es etwas entdeckt, macht es sich Notizen, die sich in unser langfristiges Lernen und unsere Erinnerungen verwandeln. Es liegt auf der Hand, dass die meisten trockenen Fakten in den Lehrbüchern in keine der beiden Kategorien gehören. Die Evolution hat uns also nicht dafür gemacht, ein BWL-Studium abzuschließen oder auch nur in der wöchentlichen Teambesprechung möglichst viele Informationen aufzunehmen. Das Gehirn ist sehr effizient und sogar ein bisschen faul. Gelangt es zu dem Schluss, dass die Information weder auf eine Bedrohung hindeutet noch eine Belohnung verspricht, sondert es sie im Handumdrehen aus, ohne kostbare Ressourcen für etwas zu vergeuden, das es für irrelevant hält.

Schlauer als das Gehirn

Das Gehirn mag gnadenlos sein, aber es lässt sich auch leicht hinters Licht führen. Machen wir uns nichts vor: Einige der Informationen, die wir unbedingt aufnehmen müssen, werden emotional nicht relevant sein. Das ist aber kein Problem. Wenn wir unser Gehirn dazu verleiten können, ausreichende Mengen an Dopamin, Noradrenalin und Acetylcholin auszuschütten, stehen die Chancen gut, dass es uns trotzdem gelingen wird, solche Dinge zu lernen und in Erinnerung zu behalten. Obwohl sich nichts so gut lernen lässt wie Dinge, die emotional relevant sind und Spaß machen, gibt es Möglichkeiten, eine Lernerfahrung, die ansonsten unbefriedigend wäre, für das Gehirn verlockend zu machen.

Nie mit einer Wiederholung beginnen. Wohlmeinende Lehrer, Präsentatoren und Führungskräfte begehen oft den Fehler, mit einer Zusammenfassung dessen zu beginnen, was zuvor behandelt wurde. Aber Wiederholungen sind alte Nachrichten. Sie sind genau die Art von Information, die unser Gehirn zu minimieren oder ignorieren versucht, weil es dafür gemacht wurde. Die Neuheit ist das, was uns dazu bewegt, den Kopf zu recken und aufzupassen. Egal ob Sie einer Gruppe etwas präsentieren oder selbst etwas lernen, Sie sollten mit etwas beginnen, das anspornt und sogar ein bisschen überraschend ist. Wir beginnen unsere Seminare oft damit, über die Fallen der Preisvergleichsportale oder die schlechten Angewohnheiten von Filmstars zu sprechen. Nachdem wir die Aufmerksamkeit unserer Zuhörer geweckt haben, kehren wir zu dem Punkt zurück, an dem wir aufgehört hatten. Mit ein wenig Glück wird das vom Gehirn der Zuhörer freigesetzte Dopamin für ausreichend Motivation sorgen, damit sie vollkommen bei der Sache bleiben und bereit sind zu lernen.

Wenn man das Thema nicht wechseln kann, muss man den Rahmen wechseln. Wenn man mit einer alten oder wenig inspirierenden Aufgabe beschäftigt ist, sollte man versuchen, den Rahmen zu ändern. Manchmal gelingt das mit einer so einfachen Maßnahme wie einem Tausch der Sitzplätze. In anderen Fällen muss man in ein anderes Büro oder an einen anderen Ort wechseln. Es kann sogar helfen, an einem anderen Computer zu arbeiten – oder eine andere Schriftart zu verwenden. Alles, was die Botschaft »Oh, das ist neu!« an das Gehirn sendet, kann helfen, uns aus der Lethargie zu reißen und in einen Zustand befriedigender Produktivität zu versetzen.

Nicht zu viel Struktur

Ein gewisses Maß an Struktur ist hilfreich, aber ein Übermaß kann das Lernen beeinträchtigen. Die meisten von uns lernen besser, wenn sie die Regeln implizit übernehmen. Das Verhalten von Kindern liefert ein klassisches Beispiel für die Funktionsweise dieses Prinzips. Kinder lernen nicht sprechen, indem sie Grammatik studieren. Ihre Gehirne identifizieren unbewusst die Muster und Regeln, die ihrer Muttersprache Struktur geben. Die meisten Kinder können nicht zwischen Plusquamperfekt und Indikativ unterscheiden. Sie wissen einfach, was richtig klingt.

Überraschenderweise kann uns etwas, das lose oder sonderbar strukturiert ist (oder sogar lückenhafte Schlüsselinformationen aufweist), sodass wir uns anstrengen müssen, um ihm einen Sinn abzugewinnen, leichter in Erinnerung bleiben als etwas, das sorgfältig organisiert ist und alle erforderlichen Elemente aufweist.

In einem Vortrag auf der TEDx-Konferenz in Sitka (Alaska) zeigte Daniel Coyle, der Autor von *Erfolg braucht kein Talent*, seinem Publikum zwei Spalten mit Wortpaaren und gab ihm 15 Sekunden Zeit, um sich möglichst viele Elemente in der Liste einzuprägen.[29]

A	B
Ozean/Brise	Brot/B_tter
Blatt/Baum	Musik/T_xt
Süß/sauer	Sch_h/Socke
Film/Schauspielerin	Telefon/B_ch
Benzin/Motor	Ch_ps/Sauce
Schule/Universität	St_ft/Papier

Nach Ablauf der Zeit nahm Coyle die Liste weg und forderte die Zuhörer auf, alle Wortpaare zu nennen, an die sie sich erinnern konnten. Die Antworten waren ungleich verteilt. Die Zuhörer erinnerten sich an sehr viel mehr Wortpaare aus der Spalte B. In einer ähnlichen Studie unter Laborbedingungen stellte sich heraus, dass die Wahrscheinlichkeit, dass sich eine Versuchsperson an Worte aus der Spalte B erinnerte, 300 Prozent höher war als die Wahrscheinlichkeit, dass sie Worte aus der Spalte A behalten hatte.[30]

Weshalb konnten sich die Leute die Wortpaare in einer Spalte besser einprägen als die Paare in der anderen? Nun, die Wortpaare in Spalte A waren leicht zu lesen – sie waren vollkommen ausgeschrieben –, während die Wortpaare in Spalte B eine etwas größere Herausforderung darstellten. Diese kleine zusätzliche Anstrengung, diese winzige Lücke in der Struktur, genügte, um einen erhöhten Noradrenalin-Ausstoß zu verursachen, der genau die richtige Menge an zusätzlicher Energie freisetzte, damit sich das Gehirn diese Wortpaare einprägen konnte. Ein kleines bisschen Unsicherheit hilft dabei, Informationen im Gedächtnis zu verankern.

Lernen mit einem Freund

Eine Revolution auf dem Gebiet der sozialkognitiven Neurowissenschaft bewegt die Forscher dazu, Grundannahmen nicht nur über das Gehirn, sondern auch über die Funktionsweise der menschlichen Gesellschaft vollkommen zu überarbeiten oder einer Neubewertung zu unterziehen. Wie wir in Kapitel 8 sehen werden, sind viele herkömmliche Vorstellungen von unseren Grundbedürfnissen vollkommen auf den Kopf gestellt worden. Das Ergebnis scheint klar, und die Daten bestätigen es: Wir sind vor allem soziale Geschöpfe.

Diese Erkenntnis wirkt sich auf alles einschließlich unserer Vorstellung vom Lernen aus. In vielen, wenn nicht in den meisten Fällen macht es sich bezahlt, nicht individuell, sondern in Gruppen zu lernen. Die soziale Interaktion beim gemeinsamen Lernen mit einer anderen Person – einem Freund oder einer Studienkollegin – setzt Oxytocin frei, das die Neuroplastizität und damit die Möglichkeit von Veränderungen erhöht. Das erklärt nicht nur, warum sich unser Verhalten und sogar unsere Persönlichkeit erheblich verändern können, wenn wir uns verlieben, sondern es ist auch der Grund dafür, dass Kinder so gut lernen, wenn sie mit ihren Eltern interagieren. Es zeigt auch, warum es wichtig ist, für die Menschen in unserer Umgebung ein gutes Vorbild zu sein.

Ein uns bekannter erfolgreicher Unternehmensleiter stellte seine Ernährung und sein Trainingsprogramm um und nahm in weniger als sechs Monaten mehr als 15 Kilo ab. Obwohl er am Arbeitsplatz nie darüber gesprochen hatte, fiel ihm auf, dass mehrere ehemals pummelige Untergebene mittlerweile ebenfalls fitter und gesünder wirkten. Wenn Sie der Chef sind und jedermann sieht, dass Sie gute Arbeit leisten, werden sich Ihre Mitarbeiter eher etwas bei Ihnen abschauen! Soziale Interaktionen geben uns ein gutes Gefühl. Und wenn wir uns gut fühlen, setzt unser Gehirn Chemikalien frei, die uns das Lernen erleichtern.

Es muss beherrschbar bleiben

Eine der wichtigsten Lehren aus der Kaizen-Methode ist, dass man Ziele am leichtesten in kleinen Schritten erreicht (siehe Kapitel 4). Dasselbe gilt für das Lernen. Sogar Information, die uns wertvoll und interessant scheint, kann eine Bedrohungsreaktion auslösen, wenn sie im Ganzen und ununterbrochen vermittelt wird. Wenn das Gehirn überlastet wird, wird es wahrscheinlich die Amygdala aktivieren, und der Körper gibt ein Signal, das einem Einbruchsalarm vergleichbar ist. Wie der Psychologe Robert Maurer von der University of California in Los Angeles erklärt, liegt der Schlüssel darin, einen Weg zu finden, um die Amygdala unauffällig zu umgehen.[31] Beim Lernen sollte man die großen Informationsblöcke in kleinere, beherrschbare Teile zerlegen und häufige Pausen machen, um dem Gedächtnis die Möglichkeit zu geben, zu festigen, was man bisher gelernt hat. Desgleichen werden die Tausenden Tatsachen, die man sich möglicherweise aneignen muss, weniger bedrohlich wirken und einprägsamer sein, wenn man die Bedeutung dieser Fakten hervorhebt – das Gesamtbild, das die Fakten zusammenhält –, anstatt sich in die Flut von Details zu vertiefen, was wahrscheinlich ebenfalls den Alarm auslösen wird.

Multimodales Lernen

Die Kapazität des Arbeitsgedächtnisses ist überraschend gering, aber es kann Worte und Bilder gleichzeitig verarbeiten. Obendrein können andere Sinne wie der Geruchssinn das Arbeitsgedächtnis vollkommen umgehen und als zusätzlicher Auslöser für die Erinnerung dienen.

Tatsächlich erinnert man sich umso eher an etwas Neues, je mehr Gehirnregionen am Lernen beteiligt sind. Der Grund dafür ist, dass die Erinnerung an diese Information in mehreren Regionen gespeichert ist. Zwischen diesen weit verstreuten Standorten werden neuronale Verknüpfungen hergestellt. Löst man in Zukunft Aktivität in einer dieser Regionen aus, so werden die anderen ebenfalls aktiviert.

Je mehr Teile des Gehirns eingebunden werden, desto größer ist die Wahrscheinlichkeit, dass man sich an Gelerntes erinnern wird. Nehmen wir eine Unterhaltung per E-Mail im Vergleich zu einem persönlichen Gespräch. Selbst an die emotionalsten E-Mails erinnern wir uns normalerweise schwerer als an direkte, persönliche Gespräche, in denen das Gehirn zusätzlich zur Kodierung dessen, was die andere Person sagt, auch registriert, *wie* es gesagt wird (Lautstärke, Tonfall usw.). Es registriert den Gesichtsausdruck der anderen Person, ihre Haltung sowie den Ort, an dem die Unterhaltung stattfindet, die Tageszeit und vielleicht sogar das Wetter.[32] Jedes dieser Elemente stellt einen weiteren Anhaltspunkt dar, der es erleichtert, die Erinnerung abzurufen.

Die Erfolgsaussichten erhöhen

Wir können einiges tun, um die Wahrscheinlichkeit zu erhöhen, dass wir das Gelernte auch behalten werden. Ein gesunder Lebenswandel mit genug Schlaf und Training wirkt sich sowohl auf das Lernen als auch auf die Erinnerung aus.

Darüber schlafen

Ausreichender Schlaf begünstigt nicht nur die emotionale Regulierung (siehe Kapitel 2), sondern erhöht auch die Lernfähigkeit. Er senkt die Konzentration von Stresshormonen wie Cortisol im Blut und fördert das Wachstum neuer Nervenzellen, die für Lernen und Gedächtnis gebraucht werden. Und schließlich hilft er dem Hippocampus dabei festzustellen, welche der zuletzt aufgenommenen Informationen für den späteren Gebrauch im Langzeitgedächtnis gespeichert und welche beseitigt werden sollen.[33]

Wenn wir nicht genug Schlaf bekommen, kann der Hippocampus seine Arbeit nicht tun, weshalb wir nicht in der Lage sind, uns zu erinnern. Wir *glauben* vielleicht, uns zu erinnern, aber wir tun es nicht. Komischerweise verzichten Führungskräfte oft auf Schlaf, um mehr Zeit für das Lernen zu haben. Aber so widersinnig das klingen mag: Es ist sinnvoller, dem Lernen *weniger* Zeit zu widmen und sich mehr Zeit für das Schlafen zu nehmen.

Es laufen lassen

Körperliche Betätigung begünstigt das Lernen, weil sie das Wachstum neuer Nervenzellen fördert und die kognitive Leistung verbessert. Aktivitäten wie Tanzen und Tennis, die zielgerichtete Aufmerksamkeit und die Koordination verschiedener Körperteile erfordern, lösen einen starken Anstieg von Dopamin (das freigesetzt wird, wenn wir Spaß haben) und Acetylcholin aus (das freigesetzt wird, wenn wir uns auf etwas konzentrieren und wirklich im Augenblick aufgehen). Beide Neurotransmitter helfen dem Hippocampus dabei, seine Leistung zu erhöhen. Und wie wir wissen, ist das Lernen in erster Linie im Hippocampus angesiedelt.

Vom Lernen zum Lehren

Die Prinzipien, auf denen effektives Lernen beruht, können auch genutzt werden, um effektiver zu lehren. Die große Bedeutung der emotionalen Relevanz der Information sowohl für das Lernen als auch für die Erinnerung gilt ebenfalls für das Lehren und Ausbilden. Der Erfolg des Unterrichts hängt oft von der wechselseitigen Beziehung zwischen der Lehrerin und ihren Schülern ab. Ein Dozent, der einen Vortrag eher wie ein Seminar hält und eine Reihe von Fragen stellt, welche die Zuhörer zum angestrebten Ergebnis lenken, wird eher erreichen, dass sich die Lernenden die Ideen aneignen.[34] Und der Dozent kann ebenfalls profitieren. Wenn man jemanden unterrichten muss, der weniger als man selbst weiß, lernt man das Material oft selbst besser.[35]

Erzähl mir eine Geschichte

Zu den effektivsten Methoden zur Herstellung einer emotionalen Bindung zählt das Geschichtenerzählen. Eine sorgfältig entwickelte Argumentation voller Fakten und Zahlen mag am besten geeignet scheinen, die Botschaft zu vermitteln, aber ihre Wirkung wird sehr viel geringer sein als die einer fesselnden Anekdote. Wie Nelson Mandela einmal sagte: »Sprich nicht zu ihren Köpfen. Sprich zu ihren Herzen.«

Der Einsatz von Geschichten zur Veranschaulichung von Ideen regt das soziale Gehirn an. Wie wir in Kapitel 3 gesehen haben, wird unser mentales Standardnetzwerk auch als narratives Netzwerk bezeichnet. Der Grund dafür ist, dass wir unsere Vergangenheit betrachten und in die Zukunft schauen, indem wir Ereignisse zu Ketten verknüpfen, die für unser Gehirn sinnvoll sind. Kurz gesagt, wir erzeugen Geschichten. Das verrät uns einiges darüber, warum Geschichten so gut geeignet sind, uns einzubinden: Sie entsprechen der Funktionsweise unseres Verstands.[36]

Eines ist klar: Das Geschichtenerzählen ist universell.[37] Einige sozialkognitive Neurowissenschaftler nehmen an, dass Geschichten dem Bedürfnis einer Gruppe nach sozialem Zusammenhalt entsprungen sind. Die Geschichten, die unsere Vorfahren einander erzählten, dienten möglicherweise dazu, die neuesten Nachrichten über die einzelnen Mitglieder der Gruppe weiterzugeben. Wagte sich ein Mitglied der Gruppe zu weit in die Wildnis hinaus und entging nur knapp einer Begegnung mit einem Löwen, so erhöhte die Geschichte seines Abenteuers nicht nur seinen Status, sondern lieferte den anderen Gruppenmitgliedern auch wertvolle, nützliche Information. Schließlich eignen wir uns vieles von dem, was wir lernen, indirekt an. Wenn eine Person Beeren von einem bestimmten Busch aß und daraufhin schwer erkrankte, bewahrte die Geschichte ihres Missgeschicks alle anderen Mitglieder der Gruppe davor, denselben Fehler zu begehen. Wir müssen nicht alle die gleichen giftigen Beeren essen, um zu lernen, dass sie schlecht für uns sind.[38]

Geschichten lösen normalerweise entweder eine Belohnungs- oder eine Bedrohungsreaktion aus. Sie aktivieren unsere Emotionen und machen uns empfänglicher für Information. Wenn wir eine Geschichte hören, verspüren wir oft den Wunsch, eine Verbindung zu unserem eigenen Leben und unseren Erfahrungen herzustellen. Unsere Insula (der Teil des Gehirns, der für die körperliche Wahrnehmung zuständig ist) wird aktiviert, und wir reagieren instinktiv auf Freude, Leid, Humor und Abscheu in der Geschichte. Alle diese Reaktionen machen uns empfänglicher für die Information und binden uns ein.[39]

Aufnahmen des Gehirns zeigen, dass ein Publikum, das wirklich von einem Vortrag gefesselt ist, beginnt vorwegzunehmen, was der Vortragende sagen wird. Das bedeutet keineswegs, dass seine Geschichte langweilig und vorhersehbar ist. Es zeigt im Gegenteil, dass die Zuhörer derart gefesselt sind, dass sie unbedingt wissen wollen, was als Nächstes geschehen wird.[40]

Natürlich sind nicht alle Geschichten universell wirksam. Eine Geschichte, die eine Gruppe anspricht, kann eine andere gleichgültig lassen. Sie kann sogar innerhalb eines auf den ersten Blick homogenen Publikums unterschiedlich wirken. Wir müssen uns bis zu einem gewissen Grad mit einer Geschichte identifizieren können, damit sie wirken kann. Die Psychologin Melanie C. Green fand in einer Studie heraus, dass sich das vorhandene Wissen und die Erfahrungen darauf auswirken können, wie sehr wir uns in eine Geschichte vertiefen. Eine Geschichte über einen homosexuellen Pfadfinder wird Menschen, die homosexuell sind oder in ihrer Kindheit Pfadfinder waren, wahrscheinlich eher ansprechen. Wahrscheinlich, aber nicht ausschließlich: Green hat auch herausgefunden, dass Personen, die ein hohes Maß an Empathie besitzen, unabhängig von Vorwissen und Erfahrung eher von einer Geschichte mitgerissen werden.[41]

Neuere neurowissenschaftliche Untersuchungen haben einen weiteren faszinierenden Aspekt des Geschichtenerzählens zutage gefördert: Wir werden von Geschichten angezogen, die in unseren Augen für andere Personen in unserem sozialen Umfeld emotional relevant sein könnten. Wenn wir uns eine Geschichte anhören, entscheidet also ein Teil unseres Gehirns darüber, ob es sich lohnt, diese Geschichte weiterzuerzählen. Wenn wir zu der Einschätzung gelangen, dass es sich lohnt, werden wir aufmerksamer, lernen mehr und prägen uns die Geschichte besser ein. Wenn es uns gelingt, Informationen in einer Geschichte zu vermitteln, welche die Menschen mit anderen teilen wollen – sei es, dass sie persönlich oder in den sozialen Medien weitergegeben wird –, dann haben wir nicht nur als Geschichtenerzähler, sondern auch als Lehrer Erfolg gehabt.

Aus Sicht einer Führungskraft oder eines Lehrers besteht der Wert von Geschichten nicht einfach darin, dass sie berührend und unterhaltsam sein können. Sie können auch überzeugend sein. Melanie Green hat in einer weiteren Studie herausgefunden, dass Personen, deren Verstand im Geschichtenmodus ist, empfänglicher für Ideen sind als Personen, die eine eher analytische Geisteshaltung einnehmen.[42] Wenn man die Punkte, die man betonen möchte, anhand von Geschichten veranschaulichen kann, wird man seine Botschaft sehr viel eher vermitteln – und dafür sorgen können, dass sie in Erinnerung bleiben.

Auch die gemeinsame Verwendung von Worten und Bildern, um eine Geschichte zu erzählen, wird die Wirksamkeit des Lehrens erhöhen. Je mehr Teile des Gehirns in den Erwerb neuer Information eingebunden werden, desto größer ist die Chance, dass diese Information aufgenommen und im Gedächtnis gespeichert wird. Das erklärt teilweise, warum die Karikaturen und Memes, die wir in den sozialen Medien sehen, oft lebhafter und einprägsamer sind als nur aus Text bestehende Artikel oder detaillierte Mitteilungen.

Vorsicht bei der Verwendung von aversivem Lernen

In einem Schulungsvideo einer großen Fluglinie werden die Mitarbeiter ermahnt, laufenden Triebwerken nicht zu nahe zu kommen. Anstatt Regeln oder auch nur Text wird einfach eine Stewardess gezeigt, die den Fehler begeht, zu nah an einem Triebwerk vorbeizugehen – und hineingesaugt wird. Beim Anblick des Resultats dürfte sogar erfahrenen Konsumenten von Splatter-Movies schlecht werden. Aber das Video bringt die Botschaft hinüber, und bei dieser Fluglinie hat es nie einen tödlichen Unfall dieser Art gegeben.

Ein Aufzughersteller wollte seinen Mechanikern einschärfen, dass es am Boden jedes Aufzugsschachts eine kleine Nische gab, die ihr Leben retten konnte, sollten sie sich irgendwann in dem Augenblick, in dem ein Aufzug abstürzte, im Schacht befinden: Neu eingestellte Mechaniker wurden aufgefordert, sich am Grund des Schachts in diesen Hohlraum zu kauern, und anschließend wurde der Aufzug hinuntergeschickt. Es war eine beängstigende, ja beinahe sadistische Praxis, aber jeder Einzelne überlebte die Erfahrung und vergaß die Lektion mit einiger Sicherheit nie.

Obwohl man jemanden normalerweise am ehesten etwas lehren kann, indem man eine Belohnungsreaktion auslöst, kann eine Unterweisung, welche die Bedrohungsreaktion auslöst, ebenfalls sehr wirksam sein. Allerdings muss man diese Methode zurückhaltend und verantwortungsvoll anwenden.

Während das negative Lernen wirksam ist, um Verhalten zu unterbinden, ist es vollkommen ungeeignet für die Suche nach kreativen Lösungen. Das liegt daran, dass es einen Bedrohungszustand aktiviert, was bedeutet, dass der präfrontale Cortex und damit die Exekutivfunktionen zeitweilig abgeschaltet werden. Die Reaktion mag schnell und instinktiv sein, aber sie ist nicht nuanciert und durchdacht. Unter bestimmten Bedingungen kann das vorteilhaft sein. In Situationen, in denen es um unsere körperliche Unversehrtheit und unsere Sicherheit geht, kann die Angstkonditionierung tatsächlich über Leben und Tod entscheiden, wie die Beispiele der Fluggesellschaft und des Aufzugbauers zeigen. Dasselbe gilt für viele militärische und polizeiliche Einsätze, in denen es fatal sein kann, zu zögern. Die Methode kann auch dort nützlich sein, wo es auf die Regelkonformität ankommt, das heißt dann, wenn Menschen wissen müssen, dass sie bestraft werden, sollten sie bestimmte Regeln oder das Gesetz brechen.

Wie sich herausgestellt hat, ist das Geheimnis des Capgras-Syndroms, jenes sonderbaren Phänomens, das bei David dazu führte, dass er seine Eltern erkannte, jedoch ihre Echtheit anzweifelte, ein Geheimnis der Emotion. Bei dem Autounfall war in Davids Gehirn die Verbindung zwischen der Fähigkeit zum Erkennen und der Fähigkeit gekappt worden, dem Erkannten emotionale Relevanz zuzuordnen. Wenn wir jemanden sehen, den wir lieben, reagiert unser limbisches System normalerweise mit Emotionen und schickt eine Nachricht an unser autonomes Nervensystem. Unser Puls beschleunigt sich, wir schwitzen ein wenig mehr. In Davids Gehirn wurde die Nachricht nie geschickt.

Die fehlende Emotion löste bei David Verwirrung aus und verursachte bei seinen Eltern Leid und Frustration. Gerettet wurden sie schließlich von der Neuroplastizität. Wie sich gezeigt hat, muss das Capgras-Syndrom nicht permanent sein. Die Störung kann offenbar durch Selbstheilung behoben zu werden. David gewann die emotionale Reaktion auf seine Eltern schrittweise zurück und betrachtet sie nicht länger als Hochstapler.

Mit einem Wort, er hat gelernt.

Kapitel 6 auf einen Blick

Kernaussagen aus »Das Lernen fördern«

Wir können immer dazulernen. Lange Zeit wurde angenommen, die Struktur des Gehirns stehe im Alter von etwa 20 Jahren fest, aber mittlerweile wissen wir, dass es sehr viel formbarer ist, als sich selbst die Mehrheit der Neurowissenschaftler vorstellen konnte. Wir müssen lediglich wissen, *wie* man lernen kann.

Das Lernen ist ein emotionaler Prozess. Wir lernen nur, wenn wir emotional eingebunden sind – sei es durch positive oder negative Emotionen. Hat neue Information keine emotionale Relevanz, so ist es sehr viel unwahrscheinlicher, dass wir sie langfristig im Gedächtnis behalten werden.

Den Hippocampus-Test bestehen. Der Hippocampus wägt bei der Entscheidung darüber, ob es sich lohnt, Information zu speichern, zwei Faktoren ab: emotionale Relevanz und Neuheit.

Es dreht sich alles ums Überleben. Aus Sicht des Gehirns sind nur Informationen oder Erfahrungen, die eine Belohnungs- oder Bedrohungsreaktion auslösen, wertvoll genug, um behalten zu werden.

Im Schlaf. Schlaf ist unverzichtbar für das Lernen, denn im Schlaf wird als erinnerungswürdig eingestufte Information vom Hippocampus ans Langzeitgedächtnis übermittelt.

Beim ersten Mal richtig. Die ersten Eindrücke sind die stärksten, egal ob gut oder schlecht. Deshalb ist es wichtig, Zeit und Geld zu investieren, um Mitarbeiter von Anfang an richtig zu schulen.

Vorsicht mit dem aversiven Lernen. Die mit Abstand wirksamste Form des Lernens geht mit negativen Erfahrungen einher. Aber aversives Lernen ist nicht geeignet, positives Verhalten zu trainieren. Man sollte seinen Einsatz auf die seltenen Fälle beschränken, in denen ein unerwünschtes Verhalten *gehemmt* werden soll.

Gemeinsam lernen. Als zutiefst soziale Geschöpfe lernen wir besser von anderen und in Gesellschaft anderer. Deshalb sind Geschichten so wirksam, und deshalb ist es wichtig, ein gutes Vorbild zu geben.

TEIL 3

Dream-Teams aufbauen

KAPITEL 7 – Erfolg durch Diversität

KAPITEL 8 – Vertrauen schaffen

KAPITEL 9 – Das Team der Zukunft entwickeln

Kapitel 7
Erfolg durch Diversität

Unternehmen können von einer gesunden Verschiedenartigkeit der Fähigkeiten und Persönlichkeiten profitieren

Im Jahr 1961 revolutionierte der Autor und Herausgeber Stan Lee den Comic, indem er eine Gruppe ahnungsloser Superhelden zu einem Team zusammenfasste: zu den Fantastic Four.

Nachdem ihr Raumschiff kosmischer Strahlung ausgesetzt worden ist, stellen Reed Richards, seine Freundin Sue Storm, ihr kleiner Bruder Johnny und Reeds Studienfreund Ben Grimm fest, dass ihre Körper eigentümliche Veränderungen durchgemacht haben. Reed Richards kann jetzt seine Arme und Beine ausstrecken, als wären sie aus Gummiband gemacht. Sue Storm kann sich nach Belieben unsichtbar machen, und ihr Bruder Johnny kann sich so schnell in eine menschliche Fackel verwandeln, wie die meisten von uns eine Stehlampe einschalten können. Aber die vielleicht spektakulärste Verwandlung erlebt Ben Grimm, dessen Körper jetzt buchstäblich steinhart ist, was ihm ein scheußliches Aussehen verleiht, ihn gleichzeitig jedoch unglaublich stark macht. Über seine Verwandlung verbittert, bezeichnet Grimm sich selbst als »Das Ding«. Seine Kollegen folgen seinem Beispiel und benennen sich ebenfalls um: Reed Richards wird »Mister Fantastisch«, Sue Storm verwandelt sich in »Die Unsichtbare«, und Johnny in »Die Fackel«.

Das Besondere an den Fantastischen Vier ist, dass sie die Merkmale der besten Teams in der Wirtschaftswelt verkörpern. Jedes Mitglied besitzt eine einzigartige und spezifische Stärke oder eine herausragende

Fähigkeit. Verhalten und Persönlichkeiten der vier sind unterschiedlich und gelegentlich schwer unter einen Hut zu bringen. Wenn sie nicht gerade gemeinsam im Einsatz sind, vertragen sie sich nicht gut, aber wenn sie an einem Strang ziehen und ihre Meinungsverschiedenheiten hintanstellen, können sie gemeinsam etwas für die Menschheit tun und die Welt zu einem sichereren Ort machen. Das lässt sich auf die Businesswelt übertragen.

Was ist Diversität?

Die meisten von uns denken bei dem Wort »Diversität« an Unterschiede zwischen Nationalität, Kultur, ethnischer Zugehörigkeit und wirtschaftlichem Hintergrund, Geschlecht oder sexueller Orientierung. Aber selbst wenn die Mitglieder eines Teams wie eine Miniatur der Vereinten Nationen wirken können, kann ihr Zugang zur Problemlösung bemerkenswert begrenzt und uniform sein. Man kann die Diversität auch fördern, indem man Teams bildet, deren Mitglieder jeweils spezifische Stärken oder Fähigkeiten besitzen und unterschiedliche Persönlichkeitszüge aufweisen. Die Arbeit in einem Team Gleichgesinnter kann das Gehirn in einen Zustand der Selbstgenügsamkeit versetzen, was die Leistungen beeinträchtigt und die Aussichten auf Innovation und Flow schmälert.

Die Arbeit in einem Team Gleichgesinnter kann das Gehirn in einen Zustand der Selbstgefälligkeit versetzen.

Wissenschaft und Persönlichkeit überschneiden einander

Seit mehr als einem Jahrhundert führen Arbeitgeber Persönlichkeitstests durch. Leider fehlt den meisten dieser Tests jegliche neurowissenschaftliche Grundlage. Und ohne wissenschaftliche Basis sind Persönlichkeitsprofile anfällig für das, was als Bestätigungsfehler bezeichnet wird.

Das Problem mit den Persönlichkeitsprofilen

Im Jahr 1948 ließ ein Psychologe namens Bertram Forer, der bei der Veterans Administration in Los Angeles einen Einführungskurs in Psychologie abhielt, seine Studenten einen Persönlichkeitstest ausfüllen. Aber er wertete die Tests nicht aus, sondern stellte sämtlichen Studenten ohne ihr Wissen ein und dasselbe Persönlichkeitsprofil aus. Anschließend forderte Forer die Studenten auf, sich ihr »persönliches« Profil anzusehen und auf einer Skala von 0 bis 5 einzustufen, ob ihre Persönlichkeit richtig eingestuft worden war, wobei ein Wert von 5 bedeutete, dass das Profil »vollkommen« zutraf, während ein Wert von 4 einer »im Wesentlichen« zutreffenden Beschreibung entsprach.[1]

Überraschenderweise wurde die Genauigkeit der Profile durchschnittlich mit 4,26 bewertet. Mit anderen Worten: Die meisten Studenten waren tatsächlich überzeugt, dass ihre einzigartige Persönlichkeit anhand dieses Tests richtig eingeschätzt worden war. Dann eröffnete Forer seinen Versuchspersonen, dass er das Profil aus einem Zeitungshoroskop kopiert hatte. Wie all diese Horoskope war es mehrdeutig, aber vage schmeichelhaft. Negative Wesenszüge wurden nur angedeutet.

Es war dem »Bestätigungsfehler« zu verdanken, dass sich die meisten Studenten, die das Profil lasen, mit den positiven Elementen identifizierten, während sie jene Elemente ignorierten, die negativ waren oder sich nicht spezifisch auf sie bezogen. So gelangten sie zu dem Schluss, es mit einer zutreffenden Beschreibung ihrer individuellen Persönlichkeitsmerkmale zu tun zu haben.[2]

Die Gefahr des Bestätigungsfehlers ist mittlerweile verringert worden, und heutige Persönlichkeitsprofile sind präziser, da die Kognitionsforscher die Testergebnisse mit Gehirnscans abgleichen können. Beispielsweise wurden in verschiedenen Studien die Unterschiede zwischen den Gehirnen von introvertierten und extrovertierten Menschen untersucht.

Introvertiert oder extrovertiert? Eine Frage der Energie

Introvertierte Menschen sind nicht zwangsläufig schüchtern. Und extrovertierte Personen sind nicht automatisch empathisch. Der Unterschied zwischen beiden Persönlichkeitstypen ist eine Frage des Energiehaushalts: Introvertierte Menschen verbrauchen in sozialen Interaktionen Energie, während extrovertierte Menschen solche Interaktionen als eine Quelle von Energie nutzen.[3]

Hinweise auf diese Unterschiede sehen wir, wenn wir die Gehirne von Personen aus beiden Gruppen untersuchen. Introvertierte Menschen haben eine größere und dichtere graue Masse im präfrontalen Cortex. Bei sehr extrovertierten Personen ist die graue Masse dünner, was ein Hinweis darauf sein könnte, dass sie weniger Zeit mit der Kontemplation verbringen (unter Einsatz des Standardnetzwerks, siehe Kapitel 3) und eher im Augenblick leben, wofür sie das direkte Erfahrungsnetzwerk nutzen.[4]

Sowohl introvertierte als auch extrovertierte Menschen streben Belohnungen an. Der Unterschied besteht darin, wo sie nach diesen Belohnungen suchen. Forscher der Cornell University gelangten in einer Studie mit Angehörigen beider Gruppen zu dem Ergebnis, dass extrovertierte Menschen das Gefühl der Belohnung in ihrer unmittelbaren Umgebung finden, während Introvertierte es in ihrer Innenwelt finden.[5]

Unter dem Gesichtspunkt der Mitarbeiterführung ist wichtig, dass introvertierte Personen Abgeschiedenheit und Ruhezeiten brauchen, während extrovertierte Menschen leicht unruhig werden, wenn sie zu lange auf soziale Interaktion verzichten müssen.

Menschen in Glashäusern

Die Rücksichtnahme auf die unterschiedlichen Bedürfnisse der Mitarbeiter geht weit über die Frage hinaus, wie eine Führungskraft Leistungsbeurteilungen durchführen oder ihre Teams auswählen sollte. Sie sollte sich auch auf die Entscheidungen über die Parameter ihrer Arbeitsumgebung auswirken.

Ein auffälliges Beispiel für einen ausgeprägten Mangel an Sensibilität eines Unternehmens lieferte die Gestaltung eines neuen Bürogebäudes, das wir besuchten. Anstatt herkömmliche Barrieren zu verwenden, um einen Arbeitsbereich vom anderen zu trennen, bestanden die meisten Trennwände aus einem robusten, transparenten Kunstglas, durch das man selbst dann, wenn die Türen geschlossen waren, in die Büros schauen konnte.

Die extrovertierten Mitglieder der Belegschaft waren begeistert von dem neuen Design, aber die Introvertierten hatten eher das Gefühl, in einem Albtraum zu arbeiten. Innerhalb kürzester Zeit hatten die in sich gekehrten Mitarbeiter die Einrichtung ihrer Büros defensiv umgestaltet, um sie ihren persönlichen Bedürfnissen anzupassen. Ähnlich wie Kinder, die sich mitten im Wohnzimmer mit Decken und Sofakissen eine Festung bauen, hatten sich die introvertierten Mitarbeiter des Unternehmens hinter Bücherregalen, Aktenschränken, aufeinandergetürmten Schachteln oder strategisch aufgehängten Jacken und Anzugsakkos verbarrikadiert. Es dauerte nicht lange, da hatte sich das strahlende, innovative Design in einen Raum verwandelt, der große Ähnlichkeit mit dem vollgeräumten Lager eines Bekleidungsgeschäfts hatte.

Der wohlmeinende Manager mochte dieses Bürodesign für visionär gehalten haben, aber offenkundig übersah er die Tatsache, dass sich zwischen einem Drittel und der Hälfte der Bevölkerung als introvertiert bezeichnet.[6] Gestützt auf die Ergebnisse des häufig verwendeten Myers-Briggs-Typenindikators (MBTI) schätzt das Center for Applications of Psychological Type den Anteil der getesteten Personen, bei denen der MBTI-Score auf eine introvertierte Persönlichkeit hindeutet, sogar auf 47 bis 55 Prozent.[7] In dem Bürogebäude, das wir besuchten, wurde von solchen Personen plötzlich verlangt, ihre ohnehin anspruchsvolle Arbeit trotz des ständigen inneren Lärms ihrer instinktiven Bedrohungsreaktion zu bewältigen.

Ein Team funktioniert dann am besten, wenn es den verschiedenen Stärken und Stilen der Mitarbeiter Rechnung trägt und wenn das Arbeitsumfeld soweit wie möglich den unterschiedlichen Arbeitsstilen der Teammitglieder entspricht. Auch in einem Unternehmen mit ausgeprägter Diversität kann man Teams zusammenstellen, deren Mitglieder beinahe wie Klone wirken. In derart homogenen Teams ist die Arbeit möglicherweise angenehm und kollegial, aber wenn Innovation und Kreativität gefordert sind, werden sie eher versagen.

Gleichgültig ob unser innovativer Manager bei der Suche nach dem idealen Bürodesign andere Extrovertierte zurate gezogen oder die Entscheidung allein gefällt hat, er schien die Tatsache, dass es in der Belegschaft möglicherweise Personen mit ganz anderen Bedürfnissen gab, vollkommen übersehen zu haben. Hätte er sich von Anfang an mit der Diversität beschäftigt, so hätte dieses Design nie den Zeichentisch verlassen.

Partnervermittlung im Konferenzraum

Es gibt Tausende Studien, die unser Verständnis der Vielfalt am Arbeitsplatz vertiefen, aber die nützlichsten neurowissenschaftlich fundierten Erkenntnisse über unterschiedliche Persönlichkeitsmerkmale, die wir bisher gesehen haben, findet man in einer ungewöhnlichen Quelle: einer Online-Partnervermittlung.

Als sich die biologische Anthropologin Helen Fisher von der Rutgers University daranmachte, die neurowissenschaftlichen Grundlagen enger Beziehungen und der zugrunde liegenden Persönlichkeitstypen zu untersuchen, wollte sie die Chemie von Liebesbeziehungen erforschen. Aber die neurochemischen Erkenntnisse, auf denen ihre Analyse potenzieller romantischer Partner beruht, liefern auch wertvolle Aufschlüsse über die Interaktionen der Teammitglieder in einem Unternehmen. Und anders als die weithin verwendeten Instrumente zur Persönlichkeitsbeurteilung wie Myers-Briggs beruht Fishers Analyse auf neurowissenschaftlichen Erkenntnissen.

Chemie und Kompatibilität

»Warum verlieben wir uns in eine Person und nicht in eine andere?« Von dieser einfachen, grundlegenden Frage ging Helen Fisher bei ihrer Forschung aus. Sie nahm eine großangelegte wissenschaftliche Studie in Angriff, um den Zusammenhang zwischen Gehirnaktivität und Partnerwahl zu beleuchten. Zuerst studierte sie Gehirnsysteme und isolierte vier neurochemische Systeme, die jeweils mit einer bestimmten Konstellation biologisch fundierter Persönlichkeitsmerkmale zusammenhingen. Als Nächstes entwickelte sie einen Fragebogen, das Fisher Temperament Inventory, um zu messen, wie ausgeprägt die Merkmale in allen vier Gehirnsystemen bei Individuen waren. Die Zusammenarbeit mit einer beliebten Online-Singlebörse gab ihr Zugang zu den Profilen von mehr als 80 000 Männern und Frauen, die im Internet auf Partnersuche waren. Sie sammelte die Daten dieser Personen zu jeder Persönlichkeitsskala und untersuchte, mit welchen potenziellen Partnern sich diese Personen treffen wollten. Anschließend analysierte sie anhand funktioneller Magnetresonanztomographien die Gehirnaktivität bei einer Gruppe von Personen, die Fishers Persönlichkeitstest absolviert hatten. Als sie sich ansah, ob es einen Zusammenhang zwischen den neurowissenschaftlichen Daten dieser Personen und deren Verhalten auf dem Dating-Portal gab, entdeckte sie ein erstaunliches Muster.

Es ist kein bloßer Zufall, dass wir eine Person einer anderen vorziehen. Bestimmte Persönlichkeitstypen ziehen einander an, und das Geheimnis der Anziehung finden wir in ihrem individuellen neurochemischen Gleichgewicht. Das Verhalten von Menschen wird in unterschiedlichem Maß von bestimmten Substanzen im Gehirn reguliert. Und diese Neurochemikalien steuern nicht nur unser Verhalten, sondern auch unsere Persönlichkeit. Anhand der Aktivität von zwei Neurotransmittern (Dopamin und Serotonin) und zwei Hormonen (Östrogen und Testosteron) identifizierte Fisher vier grundlegende Persönlichkeitstypen. Sie bezeichnete sie als den Entdecker, den Gestalter, den Diplomat und den Macher.[8]

Entdecker

Entdecker suchen intensive Sinneseindrücke. Erinnern Sie sich an die umgekehrte U-Kurve in Kapitel 1? Dank einer erhöhten Aktivität des Dopaminsystems im Gehirn und einer zusätzlichen Noradrenalinfreisetzung (das *D* und *N* in der DNA der Höchstleistung) finden wir Entdecker normalerweise unter jenen Männern und Frauen, deren Leistungskurve nach rechts verschoben ist, die also ein höheres Maß an Erregung brauchen, um Höchstleistungen erzielen zu können. Das kann sie dazu bewegen, im Streben nach größeren Belohnungen neuen Nervenkitzel zu suchen, Risiken einzugehen und ständig in Bewegung zu sein.[9]

Entdecker suchen den Nervenkitzel.

Entdecker haben jedoch einen Nachteil: Da sie ständig neue Erfahrungen brauchen, können sie nicht gut mit Langeweile umgehen. Wenn etwas nicht wirklich interessant oder eine Herausforderung für sie ist, fällt es Entdeckern oft schwer, die Aufmerksamkeit aufrechtzuerhalten. Werden sie jedoch ausreichend gefordert, so sind sie zu bemerkenswerten, wenn auch kurzzeitigen Konzentrationsleistungen fähig. Entdecker haben oft eine Affinität zu anderen Entdeckern, die ihre Abenteuerlust teilen.[10]

Gestalter

Während Entdecker für das Dopamin leben, wird die Persönlichkeit von Gestaltern im Wesentlichen vom stabilisierenden Einfluss des Serotonins geprägt.[11] In mancher Hinsicht macht das von ihren Gehirnen freigesetzte Serotonin solche Personen zum Gegenteil der risikofreudigen Entdecker. Der Psychologe Marvin Zuckerman bezeichnet Personen, die Serotoninaktivität zeigen, als »eher weniger abenteuerlustig«.[12] Würde man die Position der Gestalter auf der umgekehrten U-Kurve in Kapitel 1 bestimmen, so fände man sie mit einiger Sicherheit auf der linken Seite, weil sie Höchstleistungen nur bei geringerer Erregung erzielen können.

Diese Neigung zu Vorsicht und Überlegung bedeutet nicht, dass Gestalter Mauerblümchen sind. Im Gegenteil, sie blühen oft in sozialen Situationen auf und können ausgezeichnete Teamspieler sein. Es bedeutet auch nicht, dass Gestalter furchtsam sind. Sie sind lediglich besonnen und zuverlässig, nehmen sich Zeit, um aus vergangenen Fehlern zu lernen und ihre Zukunft methodisch vorzubereiten.[13]

Natürlich kann die Zuverlässigkeit der Gestalter dazu führen, dass sie ungeachtet der Umstände obsessiv am Zeitplan festhalten und Abweichungen vom vereinbarten Plan schwer ertragen. Aber wenn man die Stärken von Gestaltern zu nutzen versteht, können sie die Gruppe zusammenhalten. Gestalter fühlen sich normalerweise zu anderen Gestaltern hingezogen.[14]

Diplomat

Der Einfluss des Hormons Östrogen unterscheidet Diplomaten von ihren Kollegen. Östrogen gilt allgemein als weibliches Hormon, aber Männer produzieren es ebenfalls. Diplomaten können sich normalerweise sehr gut verbal ausdrücken.[15] Außerdem scheinen sie beinahe einen sechsten Sinn dafür zu haben, was andere denken und fühlen.[16] Tatsächlich übertreiben Diplomaten möglicherweise nicht, wenn sie erklären, sie könnten den Schmerz anderer fühlen. Der ehemalige US-Präsident Bill

Diplomaten übertreiben möglicherweise nicht, wenn sie erklären, sie könnten den Schmerz anderer fühlen.

Clinton, der den Ausdruck »I feel your pain« berühmt machte, ist ein typischer Diplomat.[17]

Aber diese ausgeprägte Empathie kann auch dazu führen, dass Diplomaten zur Selbstverleugnung neigen: Sie werden alles tun, um anderen zu gefallen und Konflikte und Disharmonie zu vermeiden. Ihre Fähigkeit, ein Problem von allen Seiten zu betrachten, hindert sie außerdem manchmal daran, sich auf wichtige Details zu konzentrieren und Entscheidungen zu fällen.[18] Es kann ewig dauern, bis sich Diplomaten endlich für einen Kurs entscheiden. Da ihre Fähigkeiten einander ergänzen, arbeiten Diplomaten oft gut mit Machern zusammen.

Macher

Der Diplomat ist das Yang, der Macher das Yin. Während die Persönlichkeit von Diplomaten vom Östrogen beeinflusst wird, ist das definierende Hormon des Machers das Testosteron. Obwohl Testosteron im Allgemeinen mit dem männlichen Geschlecht verbunden wird, gibt es auch zahlreiche Macherinnen.[19] Während beispielsweise der für seine Empathie berühmte Ex-US-Präsident Bill Clinton die mit dem Östrogen verbundenen Charakteristika eines Diplomaten aufweist, passt seine Frau, die ehemalige Außenministerin und Präsidentschaftskandidatin Hillary Clinton, zum vom Testosteron beeinflussten Profil einer willensstarken, entschlossenen Macherin.[20]

Der Diplomat ist das Yang, der Macher das Yin.

Kennzeichnend für Macher ist ihr Konkurrenzdenken. Sie sind hart, pragmatisch und extrem entscheidungsfreudig, selbst wenn Entscheidungen komplex und schwierig sind. Die Fähigkeiten, die wir normalerweise dem präfrontalen Cortex zuschreiben – darunter Logik und rationale Analyse –, gehören zu ihren größten Stärken. Das bedeutet jedoch nicht, dass es Machern an Kreativität mangelt. Im Gegenteil, sie finden oft fantasievolle und kühne Lösungen, die jedoch nicht immer populär sind.[21]

Wenn es ein Schlüsselmerkmal gibt, das Machern durchweg fehlt, so ist es das diplomatische Geschick. Aufgrund ihres Selbstbewusstseins, ihrer Präzision und ihrer Geradlinigkeit wirken sie manchmal angeberisch, stur und rüde. Aber Macher sind normalerweise keine Einzelgänger. Mit ihrer Hartnäckigkeit, Loyalität und Begeisterung für Ideen können sie gute Freunde und ausgezeichnete Kollegen sein und verstehen sich insbesondere mit Diplomaten, die oft dabei helfen können, die härteren Kanten von Machern ein wenig abzuschleifen.

Was sagt uns das über die Mitarbeiterführung?

Nach Angaben des Center for Creative Leadership verursachen ungelöste Konflikte zwischen Mitarbeitern mindestens 65 Prozent aller Leistungsprobleme am Arbeitsplatz.[22] Die richtige Identifizierung der individuellen Persönlichkeitsmerkmale kann der erste Schritt zur Bewältigung solcher Konflikte sein. Helen Fisher, die sich anfangs auf Liebesbeziehungen konzentrierte, entwickelte auf der Grundlage ihrer Forschungsergebnisse einen Fragebogen zur Bestimmung der neurochemischen Verfassung einer Person. Seit damals hat Fisher ihre Aufmerksamkeit vom Schlafzimmer auf den Konferenzraum verlagert und anhand derselben Daten über die Funktionsweise des Gehirns einen zweiten Persönlichkeitstest entwickelt, das NeuroColor Temperament Inventory, um die Erkenntnisse der Neurowissenschaft auf Arbeit, Kommunikation, Kooperation und Entscheidungsfindung in der Wirtschaftswelt anzuwenden. Abhängig von der Aktivität der verschiedenen Botenstoffe und Hormone geben wir bestimmten Aufgaben und Arbeitsweisen den Vorzug vor anderen.[23] Zudem kann man bei der Teambildung die Produktivität erhöhen, indem man ein ausgewogenes Verhältnis zwischen den verschiedenen Persönlichkeitstypen herstellt.

Jeder der Persönlichkeitstypen kann bestimmte Fähigkeiten beisteuern, die einander ergänzen. Beispielsweise wird der dynamische, neugierige Entdecker seine Kreativität und seinen Antrieb in den Dienst des Teams stellen und die Arbeit vergnüglicher machen. Der Diplomat wird auf die »menschliche« Dimension der Zusammenarbeit achten und seine Stärken in verbalem Ausdruck und Kommunikation einbringen. Der Gestalter wird Stabilität und Beharrlichkeit beisteuern, um die Aufgabe zu erledigen. Er wird dafür sorgen, dass die Fristen eingehalten und die Zusagen ernst genommen werden. Der Macher wird die Komplexität verringern und seine logischen Fähigkeiten einsetzen, um scheinbar verwirrende Probleme zu klären, sodass das Team auf Kurs bleibt und das Tempo aufrechterhält.

Wen wirst du anrufen?

Bei den meisten Menschen wirkt sich eine Reihe von Faktoren – Erbanlagen, Erfahrungen und Umwelteinflüsse – auf Persönlichkeit und Leistungen aus. Unter Berücksichtigung dessen können wir feststellen, dass die fötale Bahnung, die zu den verschiedenen Kombinationen von Neurochemikalien führt, welche den vier von Fisher beschriebenen Persönlichkeitstypen – Entdecker, Gestalter, Diplomat und Macher – zugrunde liegen, einige Teammitglieder zu besseren Kandidaten für bestimmte Funktionen oder Aufgaben macht als ihre Kollegen.

Kooperation. Gestalter sind zumeist ausgezeichnete Teamspieler. Studien haben gezeigt, dass das Serotonin, das so großen Einfluss auf ihre Persönlichkeit hat, die Fähigkeit eines Menschen erhöht, »mit anderen zusammenzuspielen«. Fisher erklärt: »Personen, die Präparate zur Anregung der Serotoninproduktion einnehmen, werden in der Gruppenarbeit kooperativer.«[24]

Gestalter sind zumeist ausgezeichnete Teamspieler.

Entscheidungsfindung. Entschlusskraft wird oft mit dem Testosteron in Verbindung gebracht. Daher ist es nicht unbedingt überraschend, dass Macher vorangehen, wenn Entscheidungen gefällt werden müssen. Entdecker gelangen ebenfalls schnell zu Entscheidungen – in erster Linie, weil sie zur Impulsivität neigen –, aber Macher sind noch entschlusskräftiger, weil sie hartnäckig sind.[25]

Verhandlungen. Es sollte auf der Hand liegen, wer hier in seinem Element ist: Diese Leute werden nicht umsonst als Diplomaten bezeichnet!

Schreiben. Die verbale Ausdrucksfähigkeit wird seit langem mit dem Östrogen verbunden, dem dominanten Hormon bei Diplomaten.[26]

Das Gesamtbild sehen. Nach Aussage Fishers sind Diplomaten sehr gut im »vernetzten Denken«, was viele von uns als »das Gesamtbild sehen« bezeichnen würden. Sie definiert es als »die natürliche Fähigkeit, viele kleine Daten zusammenzutragen, sie auszuwerten und sich über mögliche Verbindungsglieder Gedanken zu machen«.[27] Wie auch immer man es nennen will, die Diplomaten besitzen es.

Das Kleingedruckte. Die manchmal außergewöhnliche Fähigkeit von Diplomaten, Geflechte von Faktoren statt gerader Linien zu sehen, hat einen klaren Nachteil. Es kann sie für »Systemblindheit« anfällig machen, das heißt für die Unfähigkeit, sich auf wichtige Details zu konzentrieren, während sie das Gesamtbild betrachten.[28] Wenn man sicherstellen will, dass auf jedem *i* das Tüpfelchen sitzt, muss man sich an die Macher halten. Sie sind zumeist Erbsenzähler und Haarspalter.[29]

Verwaltung. Gestalter sind gute Manager und Verwalter.[30] Ein Diplomat kann in einer Besprechung der beste Moderator sein, aber der Gestalter ist derjenige, der dafür sorgen wird, dass das Team beim Thema bleibt.

Umgang mit dem Chaos. Obwohl wirkliches Multitasking extrem selten ist (siehe Kapitel 3), sind Entdecker normalerweise besser als andere in der Lage, auf eine Vielzahl von Inputs zu reagieren: Sie verstehen sich darauf, ihre Aufmerksamkeit zu teilen.[31]

Klarheit und Vorsicht. Eine von Gestaltern beherrschte Gruppe kann schwerfällig und Risiken abgeneigt sein. Eine Gruppe ohne Gestalter kann unkonzentriert und achtlos sein.

Fristen. Die Schattenseite der vom Dopamin angetriebenen Motivation der Entdecker ist, dass sie manchmal zur Prokrastination führt.[32] Wenn es darum geht, Fristen einzuhalten, kann man sich auf die Gestalter verlassen.

Aufmunterung. Entdecker sind besonders optimistisch und begeisterungsfähig, zwei Eigenschaften, die mit dem Dopamin zu tun haben.

Hochleistungsteams

Beim Aufbau von Hochleistungsteams ist es besonders wichtig, die Bedürfnisse der einzelnen Mitarbeiter zu respektieren. Im Umgang mit den verschiedenen Typen in Ihrem Team ist Folgendes zu beachten:

Entdecker: Entdecker langweilen sich leicht. Sie erreichen ihren Leistungshöhepunkt bei einem hohen Stressniveau. Da sie ständig neue Herausforderungen brauchen, sollte man sie nicht mit Allerweltstätigkeiten lähmen. Sie können ausgesprochen kreativ und geistig schnell sein, weshalb man ihnen die Möglichkeit geben sollte, sich entsprechenden Aktivitäten zu widmen.

Diplomaten: Diplomaten sind sehr empathisch und behalten den Überblick. Sie müssen eine Affinität zu ihren Vorgesetzten und Kollegen fühlen und brauchen deren Wertschätzung. Diplomaten reagieren sehr empfindlich auf ungelöste Konflikte, und ihre Leistungen werden leiden, wenn es nicht gelingt, ein auf Vertrauen und Wertschätzung beruhendes Arbeitsklima zu schaffen. Die Stärken der Diplomaten liegen im Umgang mit Menschen, in ihrer verbalen Ausdrucksfähigkeit und ihrer Fähigkeit, Zusammenhänge zwischen scheinbar unverbundenen Themen herzustellen.

Macher: Macher sind entschlusskräftig und ausgesprochen analytisch. Sie blühen unter Wettbewerbsbedingungen auf, unter denen sie ihre Fähigkeiten in Problemlösung und Strukturierung ausspielen können. Aufgrund ihres hohen Testosteronniveaus können Macher in der Kommunikation einigermaßen rau und undiplomatisch sein. Sie arbeiten nur gut, wenn die Hierarchie klar definiert ist; andernfalls ist das Risiko offen ausgetragener Konflikte hoch. Macher lieben es zu führen und erfolgreich zu sein. Man darf ihnen dieses Vergnügen nicht vorenthalten!

Gestalter: Wie die Bezeichnung andeutet, sind die Gestalter die Säulen der Gesellschaft. Man kann sich immer darauf verlassen, dass sie ihre Aufgaben und Pflichten erfüllen werden. Gestalter sind sehr strukturiert, loyal und zukunftsorientiert, können durch unerwartete Änderungen an Zeitplänen und Vereinbarungen jedoch aus der Bahn geworfen werden. Ein

Gestalter braucht die Freiheit, seinen Zeitplan selbst zu gestalten, und benötigt eine geordnete Umgebung, zum Beispiel den Frieden und die Ruhe seines Zuhauses. Da der Gestalter oft unauffällig im Hintergrund arbeitet, muss man darauf achten, seine Arbeitsethik, seine Loyalität und seinen Wert für das Team nicht zu unterschätzen.

Wie bei der Partnervermittlung ist es auch am Arbeitsplatz wichtig, zueinander passende Personen und geeignete Kommunikationsmittel zu finden, um das Verständnis und die Zusammenarbeit zwischen den verschiedenen Persönlichkeitstypen zu erleichtern. Und da perfekt zusammenpassende Teams selten sind, ist es umso wichtiger, die Kenntnis der biologischen Präferenzen der Gruppenmitglieder und dessen zu nutzen, was im Umgang mit ihnen zu beachten ist. Das erleichtert es, die Stärken der Mitarbeiter in einem Team auszuschöpfen, selbst wenn sie sich sehr von den eigenen Stärken unterscheiden.

Die Leistungsbeurteilungen sollten einer Leistungsbeurteilung unterzogen werden

Wir würden keinen Elektriker anrufen, um unsere Spüle zu reparieren. Dafür würden wir einen Klempner holen. Und zweifellos würden wir dem Elektriker nicht sagen: »Sie verstehen wirklich etwas von Elektroinstallationen, aber ich glaube, Sie sollten sich mehr darauf konzentrieren, Ihre Fähigkeiten als Klempner zu verbessern.«

Jeder von uns hat Stärken und Schwächen. Viele von uns sind stolz auf ihre Stärken, und die meisten von uns sind sich ihrer Schwächen nur zu bewusst. Etwas zu tun, das wir beherrschen, bündelt unsere Aufmerksamkeit, löst einen Dopaminschub aus und versetzt uns oft in einen beglückenden Zustand des Flow. Hingegen führt die Arbeit an etwas, von dem wir nicht viel verstehen, leicht zu Entmutigung, Frustration und Energieverlust. Wie die Yerkes-Dodson-Kurve (siehe Kapitel 1) und Mihály Csíkszentmihályis Modell des Flow (Kapitel 3) zeigen, kann das nicht zum Erfolg führen. Warum um alles in der Welt sollte eine Füh-

Leistungsbeurteilungen verbrauchen Energie und untergraben die Motivation.

rungskraft bewusst etwas tun, um die Mitarbeiter ihrer Motivation und Energie zu berauben?

Man muss kein Neuropsychologe sein, um zu begreifen, dass die verbreitete Furcht vor Leistungsbeurteilungen viel Energie verbraucht und die Motivation untergräbt. Im Jahr 2012 fand das CEB Corporate Leadership Council in einer Studie heraus, dass mehr als drei Viertel der befragten Manager, Mitarbeiter und Personalchefs der Meinung waren, Leistungsbeurteilungen seien ineffektiv, unzutreffend oder beides.[33] Die *Washington Post* sagte es in einer Schlagzeile noch klarer: »Studienergebnis: Fast alle Menschen hassen Leistungsbeurteilungen.«[34]

Es gibt geringfügige Unterschiede zwischen den Unternehmen, aber in der alljährlichen Leistungsbeurteilung werden normalerweise die Stärken und Schwächen sämtlicher Mitarbeiter eingestuft (oft lediglich anhand von Zahlen, aber gelegentlich auch mit Kommentaren), und nach ein paar anerkennenden Worten über die Stärken werden die Schwächen analysiert, um messbare Verbesserungsziele für das folgende Jahr festzulegen.

Abgesehen davon, dass dieser Prozess normalerweise mit Gehaltserhöhungen verbunden ist, freuen sich die wenigsten uns bekannten Manager und Angestellten darauf. Im Gegenteil, sie haben eine Heidenangst davor. Und das ist nicht verwunderlich. Für die Manager ist die Leistungsbeurteilung oft mit hohem Arbeitsaufwand verbunden, und für die Mitarbeiter kann sie belastend, wenn nicht sogar demoralisierend sein.

Warum sollte sich ein Elektriker wie ein Versager fühlen, weil er kein guter Klempner ist? Warum sollte sich eine Mitarbeiterin, die sehr gut mit den Klienten interagiert, schlecht fühlen, weil sie nicht gut schreibt? Anstatt die einzigartigen Stärken ihrer Mitarbeiter zu nutzen, versuchen zu viele Unternehmen, die Schwächen der Leute auszubügeln. Dadurch werden die Wellentäler angehoben, aber gleichzeitig werden die Gipfel eingeebnet. Die Mitarbeiter vernachlässigen die Dinge, in denen sie gut sind, um sich in Bereichen zu verbessern, in denen sie nie gut gewesen sind. Im Streben nach Vortrefflichkeit steuern allzu viele Unternehmen auf die Mittelmäßigkeit zu.

Das kann teilweise absurde Formen annehmen. Wir kennen einen Rennfahrer, der zur Weltspitze gehört. Doch wann immer er vor ein Mikrofon treten musste, war er unbeholfen. Vermutlich war er kein Weltklasserennfahrer geworden, um sich als öffentlicher Redner zu verbessern;

seine Leistungen am Steuer sprachen eine deutliche Sprache. Aber wäre er in einem typischen Großunternehmen beschäftigt gewesen, so hätte ihm sein Vorgesetzter ungeachtet seiner bewundernswerten Fähigkeit, ein Auto mit unglaublicher Geschwindigkeit um eine Rennstrecke zu steuern, möglicherweise nahegelegt, den Motorsport eine Weile ruhen zu lassen und stattdessen einen Rhetorik- und vielleicht sogar einen Debattierkurs zu absolvieren. Auf diese Art hätte die Welt einen ausgezeichneten Rennfahrer verloren und dafür einen mittelmäßigen Redner bekommen.

Offenkundig muss man etwas unternehmen, wenn ein Mitarbeiter bestimmten Erfordernissen nicht genügt. Aber anstatt die Leute anhand einer fünf- oder auch zehnstufigen Skala zu bewerten, können wir die Einstufung auf vier Kategorien beschränken:

1. Inakzeptabel
2. Akzeptables Niveau
3. Professionelles Niveau
4. Klassenbester

Anders als bei den gegenwärtig in den Unternehmen verwendeten Skalen, die oft unklare Ergebnisse liefern, weil es zum Beispiel schwierig ist zu beurteilen, ob eine Person auf der Stufe 4 oder 5 steht, sollte es anhand dieser klaren Kategorien relativ einfach sein, die Mitarbeiter zu beurteilen. Haben wir die Fähigkeiten eines Mitarbeiters an den grundlegenden Standards des Unternehmens gemessen, so können wir ihm Empfehlungen geben, von denen sowohl er selbst als auch das Unternehmen profitieren wird.

Haben wir eine Fähigkeit des Mitarbeiters als »inakzeptabel« eingestuft, so müssen wir zweifellos etwas tun, um seine Leistungen in diesem Bereich zu verbessern. Aber hier weichen wir von der herkömmlichen Verwendung der Leistungsbeurteilung ab: Wir wollen einen Bereich, in dem der Mitarbeiter offenkundig Schwierigkeiten hat, nicht in eine seiner größten Stärken verwandeln. Das wird offenkundig nicht funktionieren. Versuchen Sie nicht, einen Mitarbeiter in etwas zu verwandeln, das er nicht ist. Wie es so schön heißt: »Egal wie lang die Startbahn ist, ein Schwein wird nicht abheben.«

Egal wie lang die Startbahn ist, ein Schwein wird nicht abheben.

Studien haben gezeigt, dass die Gehirnaktivität während einer Tätigkeit bei Personen, die ein Talent für diese Tätigkeit besitzen, und Personen, die nicht gut darin sind, sehr unterschiedlich ist.[35] Darüber hinaus können Aufgaben, die einem Mitarbeiter schwerfallen oder seine Abneigung wecken, eine Bedrohungsreaktion des Gehirns auslösen, was das rationale Denken vorübergehend kurzschließen und die Erfolgschancen weiter verringern kann.

Aus irgendeinem Grund widerspricht diese spezifische Tätigkeit der Natur dieses Mitarbeiters oder seiner genetischen Disposition – oder er hat einfach eine Abneigung dagegen. Bis zu einem gewissen Grad ist der Grund eigentlich unerheblich. Unser Ziel sollte einfach sein, die Fähigkeiten des Mitarbeiters in diesem Bereich aus dem Loch des »inakzeptablen« Niveaus auf ein »akzeptables« Niveau zu heben, mehr nicht. Das genügt.

Das Positive verstärken

Haben wir unzureichende Fähigkeiten einmal auf ein akzeptables Niveau gehoben, so können wir uns darauf konzentrieren, von da an die Stärken des Mitarbeiters zu fördern. Anstatt auf die Mittelmäßigkeit zuzusteuern, sollten wir den Mitarbeiter ermutigen, seine Stärken weiterzuentwickeln, um nach Möglichkeit das Klassenbester-Niveau zu erreichen. Und anders als Leistungsbeurteilungen, welche die Schwächen hervorheben, nutzen Beurteilungen, die auf die Stärken des Mitarbeiters zielen, seinen Stolz auf seine Fähigkeiten und seine Motivation zu Tätigkeiten, die er beherrscht, und spornen ihn an, nach den Sternen zu greifen.

Die Fähigkeiten unseres Weltklasserennfahrers vor dem Mikrofon fielen bedauerlicherweise in die Kategorie »Inakzeptabel«, und es war klar, dass etwas geschehen musste. Aber anstatt sich eine Auszeit vom Motorsport zu nehmen, um Rhetorik- oder Debattierkurse zu besuchen, lernte er einfach ein paar Sätze in zehn verschiedenen Sprachen auswendig. Von da an konnte er sich, wohin er auch kam, an das Publikum wenden und einige gut einstudierte Worte in der Landessprache an die Fans richten. Die Zuschauer waren begeistert. Mit begrenztem Zeitaufwand und ein wenig Mühe hatte er seine rhetorischen Fähigkeiten von einem »inakzeptablen« auf ein »akzeptables« Niveau gehoben und konnte sich auf das konzentrieren, was wirklich zählte: auf das Rennfahren. Die zusätzlichen Interaktionen mit den örtlichen Medien wurden an einen Sprecher delegiert, der im Umgang mit Journalisten »Klassenbester« war. So funktioniert Diversität!

Teambewertungen unterscheiden sich offenkundig von individuellen Leistungsbeurteilungen, aber der zugrunde liegende Ansatz ist derselbe. Das Augenmerk sollte darauf liegen, ein Expertenteam zusammenzustellen und die einzelnen Teammitglieder dazu zu bewegen, das Beste aus ihren Stärken zu machen. Es sollte nur das nötige Mindestmaß an Zeit und Energie aufgewendet werden, um »inakzeptable« Fähigkeiten auf ein »akzeptables« Niveau zu heben. Das muss genügen.

Fassen wir kurz die bewährten Schritte zusammen, die wir Teams in aller Welt empfehlen:

1. Listen Sie die wichtigsten Leistungsindikatoren auf, von denen der Erfolg des Teams abhängen wird.
2. Stufen Sie jedes Teammitglied in Bezug auf jedes einzelne Merkmal ein.
3. Identifizieren Sie die »inakzeptablen« Fähigkeiten und heben Sie diese auf ein »akzeptables« Niveau, jedoch nicht höher.
4. Nutzen Sie die Stärken der einzelnen Teammitglieder mit dem Ziel, das Team zum »Klassenbesten« zu machen, und fördern Sie das Gefühl des Stolzes im Team.
5. Sollte das Team in einem wichtigen Bereich nur ein »akzeptables« Niveau erreichen, so ergänzen Sie Ihr Team um jemanden, der »Klassenbester« in diesem Bereich ist.

Aus diesen Erkenntnissen können wir eine einfache Lehre für Teams und Teambildung ziehen: Es muss nicht jeder alles können. Versuchen Sie, eine Kombination von Personen zu finden, die in verschiedenen Bereichen vorzügliche Leistungen bringen. Halten Sie Ausschau nach Teammitgliedern, die in bestimmten Bereichen professionelle oder außergewöhnliche Fähigkeiten besitzen. Es ist in Ordnung, wenn Ihr Reed Richards nicht in der Lage ist, sich unsichtbar zu machen – dafür haben Sie Ihre Sue

Es muss nicht jeder alles können.

Storm. Auch erwartet niemand von dem launenhaften Teenager Johnny Storm, dass er das Team leitet. Diese Aufgabe kann der ältere und weisere und obendrein unglaublich flexible Reed Richards übernehmen. Aber wenn es gilt, in einem selbsterzeugten Feuerball durch die Luft zu fliegen, ist Johnny zweifellos der »Klassenbeste«. Und was den steinharten Ben Grimm (»Das Ding«) anbelangt, so ist seine Stärke buchstäblich seine Stärke. Die kombinierte Kompetenz von Personen mit unterschiedlichen Fähigkeiten und Denkweisen macht ein wirklich vielfältiges Team aus.

Kapitel 7 auf einen Blick

Kernaussagen aus »Erfolg durch Diversität«

Die Menschen sind verschieden. Die meisten Persönlichkeitsunterschiede lassen sich zu ungefähr 50 Prozent auf grundlegende genetische Prädispositionen und zu ungefähr 50 Prozent auf Einflüsse der Umgebung und Erfahrungen zurückführen. Daraus kann man ableiten, dass Menschen verschiedene Bedürfnisse am Arbeitsplatz haben, und wenn man diese Bedürfnisse respektiert und möglichst flexibel darauf eingeht, werden die Mitarbeiter sehr viel bessere Leistungen bringen und bei der Arbeit glücklicher sein.

Die Fantastischen Vier. Helen Fisher von der Rutgers University hat, gestützt auf neurowissenschaftliche Erkenntnisse, ein zuverlässiges psychometrisches Werkzeug zur Einstufung von vier Persönlichkeitstypen entwickelt, die von vier Neurochemikalien geprägt werden. Diese Persönlichkeitstypen bezeichnet sie als den Entdecker, den Gestalter, den Macher und den Diplomaten.

Entdecker und Gestalter. Entdecker suchen Erfahrungen und haben oft ein aktives Dopaminsystem. Sie strahlen Zuversicht aus und sind ausgesprochen kreativ. Das Verhalten von Gestaltern, die für ihre Loyalität, Stabilität und Zuverlässigkeit geschätzt werden, wird vom Serotoninsystem geprägt, das mit einem Gefühl der Ruhe und des Wohlbefindens einhergeht.

Macher und Diplomaten. Männer (und Frauen) mit einem sehr aktiven Testosteronsystem werden als Macher bezeichnet. Sie sind zumeist ausgezeichnete Strategen, besitzen Entschlusskraft und denken logisch. Frauen (und Männer) mit einem dominanten Östrogensystem sind Diplomaten. Sie sind intuitiv, einfühlsam und verstehen sich auszudrücken, und sie besitzen oft besondere soziale Fähigkeiten.

Ein Team zeichnet sich nicht automatisch durch Diversität aus, nur weil es wie die Vereinten Nationen aussieht. Auch wenn es sinnvoll und richtig ist, Vorurteile und Benachteiligungen aufgrund von Ethnizität, Geschlecht und sexueller Identität zu beseitigen, sollten wir zusätzlich dem Konzept der Diversität des Denkens Platz einräumen. Nur weil die Mitglieder einer Gruppe unterschiedlich aussehen, denken sie nicht zwangsläufig unterschiedlich. Teams sind nicht aufgrund der Vielfalt der äußeren Erscheinung oder des Hintergrunds ihrer Mitglieder erfolgreich, sondern weil sie unterschiedliche Fähigkeiten und Persönlichkeitstypen beinhalten.

Klassenbeste. Anstatt zu versuchen, allen Teammitgliedern sämtliche Fähigkeiten zu vermitteln, sollten Sie Personen in die Gruppe holen, die eine oder mehrere herausragende Fähigkeiten besitzen, die das Team braucht, und anschließend die Kompetenz dieser Personen in diesen Bereichen weiterentwickeln. Das Ziel muss sein, sie zu »Klassenbesten« zu machen.

Heben Sie das Positive hervor. Im Umgang mit den Schwächen eines Teammitglieds sollten Sie alle »inakzeptablen« Fähigkeiten auf ein »akzeptables« Niveau heben – und es dabei bewenden lassen. Arbeiten Sie die übrige Zeit an den vorhandenen Stärken der Mitarbeiter, um ihnen dabei zu helfen, in ein oder zwei Bereichen »Klassenbeste« zu werden.

Identifizieren Sie Ihre Experten. Erstellen Sie eine Liste der wichtigsten Fähigkeiten, die Sie in Ihrem Team brauchen, und ordnen Sie klar zu, welche Mitarbeiter welche dieser Fähigkeiten besitzen. Wenn das getan ist, sollte jedermann eine klare und selbstbewusste Antwort auf die entscheidende Frage geben können: »Warum bin ich in diesem Team?«

Versuchen Sie nicht, einem Schwein das Fliegen beizubringen. Engagieren Sie lieber einen Vogel. Anstatt die aussichtslose Strategie zu verfolgen, Schwächen in Stärken zu verwandeln, sollten Sie neue Talente ins Team holen, die bereits eine natürliche Prädisposition haben, um die benötigte Fähigkeit zu entwickeln.

Es gibt keine Einheitsgröße, die allen passt. Erwarten Sie nicht, dass alle gut in allem sein werden. Sorgen Sie stattdessen dafür, dass jeder gut in etwas ist. Entwickeln Sie die Mitarbeiter dann ihren spezifischen Stärken entsprechend weiter.

Kapitel 8

Vertrauen schaffen

Nicht Motivation oder Geld,
sondern Vertrauen ist der ideale Klebstoff,
um erfolgreiche Teams zusammenzuhalten

Man kann ohne Übertreibung sagen, dass eine einzige Rosine die Welt verändert hat. Anfang der 1990er Jahre studierten Wissenschaftler an der Universität von Parma die neuronale Aktivität im Motorcortex eines Makaken, während sich der Affe kleine Nahrungshappen wie Rosinen und Nüsse schmecken ließ. Die Forscher hatten festgestellt, dass eine einzelne Nervenzelle für diese spezifische Greifbewegung zuständig war. Jedes Mal, wenn der Affe nach dem Futter griff, feuerte dieses Neuron, und aus einem im Labor aufgestellten Lautsprecher drang der verstärkte Klang der neuronalen Aktivität.

Aber eines Tages geschah etwas sehr Sonderbares.

Zwischen zwei Beobachtungssitzungen machten alle Beteiligten einschließlich des Affen eine Pause, und ein Doktorand entschloss sich, die Gelegenheit zu nutzen, um eine Kleinigkeit zu essen. Er griff nach dem ersten Essbaren, das er sah, und das waren zufällig die Rosinen, mit denen eigentlich der Affe gefüttert wurde.

In diesem Augenblick erklang aus dem an das Gehirn des Affen angeschlossenen Verstärker das vertraute Geräusch eines feuernden Neurons. Die Wissenschaftler waren verblüfft. Obwohl der Affe in diesem Augenblick vollkommen untätig war, sendete sein Gehirn dieselben Signale, die normalerweise zu beobachten waren, wenn er nach Futter griff. Wie war das möglich?

Dank dieses zufälligen Ereignisses im Labor machten Giacomo Rizzolatti und sein Forscherteam eine der bedeutsamsten Entdeckungen in der modernen Neurowissenschaft. Das Affengehirn – und wie wir mittlerweile wissen, auch das menschliche Gehirn – verfügt über eine Funktion, die als »Spiegelneuronensystem« bezeichnet wird, ein Netz von Nervenzellen, die nicht nur dann feuern, wenn wir eine bestimmte Handlung vollziehen, sondern auch dann, wenn wir jemand anderen sehen, der diese Handlung vollzieht.

Der zweite Vorgang ist wirklich außergewöhnlich. Die Forschung hat gezeigt, dass das Gehirn kaum zwischen unseren Aktionen und denen anderer unterscheidet, deren Zeugen wir werden. Wenn wir in der Gegenwart anderer Personen sind, »spiegelt« unser Gehirn unablässig ihr Verhalten.

Viele Neurowissenschaftler sind überzeugt, dass Spiegelneuronen nicht nur die Basis für die Empathie, sondern für jegliche menschliche Kommunikation sind. Rizzolatti erklärte es im Gespräch mit der *New York Times* sehr eloquent: »Spiegelneuronen versetzen uns in die Lage, nicht nur durch konzeptuelles Denken, sondern durch direkte Stimulation zu verstehen, was in den Köpfen anderer vorgeht. Also indem wir fühlen, nicht indem wir denken.«[1]

Diese Entdeckung gab den Anstoß zu einer Paradigmenverschiebung in unserem Verständnis der menschlichen Natur. Viele etablierte Modelle mussten einer Neubewertung unterzogen oder vollkommen aufgegeben werden. Eines der ersten prominenten Opfer dieser bahnbrechenden Entdeckung war das bekannteste Forschungsergebnis von Abraham Maslow.

Ein Pyramidenspiel

Wenn uns aus dem Biologiegrundkurs in der Schule etwas in Erinnerung geblieben ist, so ist es wahrscheinlich Maslows »Bedürfnishierarchie«, jene klar gegliederte pyramidenförmige Hierarchie, deren Fundament die physiologischen Bedürfnisse wie Luft zum Atmen, Wasser zum Trinken und Nahrung zum Essen bilden, auf denen die Bedürfnisse nach Sicherheit, Liebe, Zugehörigkeit und Anerkennung bis zur »Selbstverwirklichung« aufbauen, die Maslow als höchstes Bedürfnis einstufte.

Eines muss man Maslow lassen: Das Pyramidendesign war ein Geniestreich, einprägsam und zugleich ein wenig mystisch, und obendrein inspirierend. Das ist zweifellos der Grund dafür, dass uns die Bedürfnishierarchie so lange Zeit begleitet hat.

Leider fehlte es in Maslows gut gemeintem Modell an den wissenschaftlichen Belegen, welche die Neurowissenschaft mittlerweile liefert. Die Bedürfnishierarchie wurde als grundlegend für die moderne Psychologie betrachtet, aber in Wahrheit gab es kaum wissenschaftliche Daten, die sie bestätigten. Wie der scharfzüngige Journalist H. L. Mencken einmal sagte: »Für jedes menschliche Problem gibt es eine für jedermann nachvollziehbare Lösung – klar, plausibel und falsch.« So wie die gleichermaßen falsche Vorstellung, wir würden lediglich zehn Prozent unseres Gehirns nutzen, faszinierte auch Maslows Bedürfnishierarchie Millionen Menschen – nicht weil es Belege dafür gab, sondern weil sie einfach richtig *klang*.

Wir sind vor allem soziale Wesen.

Aber wir müssen uns nur ein paar Minuten Zeit nehmen und uns die Lage eines Babys vor Augen halten, um zu begreifen, dass keiner von uns ohne die Fürsorge eines anderen Menschen nach seiner Geburt länger als ein paar Stunden überlebt hätte. Die Erfüllung unserer sozialen Bedürfnisse ist grundlegend für unser Überleben. Anstatt in der Mitte der Pyramide angesiedelt zu sein, gehören sie daher ins Fundament. Wir werden mit dem Grundbedürfnis nach Bindungen an andere Menschen geboren, einem Bedürfnis, das wir unser Leben lang haben. Wir Menschen sind vor allem soziale Wesen.

Führungskräfte, die diese grundlegende Wahrheit übersehen, tun dies auf eigene Gefahr. Der Großteil des Verhaltens, das die sogenannte »Gruppendynamik« ausmacht, hängt davon ab, ob wir die Menschen in unserer Umgebung als Freunde oder Feinde wahrnehmen. Belohnung und Bedrohung, die beiden zentralen Schaltkreise in unserem limbischen System (siehe Kapitel 2), bestimmen unser Verhalten in Gesellschaft anderer Menschen. Wir fällen augenblicklich ein Urteil über jede Person, der wir begegnen und mit der wir arbeiten. Alle Menschen werden im Grunde zwei Lagern zugeordnet: Sie gehören zu »uns« oder zu »den anderen«.

Im Interesse unseres Überlebens besteht unsere Standardreaktion darin, die Menschen in unserer Umgebung »den anderen« zuzuordnen und als Bedrohungen für unsere Existenz zu betrachten, solange wir uns nicht vom Gegenteil überzeugt haben. Die Faustregel des Gehirns lautet: »Besser auf Nummer Sicher gehen.« Diese Einstellung löst das aus, was die Psychologen als »Vermeidungsverhalten« bezeichnen: die Tendenz zu kämpfen, zu fliehen, zu erstarren oder zumindest jeden Schritt zweimal zu überlegen. Das Gegenstück zum Vermeidungsverhalten ist das »Annäherungsverhalten«, eine gleichermaßen primitive Reaktion, die Menschen dem »Wir«-Lager zuordnet und auf dem Gefühl des Vertrauens beruht. Beim Annäherungsverhalten legen wir die Waffen nieder, kommen aus der Deckung und öffnen uns für die Menschen um uns.

Niemand ist auf Dauer dazu verurteilt, zu »den anderen« zu gehören, und niemand kann sicher sein, auf Lebenszeit zu »uns« zu gehören. Obwohl fast alle Menschen außer unseren engsten Angehörigen zunächst zu »den anderen« gehören, gibt es Möglichkeiten, das Vertrauen der Personen in unserer Umgebung zu gewinnen, sodass sie ihr Vermeidungsverhalten im Lauf der Zeit aufgeben und zur Annäherung übergehen, bis sie schließlich ein stolzes Mitglied der »Wir-Gruppe« sind.

Natürlich wird die Unterscheidung zwischen »uns« und »den anderen« erheblich von der Definition des Kontextes beeinflusst. Zwei rivalisierende Abteilungen in einem Unternehmen können einander normalerweise dem »Sie-Lager« zuordnen – bis sie mit einer Herausforderung konfrontiert werden, die beide betrifft. Plötzlich verschiebt sich der Bezugsrahmen und sie arbeiten auf ein gemeinsames Ziel hin.

Geschickte Manager wenden manchmal einen Trick an, um das Vertrauen zwischen ihren Teams zu fördern: Sie beschwören einen äußeren Feind herauf, der ein Konkurrenzunternehmen oder eine bedrohliche Entwicklung wie eine Rezession oder eine ungewisse Zukunft sein kann. Politiker wenden diese Taktik seit langem an, um das Wahlvolk hinter sich zu sammeln. Es kann in bestimmten Situationen auch hilfreich sein, eine gemeinsame Haltung gegenüber »den anderen« zu fördern. Während das »Wir« Kooperation und Vertrauen fördert, kann das Label „Die anderen“ Motivation und Konzentration erhöhen.

Der »Wir«-Status wirkt ein wenig stabiler, aber er kann ebenfalls unsicher sein. Sogar Familienmitglieder oder geschätzte Kollegen fallen manchmal in Ungnade. Anhand von Gehirnscans haben kognitive Neurowissenschaftler festgestellt, dass reale oder vermeintliche soziale Ablehnung, Vernachlässigung oder ein Missbrauch des Vertrauens tatsächlich genauso schmerzhaft sein können wie körperliche Verletzungen. Wenn ein Mensch mit einem Knüppel geschlagen oder mit einem Stein beworfen wird, leuchten die meisten jener Gehirnregionen auf, die auch aktiviert werden, wenn eine Person von Mitmenschen zurückgewiesen oder verspottet wird. Es stimmt, dass Stock und Stein mein Gebein brechen, aber das Worte keine Pein verursachen, ist nicht richtig: Sie tun fast immer weh.

Wenn uns etwas oder jemand verletzt hat, ist Vermeidungsverhalten nicht nur natürlich, sondern auch klug. Wenn uns Menschen, denen wir vertraut haben, verletzen, betrügen oder auch nur enttäuschen, werfen wir sie unter Umständen aus unserer eigenen Gruppe und stecken sie wieder in die Gruppe der »anderen«. Obendrein kann diese Statusveränderung unbewusst stattfinden. Unser limbisches System nimmt möglicherweise eine Neuzuordnung vor, ohne es unserem präfrontalen Cortex mitzuteilen.

Offenkundig können Sie als Führungskraft nicht zulassen, dass unbewusste Reaktionen oder sogar bloßer Zufall darüber entscheiden, ob in Ihrem Team oder Unternehmen Harmonie oder Zwietracht herrscht, ob es produktiv oder gelähmt ist. Sie müssen die verfügbaren Werkzeuge einsetzen, um die Wahrscheinlichkeit zu erhöhen, dass Sie die gewünschten Ergebnisse erzielen werden.

SCARF

Maslows Pyramide ist also überholt. Aber wo stehen wir jetzt? David Rock, der Autor von *Brain at Work*, hat ein Modell der sozialen Interaktion entwickelt, das auf den neuesten Erkenntnissen der sozialkognitiven Neurowissenschaft beruht. Es hat keine anschauliche Form, aber zumindest einen einprägsamen Namen: SCARF.[2] (Das Akronym entspricht dem englischen Wort für »Schal«).

Die fünf Buchstaben, die das Akronym bilden, stehen für die fünf Hauptfaktoren, die darüber entscheiden, ob in Gruppen das Annäherungs- oder Vermeidungsverhalten vorherrscht: *S*tatus, *C*ertainty (Gewissheit), *A*utonomy, *R*elatedness (Verbundenheit), *F*airness. Indem wir jeden dieser Schalter umlegen, können wir den Erfolg eines Projekts, Produkts oder Unternehmens gewährleisten. Seit wir von der Existenz der Spiegelneuronen wissen, ist klar, dass sich Führungskräfte in einer einzigartigen Position befinden, um mit gutem Beispiel voranzugehen und diese Veränderungen zu fördern. Wenn Sie in Ihrer Gruppe Schwierigkeiten oder Reibungen spüren, können Sie das SCARF-Modell zur Diagnose anwenden, um mögliche Problembereiche zu bestimmen und anschließend die verfügbaren Werkzeuge einzusetzen, um alle Beteiligten wieder auf Kurs zu bringen.[3]

Status

Viele Leute denken beim Wort »Status« an eine teure Uhr, ein exklusives Auto oder eine höhere Bonuszahlung. Diese Dinge können, müssen aber nicht damit gemeint sein. Aus Sicht einer Führungskraft geht es beim Status um die Frage, wie sich Personen fühlen, nachdem sie mit ihr interagiert haben. Fühlen sie sich wichtig, wertvoll, anerkannt? Oder fühlen sie sich unwichtig, minderwertig, geringgeschätzt?

Die Evolution hat es so eingerichtet, dass wir alle das Gefühl brauchen, ein wichtiges Mitglied der Gruppe zu sein. In einer Studie mit Vertretern opferten 68 Prozent der Teilnehmer hohe Provisionen für einen Stern (auf der Visitenkarte), der bestätigte, dass sie dem Presidents Club und damit der Elite angehörten. So sonderbar das scheinen mag, der Status dieses Sterns war wichtiger als Geld.[4]

Als Führungskraft haben Sie die Wahl: Sie können die Mitglieder Ihres Teams so behandeln, dass sie das Gefühl haben, Wertschätzung zu genießen und wichtig für das Team zu sein. Oder Sie können sie so behandeln, dass sie sich minderwertig oder unbedeutend fühlen.

Behandeln Sie Ihre Mitarbeiter mit aufrichtigem Respekt und zeigen Sie ihnen, dass Sie wirklich von ihrem Wert überzeugt sind. Es geht nicht darum, den Leuten etwas vorzuspielen. So wie positive Aussagen einer Person, die kein positives Selbstbild hat (siehe Kapitel 2), können unaufrichtige Versuche, sich ihr Wohlwollen zu sichern, das Gegenteil dessen bewirken, was beabsichtigt war. Die Menschen wollen das Gefühl haben, wichtig zu sein. Geben Sie anderen dieses Gefühl, oder werten Sie sie ab?

Gewissheit

Unser Gehirn versucht unentwegt, die Zukunft vorherzusehen. Der Philosoph und Kognitionswissenschaftler Daniel Dennet beschreibt den Menschen als »Antizipationsmaschine«.[5] Gestützt auf die Aktivitäten des limbischen Systems zieht diese Maschine unentwegt Schlüsse und überarbeitet ihre Vorhersagen: Fühle ich mich in Gegenwart dieser Person wohl oder unwohl? Das Gefühl der Gewissheit bewegt uns dazu, zu versuchen, die Zukunft vorauszusagen.

Unser Gehirn versucht unentwegt, die Zukunft vorherzusehen.

Nehmen wir an, Sie haben früher Feierabend gemacht und mussten sich zur Stoßzeit durch den Verkehr kämpfen, um zum Flughafen zu kommen und einen Verwandten abzuholen, der aus dem Ausland zu Besuch kommt. Sie schaffen es gerade rechtzeitig zum Flughafen, aber als Sie in den Terminal kommen, stellen Sie fest, dass der Flug auf den Anzeigetafeln nicht gelistet ist. Es gibt keinerlei Hinweis darauf, ob die Maschine verspätet ist oder ob der Flug gestrichen wurde. Nichts.

Sie wenden sich besorgt an den Schalter der Fluglinie, und eine Mitarbeiterin bittet Sie in ruhigem Ton um Ihre Telefonnummer. Sie teilt Ihnen mit, dass die Fluglinie »derzeit außerstande ist, genauere Angaben zu machen«, versichert Ihnen jedoch, dass Sie eine Mitteilung erhalten werden, sobald gesicherte Informationen hereinkommen. Eine solche Antwort wird Sie leider in einen solchen Bedrohungszustand versetzen, dass Ihr Blutdruck in die Höhe schießt und Ihr Körper mit einer so großen Menge Cortisol überflutet wird, dass Sie beinahe die Wände hochgehen.

Zum Glück für alle Betroffenen wissen die meisten Fluglinien seit langem, dass dies in einer Situation der Ungewissheit genau die falsche Vorgehensweise ist. Daher gehen die Fluggesellschaften in einem solchen Fall normalerweise so vor: Die Mitarbeiter werden Ihnen empfehlen, im Terminal und nach Möglichkeit in Hörweite zu bleiben und sich alle zehn Minuten nach den regelmäßigen Aktualisierungen des Status des Flugs zu erkundigen. An der Situation ändert das überhaupt nichts, aber die Fluglinie hat »Inhaltssicherheit« durch »Prozesssicherheit« ersetzt. Was mit dem Flugzeug geschehen ist, bleibt ein Geheimnis, aber der Prozess ist keines mehr. Diese subtile Verschiebung genügt normalerweise, um die Bedrohungsreaktion zu neutralisieren und alle Menschen mit Ausnahme der Sensibelsten zu beruhigen.

Sie müssen nicht für eine Fluglinie arbeiten, um ein ähnlich effektives Verfahren entwickeln zu können, das geeignet ist, an Ihrem Arbeitsplatz selbst in besonders schwierigen Zeiten ein Gefühl der Gewissheit zu erhalten. Vielleicht ist es Ihnen unmöglich, jene Art von Inhaltssicherheit zu erzeugen, nach der sich Ihre Mitarbeiter möglicherweise sehnen, aber oft können Sie ihnen stattdessen ein gewisses Maß an Prozesssicherheit bieten. Wenn beispielsweise Entlassungen in Ihrem Unternehmen drohen, werden die meisten Leute in Ihrer Umgebung in den Bedrohungsmodus schalten und sich fragen, ob sie die Nächsten auf der Liste sind. Sie können für ein wenig Beruhigung sorgen, indem Sie die kommenden Schritte im Detail erklären, damit alle Mitarbeiter das Gefühl haben, das Verfahren richtig zu verstehen. Das wird oft genügen, um die Lautstärke der kollektiven Bedrohungsreaktion zu verringern.

Die individuelle Ungewissheit weckt den Selbsterhaltungstrieb und treibt einen Keil zwischen die Menschen, während Gewissheit sie zusammenschweißt. Je transparenter Sie den Prozess gestalten, desto sicherer fühlen sich die Leute. Selbst wenn das Ergebnis ungewiss ist, tröstet Prozesssicherheit die Menschen zumindest mit der Kenntnis der nächsten Schritte. Dieses Gefühl der Gewissheit gibt ihnen das Gefühl der Kontrolle, das derselbe Faktor ist, der auch einem weiteren Bestandteil des SCARF-Modells zugrunde liegt: der Autonomie.

Autonomie

Ein Kollege von uns, der aus einer vermögenden Familie stammt, machte als Kind eine eigentümlich schmerzhafte Erfahrung. Wann immer er ein Spielzeug erwähnte, das ihm gefiel, sei es ein Modellzug oder ein Lego-Bausatz, fuhr sein Vater sofort los, um die anspruchsvollste und teuerste Version dessen zu kaufen, was sich der Junge gewünscht hatte. Aber anstatt Befriedigung zu empfinden, fühlte sich der Sohn extrem eingeschränkt. Wann immer er auch nur ein beiläufiges Interesse an etwas zeigte, machte es sich der Vater zur Aufgabe, sich in einen Experten für das neue Steckenpferd seines Sprösslings zu verwandeln. Der Vater meinte es gut, aber der Junge war verbittert. »Ich verlor schnell das Interesse an diesen Spielsachen«, erzählte uns unser Kollege, »denn ich hatte nie das Gefühl, dass sie wirklich *mir* gehörten.«

Die Ironie dieser Geschichte – die fast immer ein verblüfftes Schweigen des Wiedererkennens und der Selbstreflexion auslöst, wenn wir sie in unseren Seminaren erzählen – liegt darin, dass der Junge in seiner gesamten Kindheit unter dieser Erfahrung litt, während sich der Vater mit einiger Sicherheit so verhalten hatte, um dem Sohn seine Liebe zu zeigen.

Heute ist es üblich, Personen wie den Vater unseres Kollegen als »Helikoptereltern« zu bezeichnen. In der Unternehmenswelt ist das Phänomen ebenfalls verbreitet, und die Bezeichnung für Personen, die dieses Verhalten an den Tag legen, ist noch besser bekannt: Wir nennen sie »Mikromanager«. Das Mikromanagement kann den besten Absichten entspringen, aber es ist ein gutes Beispiel dafür, wie gute Absichten unbeabsichtigte Konsequenzen haben können. Es ist ein direkter und potenziell verheerender Angriff auf eines unserer kostbarsten Besitztümer: unsere Autonomie.

Autonomie ist der beste Schutz gegen Stress.

Autonomie ist der beste Schutz gegen Stress. Sehr unterschiedliche Führungspersönlichkeiten, die allesamt Millionen inspirierten und großen Einfluss hatten (von US-Präsident Franklin D. Roosevelt bis zum Apartheid-Überwinder Nelson Mandela), machten die letzte Strophe des viktorianischen Gedichts »Invictus« zu ihrer Lebensphilosophie:

Egal, wie schmal das Tor, wie groß,
wie viel Bestrafung ich auch zähl.
Ich bin der Meister meines Los'
Ich bin der Käpt'n meiner Seel.

Wenn Menschen das Gefühl haben, Herr ihres Schicksals zu sein (die Psychologen verwenden dafür den weniger poetischen Begriff der »Kontrollüberzeugung«), verbessert sich ihre Stimmung und ihr Stressniveau sinkt. Dabei ist es unerheblich, ob das Gefühl begründet ist oder nicht. Es ist etwas ganz anderes, ob man bis spät in die Nacht an einem Projektvorschlag für einen Klienten arbeitet, weil er am Morgen auf dem Tisch des Chefs liegen muss, oder ob man es tut, weil man sich selbst dazu entschlossen hat. Die Autonomie macht den Unterschied.

Als Führungskraft haben Sie zahlreiche Möglichkeiten, Ihrem Team Autonomie zu geben, ohne dass sich die Leute verabschieden und ihr eigenes Unternehmen gründen müssen, um sich unabhängig zu fühlen. Eine Möglichkeit besteht darin, den Mitarbeitern die Freiheit zuzugestehen, ihren Arbeitsstil selbst zu wählen, solange sie bereit und imstande sind, die vereinbarten Ziele zu erreichen. Wie wir in Kapitel 7 gesehen haben, sind die stärksten und effektivsten Teams oft die vielfältigsten, und diese Diversität wird oft unterschiedliche Standards und Methoden dafür beinhalten, wie die Arbeit bewältigt werden kann. Wenn es Ihnen gelingt, sich diesen verschiedenen Stilen anzupassen, können Sie das Gefühl der Autonomie bei den einzelnen Teammitgliedern stärken, was zu größerer Zufriedenheit und weniger Stress führen wird. Und vor allem wird das Team produktiver und erfolgreicher sein.

Verbundenheit

Schmerz wirkt wie eine einzige Empfindung, aber er hat seinen Ursprung in zwei getrennten und unterschiedlichen Teilen des Gehirns. Der somatosensorische Cortex und die hintere Insula, die sich beide im hinteren Teil des Gehirns befinden, verfolgen die sensorischen Aspekte von Schmerz. Gleichzeitig sind der dorsale cinguläre Cortex und die vordere Insula für die Verarbeitung der Stress-Aspekte des Schmerzes zuständig. Nur so empfinden wir Schmerz als etwas, das wir nicht mögen.[6]

Bemerkenswert ist, dass das Gehirn auf körperlichen und sozialen Schmerz praktisch identisch reagiert. Tatsächlich sind einige der schmerzhaftesten Erfahrungen im Leben sozialer Natur, darunter der Tod oder Verlust eines geliebten Menschen oder die Zurückweisung durch eine bevorzugte Person oder Gruppe. Gleichermaßen bemerkenswert ist die Entdeckung, dass verbreitete Schmerzmittel wie Aspirin und Paracetamol gegen sozialen Schmerz ebenso gut wirken wie gegen körperlichen![7]

Wenn Sie sich fragen, warum Sie sich für das Leid eines Teammitglieds interessieren sollten, solange diese Person ihre Arbeit gut macht, so müssen Sie wissen, dass eine Person, die leidet oder sich bedroht fühlt, kaum Höchstleistungen erbringen kann. Die Bedrohungsreaktion kann die Fähigkeit zu Planung, Konzentration und schöpferischer Tätigkeit beeinträchtigen.

Forscher haben die Bedeutung des sozialen Schmerzes anhand eines als Cyberball bezeichneten Spiels demonstriert, in dem sich die Versuchspersonen mit zwei anderen Spielern, die in Wahrheit ein schlaues Computerprogramm waren, virtuell einen Ball zuwarfen. Wenn eine Versuchsperson besser darin wurde, den Ball zu werfen und zu fangen, wurde eine Belohnungsreaktion wie in einem Videospiel ausgelöst.[8] Aber wenn die beiden virtuellen Spieler den menschlichen Spieler plötzlich aus dem Spiel ausschlossen, reagierte das Gehirn der Versuchsperson fast genauso wie bei körperlichem Schmerz.[9]

Welche Schlüsse können wir unter dem Gesichtspunkt der Verbundenheit aus diesen Erkenntnissen für ein Arbeitsumfeld ziehen? Arbeiten die Personen in Ihrer Gruppe gut zusammen? Werden sie alle berücksichtigt, wenn wichtige E-Mails verschickt werden? Oder werden einzelne Personen auffallend oft außer Acht gelassen? Wenn man eines Morgens ins Büro kommt und feststellt, dass sich alle Anwesenden angeregt über das Grillfest am Vorabend unterhalten, kann die plötzliche Erkenntnis, dass man selbst nicht eingeladen war, genauso schmerzhaft sein wie ein Schlag in die Magengrube. Tatsächlich fühlt sie sich oft schlimmer an. Das Gefühl der Entfremdung oder Ausgrenzung tut weh. Buchstäblich.

Unser Bedürfnis nach Verbundenheit und unsere Reaktion auf Ausgrenzung haben ihren Ursprung wahrscheinlich in prähistorischer Zeit, als unsere Vorfahren in kleinen Gruppen lebten. Für sie war der Ausschluss aus der Gruppe gleichbedeutend mit einem Todesurteil. So kommt es, dass wir bis zum heutigen Tag Situationen, in denen wir ausgeschlossen werden, als Bedrohung wahrnehmen – und das aus gutem Grund. Die Kappung einer sozialen Bindung ist einer der wichtigsten Risikofaktoren für Depression und Angstzustände. Die Stabilität unserer Bindungen an andere Menschen hat nach wie vor großen Einfluss auf unsere Lebenserwartung.[10]

Situationen, in denen wir ausgeschlossen werden, nehmen wir als Bedrohung wahr.

Wenn Sie die Bindungen zwischen Ihnen und den Mitgliedern Ihrer Gruppe festigen wollen, sollten Sie sich Zeit nehmen, um gute Beziehungen zu diesen Personen zu knüpfen. Kennen Sie beispielsweise die familiäre Situation der Personen, mit denen Sie arbeiten? Binden Sie Personen ein, die neu in die Gruppe kommen, oder gibt es eine unausgesprochene soziale Barriere zwischen Alteingesessenen und Neuankömmlingen?

Bei einem unserer ersten Besuche auf dem Google-Campus im kalifornischen Mountain View fiel uns die erhöhte Aktivität in einem der größten Speisesäle auf. Unsere Kontaktperson erklärte den Grund für den Aufruhr: Die Leute bereiteten sich auf ein Meeting mit den Firmengründern Larry Page und Sergey Brin vor, die eine Stunde lang die aktuellen Pläne des Unternehmens erläutern und Fragen der Mitarbeiter beantworten würden. Die Atmosphäre bei diesen Treffen ist inklusiv, und es gibt praktisch keine unzulässigen Fragen. Anstatt einmal im Jahr, einmal im Quartal oder auch einmal im Monat stattzufinden, ist dieses Meeting, das intern als TGIF bezeichnet wird, ein wöchentliches Ritual. Obwohl die Verschwiegenheitspflicht der Mitarbeiter offenkundig ein Schlüsselelement dieser Treffen ist, sind sie ein klarer Beleg für den Wert, den das Unternehmen der Verbundenheit beimisst.

Fairness

Wenn Sie auf dem Bürgersteig einen Fünf-Euro-Schein fänden, würden Sie ihn aufheben? Die meisten von uns würden es tun. Aber würde uns ein enger Verwandter, der gerade den Hauptgewinn in der Lotterie gewonnen hätte, fünf Euro anbieten, so würden die meisten von uns das Geschenk ablehnen. Wo liegt der Unterschied? Nun, er liegt in der Fairness. Bevor sie ein unfaires Angebot annehmen, werden die meisten Menschen lieber gar nichts nehmen.

Fairness ist eine Frage der Wahrnehmung. Ob etwas tatsächlich fair ist, ist weniger wichtig als die wahrgenommene Fairness. Und die Beurteilung der Fairness hängt von einer emotionalen Reaktion ab. Wenn wir das Gefühl haben, dass wir oder die Personen in unserer Umgebung fair behandelt werden, kommt es zu einer Belohnungsreaktion. Tatsächlich reagiert derselbe Teil des Gehirns, der auf körperlichen Genuss (zum Beispiel beim Verzehr von Schokolade) reagiert, auch auf Fairness.[11] Das

Ob etwas fair ist, hängt von der Wahrnehmung ab.

geht über eine einfache gesellschaftliche Reaktion wie die auf Dinge wie »gleichen Lohn für gleiche Arbeit« hinaus. Sie scheint tatsächlich in uns angelegt zu sein.

Auf der anderen Seite löst die Wahrnehmung, unfair behandelt zu werden, eine Version der Kampf- oder Fluchtreaktion aus. Das Gefühl der Unfairness wird in der Insula registriert, jenem Teil des Gehirns, der für die körperliche Wahrnehmung zuständig ist. Wir fühlen es »im Bauch«, wenn wir den Eindruck haben, nicht fair behandelt zu werden. Obendrein neigen Menschen, die bereits unter Stress stehen, eher dazu, eine Situation als unfair zu betrachten, selbst wenn sie es nicht ist.

Wenn Ihre Mitarbeiter das Bonussystem Ihres Unternehmens oder die Zusammensetzung Ihres Teams als unfair wahrnehmen, werden die meisten Mitglieder eine sehr starke Bedrohungsreaktion zeigen. Faires Verhalten ist keineswegs darauf beschränkt, einfach »das Richtige zu tun«. Im Unternehmenskontext hat Fairness konkrete Konsequenzen: Sie wirkt sich auf Arbeitsergebnisse, Umsatz, Absentismus und Organizational Citizenship aus.[12]

Eine Substanz, die eine überraschende Wirkung auf die Wahrnehmung der Fairness hat, ist Oxytocin, das wirkungsvolle »Kuschelhormon«, das normalerweise freigesetzt wird, wenn sich Menschen verlieben, ein Kind bekommen oder einander einfach umarmen oder die Hände schütteln. Forscher haben herausgefunden, dass Personen, denen Oxytocin in Form eines Nasensprays verabreicht wurde, dazu neigten, sehr viel mehr Geld zu verschenken.[13] Und wenn der Adressat eines unfairen Angebots zuvor eine Prise Oxytocin eingeatmet hat, sinkt die Wahrscheinlichkeit, dass er sich ungerecht behandelt fühlt.

Warum verändert Oxytocin unser Empfinden der Fairness? Auch hier gibt es eine evolutionäre Erklärung. Oxytocin schweißt Paare und Familien zusammen und macht sie loyaler und selbstloser. Zwar werden heute oft Außenstehende für die Kinderbetreuung eingestellt, aber nur wenige Eltern kommen auf die Idee, ihrem Kind Nahrung und Kleidung in Rechnung zu stellen. Der Grund dafür ist, dass die Beziehung zwischen Eltern und Kindern keine wirtschaftliche ist. Diese Tatsache können die meisten von uns verstehen und akzeptieren.

Schwerer zu akzeptieren, aber kaum zu ignorieren ist die Tatsache, dass auch die grundlegende Dynamik zwischen den Mitgliedern eines

Teams nicht wirtschaftlich ist. Wenn wir eine gute Beziehung zu einem Klienten haben, werden die Verhandlungen normalerweise reibungsloser verlaufen, weil der Klient weniger dazu neigen wird, jeden Cent umzudrehen. Wenn Menschen feilschen, geht es normalerweise weniger um das Geld als um Status und Fairness: Sie wollen, dass ihr Beitrag gewürdigt wird. Insofern schätzen sie das Geld, das sie erhalten, nicht wegen seines intrinsischen Werts – das heißt, weil man damit die Anzahlung auf ein schnittiges Auto leisten oder ein Essen in einem guten Restaurant bezahlen kann –, sondern weil es zeigt, dass ihr Beitrag zur Gruppe geschätzt wird und dass sie fair behandelt werden.

Anstatt einen Weg zu suchen, um Ihren Mitarbeitern Oxytocin zu verabreichen, ist es sinnvoller, die Freisetzung des Hormons auf die herkömmliche Art auszulösen, nämlich indem Sie geduldig daran arbeiten, ein kohäsives, kooperatives Team aufzubauen. Das SCARF-Modell von Status, Gewissheit, Autonomie, Verbundenheit und Fairness kann man nicht in Flaschen oder als Nasenspray kaufen. Aber gemeinsam stellen diese fünf Faktoren ein greifbares und potenziell dauerhaft wirksames Heilmittel für verbreitete Unternehmensleiden und eine bewährte Formel für die Schaffung und Pflege von Vertrauen dar.

Kapitel 8 auf einen Blick

Kernaussagen aus »Vertrauen schaffen«

Spieglein, Spieglein … Es gibt ein Netz von Nervenzellen, die nicht nur feuern, wenn wir eine bestimmte Handlung ausführen, sondern auch dann, wenn wir eine andere Person beobachten, die diese Handlung ausführt.

Mit gutem Beispiel vorangehen. Die Implikationen der Entdeckung der Spiegelneuronen liegen auf der Hand: Wenn Sie eine Führungskraft sind, werden die Menschen in Ihrer Umgebung möglicherweise Ihr Verhalten spiegeln. Das bedeutet, dass Sie erheblichen Einfluss darauf haben, wie andere handeln und empfinden.

Belohnungen spornen zu Leistungen an. Im Belohnungszustand sind Menschen leistungsfähiger. Die Erwartung einer Belohnung – bei der es sich um alles handeln kann, was als angenehm empfunden wird – löst ein Annäherungsverhalten aus, während alles, was als mühsam oder unangenehm wahrgenommen wird, zu Vermeidungsverhalten führen wird.

SCARF. Das SCARF-Modell trägt der Realität des Annäherungs- und Vermeidungsverhaltens Rechnung und dient dazu, Bedrohungsreaktionen zu minimieren und Belohnungsreaktionen zu maximieren. Die fünf Buchstaben im Akronym SCARF stehen für: Status, Gewissheit (*certainty*), Autonomie, Verbundenheit (*relatedness*) und Fairness.

Status. Status bezieht sich darauf, wie sich Menschen fühlen, nachdem sie mit anderen interagiert haben. Wenn Sie als Führungskraft die Mitglieder Ihres Teams so behandeln, dass diese das Gefühl haben, wirklich geschätzt zu werden, werden sie zu der Überzeugung gelangen, tatsächlich etwas bewirken zu können.

Gewissheit. Unser Gehirn versucht unentwegt, die Zukunft vorwegzunehmen. Ungewissheit verursacht ein Gefühl der Beklommenheit und kann eine Bedrohungsreaktion auslösen, während der Eindruck der Gewissheit ein Gefühl der Belohnung wecken kann. Führungskräfte können die Ungewissheit in vielen Situationen nicht beseitigen, aber sie können versuchen, den Prozess klar zu beschreiben und ihre Mitarbeiter dadurch zu beruhigen.

Autonomie. Wenn Menschen das Gefühl haben, ihr Schicksal selbst in der Hand zu haben, verbessert sich ihre Stimmung und sie leiden weniger unter Stress. Führungskräfte können das Gefühl der Autonomie in ihren Teams stärken, indem sie ihnen die Freiheit zugestehen, ihrem persönlichen Stil entsprechend zu arbeiten, sofern sie bereit und imstande sind, die vereinbarten Ziele zu erreichen.

Verbundenheit. Menschen bringen bessere Leistungen, wenn sie sich als Teil der Gemeinschaft fühlen. Um die Bindungen zwischen Ihnen und den Angehörigen Ihrer Gruppe zu stärken, sollten Sie Zeit investieren, um gute Beziehungen zu den Mitarbeitern zu knüpfen und eine fürsorgliche und inklusive Umgebung zu schaffen.

Fairness. Wir wollen nicht den Profit maximieren, sondern die Beziehungen und die Fairness. In einigen Fällen löst unser Gehirn sogar eine Belohnungsreaktion aus, wenn wir sehen, dass *andere* fair behandelt werden. Auf der anderen Seite kann der Eindruck, schlecht behandelt zu werden, eine Bedrohungsreaktion auslösen. Wenn Sie sich als Führungskraft bemühen, ein Klima der Fairness zu erzeugen, werden wahrscheinlich alle profitieren – und es wird sogar das Geschäftsergebnis des Unternehmens verbessern.

SCARF am Arbeitsplatz. Anhand des SCARF-Modells können Sie die Arbeitsumgebung anpassen, um die Grundbedürfnisse Ihrer Mitarbeiter zu erfüllen, die Interaktionen zwischen den Kollegen zu verbessern, Konflikte zu vermeiden oder rasch beizulegen und den Prozess der Veränderung in Gang zu setzen.

Kapitel 9

Das Team der Zukunft entwickeln

Wie man eines aufbaut, wie man alle Beteiligten glücklich macht und wie man einen gehirnbasierten Rahmen entwickelt, der Höchstleistungen begünstigt

Die meisten Hochleistungsteams freuen sich auf den Moment, in dem sie Anerkennung für ihre Bemühungen erhalten. Diese Gruppe war keine Ausnahme. Im Lauf der Jahre hatte sie mehr als 8 Milliarden US-Dollar an Einnahmen erzielt und eine Weltmarke etabliert. Die Unternehmensgründer hatten die Schwelle zum Ruhestandsalter überschritten. Aber als sie im November 2014 in Melbourne auf die Bühne kamen, wirkten sie mit ihren federnden Schritten wie Jugendliche. Im Publikum brach ein Jubelsturm los, wie man ihn normalerweise nur bei Rockkonzerten hört. Und das aus gutem Grund: Die Mitglieder dieses Hochleistungsteams waren tatsächlich Rockstars.

Fast von Anfang an, seit der Gründung der Gruppe im Jahr 1962, galten sie als die Bad Boys des Rock 'n' Roll. Im Jahr 1963, als die Beatles Prinzessin Margaret und die Königin Mutter im Londoner Palladium mit ihrer Version einer populären Broadway-Melodie in Verzückung versetzten, machten sich die Rolling Stones bereits einen Namen mit ihren unverfälschten, vom Blues inspirierten Songtexten und ihren öffentlichen Akten der Rebellion. Eltern und Priester warnten die Jugend, sich von ihnen fernzuhalten.

Nur sieben Jahre später hatten sich die Beatles nach einem erbitterten Zerwürfnis zwischen John Lennon und Paul McCartney aufgelöst, aber die Stones lebten weiter. Und weiter. Und weiter. Als sie in der Rod Laver

Arena in Melbourne vor 10 000 Fans auftraten (das war ein vergleichsweise kleines Publikum für ein Stones-Konzert), arbeitete der Kern der Truppe seit mehr als 50 Jahren zusammen. Als sie einige Monate früher ein Konzert in Tel Aviv gegeben hatten, waren alle vier Mitglieder älter als das Land gewesen, in dem sie zu Gast waren.

Die Rolling Stones wirken auf den ersten Blick nicht unbedingt wie geeignete Rollenvorbilder für ein Buch, das Managern helfen soll, die neuesten Erkenntnisse über die Funktionsweise des menschlichen Gehirns zu nutzen, um Höchstleistungen zu erzielen. Aber wenn man ein bisschen genauer hinsieht, stellt man fest, dass sie ein bemerkenswertes Beispiel dafür sind, wie man angesichts des Wandels und der Herausforderungen in der »realen Welt« zusammenhalten und gemeinsam Bestleistungen bringen kann.

Um das Team der Zukunft zu verwirklichen, müssen Sie es gestützt auf die vorhandenen Stärken aufbauen. Sie müssen in erfolgreichen Zeiten und in Zeiten voller Widrigkeiten dafür sorgen, dass die Teammitglieder glücklich sind, und Sie müssen einen Rahmen entwickeln, der den Mitarbeitern Höchstleistungen ermöglicht und ihre Zufriedenheit gewährleistet.

Das Kriterium für die Zusammenstellung eines Teams: Individuelle Stärken

Beim Aufbau von Hochleistungsteams ist eine gute Rekrutierung stets vorteilhafter als gutes Training. Das Training ist wichtig, aber es stößt an Grenzen. Zeit und Geld für die Suche nach talentierten Leuten aufzuwenden ist sehr viel sinnvoller als in die Weiterentwicklung von Talenten zu investieren, die möglicherweise überhaupt nicht existieren. Das ideale Team besteht aus talentierten Personen, die leistungsfähig sind und leistungsfähiger werden. Anstatt sich das Ziel zu setzen, vielseitige Mitarbeiter zu entwickeln, sollten sich Führungskräfte darauf konzentrieren, talentierte Mitarbeiter in Stars zu verwandeln. Die beste Strategie besteht darin, Personen in das Team aufzunehmen, welche die benötigten Stärken besitzen, und anschließend diese Stärken zu fördern, anstatt zu versuchen, jemanden in einen Experten auf einem Gebiet zu verwandeln, auf dem er bisher kein Talent bewiesen hat.

Das bedeutet, dass es extrem wichtig ist, in der Lage zu sein, Talente zu erkennen. So wie Journalisten »einen guten Riecher für Nachrichten« brauchen, sollten erfolgreiche Führungskräfte einen guten Riecher dafür haben, Talent zu erkennen.

Die Suche nach Talenten

Ein Kollege von uns war früher Redaktionsleiter bei einer großen Tageszeitung. Die neuen Mitarbeiter, die er einstellte, mussten mit der in der Branche verwendeten Layout-Software vertraut sein, um unter unablässigem Termindruck in Windeseile die Seiten der Zeitung produzieren zu können. Erwartungsgemäß hatten viele der Bewerber bereits einen Einführungskurs für den Umgang mit der Software absolviert und listeten sie bei der Bewerbung zuversichtlich unter ihren Kenntnissen auf.

Dass man die Software unter den kontrollierten und vergleichsweise angenehmen Unterrichtsbedingungen benutzen konnte, bedeutete leider nicht, dass man sie auch unter dem frenetischen Zeitdruck in einem Newsroom beherrschte. Unser Kollege führte Bewerbungsgespräche mit den potenziellen Mitarbeitern und gab ihnen anschließend den Auftrag, eine einzelne Seite zu entwerfen. Viele der Kandidaten, die »Erfahrung« mit der Software besaßen, scheiterten kläglich an dieser nicht allzu anspruchsvollen Aufgabe.

Eines Tages interviewte er eine Kandidatin mit beeindruckender Qualifikation, die jedoch keinerlei Erfahrung mit der unverzichtbaren Layout-Software hatte. Normalerweise hätte er die Kandidatin aufgrund dieser auffälligen Lücke in ihrem Lebenslauf automatisch aussortiert. Aber da sie schon einmal da war und eine Workstation frei war, entschloss er sich, ihr eine Chance zu geben. Es stellte fest, dass sie alle seine Anweisungen vollkommen verstand und genau wusste, worin die Aufgabe bestand, obwohl sie das Programm noch nie gesehen hatte. Die Bewerberin stellte die Seite rasch und fehlerfrei fertig und wollte sofort mit einer weiteren beginnen.

Diese Episode enthält eine wertvolle Lektion dazu, wie man Talent erkennt. Die meisten Bewerber besaßen die erforderlichen Kenntnisse, aber die wenigsten von ihnen hatten tatsächlich ein Talent für die Tätigkeit. Das Wissen und die Fähigkeiten, die sie sich in minimaler Praxis angeeignet hatten, gaben ihnen einen Anstrich von Kompetenz, aber nicht die Tiefe und Flexibilität, die nur mit Talent einhergehen.

Unser Kollege lernte auch eine wertvolle Lektion über entschlossenes Handeln. Obwohl die Bewerberin, die keinerlei Erfahrung im Umgang mit der Software besaß, vermutlich die Talentierteste der bis zu diesem Punkt interviewten Kandidaten war, waren noch weitere Bewerbungsgespräche für diesen Posten angesetzt, und er entschloss sich, mit der endgültigen Entscheidung abzuwarten, bis er sämtliche Bewerber interviewt hatte. Das Zögern erwies sich als kostspielig: Als er soweit war, hatte die talentierte Frau bereits einen Job bei einem Konkurrenzblatt gefunden, wo sie eine beeindruckende Karriere machte und rasch in der Verlagsbranche aufstieg. Unser Kollege, der die offene Stelle unbedingt besetzen musste, war gezwungen, jemanden einzustellen, der die erforderlichen oberflächlichen Kenntnisse, aber kein vergleichbar beeindruckendes Talent wie diese Bewerberin besaß.

Die Moral der Geschichte liegt auf der Hand: Wenn man Talent sieht, muss man zugreifen. Aber man darf echtes Talent nicht mit gut einstudierten Routineabläufen verwechseln. Bevor wir dauerhafte Schlüsse über die Talente einer bestimmten Person ziehen, müssen wir diese Talente richtig bewerten. Manche Talente schlummern im Verborgenen und kommen nur langsam zum Vorschein, während andere Fähigkeiten, die anfangs wie Talente wirken, lediglich gut eingeübte – und oft sehr beschränkte – Routineabläufe sind.

Wenn man Talent sieht, muss man zugreifen.

Wirkliches Talent erkennen

Ein Freund, der mexikanisches Essen liebt, machte jede Woche mehrmals bei einer Taquería Halt, wo er immer den gleichen Burrito mit Bohnen und Reis bestellte. Das Essen war köstlich, die Mitarbeiter schienen freundlich, und nach kurzer Zeit wussten sie, was dieser Stammgast bestellen würde. Aber obwohl sich seine Bestellung nie änderte, fragte die freundliche Frau hinter dem Tresen jedes Mal, wenn er seinen Burrito mit Bohnen und Reis bestellte: »Extragroß oder normal?« Dies waren die beiden möglichen Größen. Unser Freund antwortete jedes Mal: »Normal.« Die Wiederholung der Frage mochte unnötig scheinen, aber für ihn war es wie ein kleines Ritual, ein wenig so, als würde man eine Person immer »Wie geht es Ihnen?« fragen und jedes Mal die Antwort »Danke, gut« hören – nur dass in diesem Fall eine pikante Sauce dazu gereicht wurde.

Bei einem Besuch in der Taquería bemerkte er, als er gerade seine übliche Bestellung aufgab, dass er nicht genug Wechselgeld für ein angemessenes Trinkgeld hatte. Nachdem er ergebnislos seine Hosentaschen durchsucht hatte, wandte er sich an die Angestellte hinter dem Tresen und fragte: »Können Sie mir einen Dollar wechseln?«

Die Reaktion der Angestellten schockierte ihn. Sie starrte ihn mit offenem Mund an, als wäre sie hypnotisiert worden. Offenbar hatte sie keine Ahnung, was er gerade gesagt hatte. Erst in diesem Augenblick begriff unser Freund, dass sie nur eine Handvoll Fragen und Antworten auf Englisch auswendig gelernt hatte und nicht in der Lage war, eine Frage zu beantworten, die vom Drehbuch abwich. Diese Kassiererin hatte kein echtes Sprachtalent, sondern war (wie der Rennfahrer in Kapitel 7) lediglich in der Lage, sich ein paar Schlüsselfragen einzuprägen.

Manche Menschen sind wirklich talentiert, während sich andere einfach bestimmte Fähigkeiten angeeignet haben, die es ihnen ermöglichen, ihre Arbeit zu machen; unter wechselnden und unvorhersehbaren Umständen erweisen sich diese Fähigkeiten jedoch als unzureichend. Selbstverständlich sind das genau jene Situationen, von denen so oft das Schicksal eines Unternehmens abhängt.

Talente sind naturgegeben

Das Gallup-Institut, das vor allem für seine Meinungsumfragen bekannt ist, beschäftigt sich auch seit Jahrzehnten mit dem Studium des Talents. »Talente sind natürlich auftretende Denk-, Gefühls- oder Verhaltensmuster, die produktiv eingesetzt werden können«, erklärt Gallup. Der

Einsatz des eigenen Talents ist nicht nur bewundernswert, sondern unverzichtbar. Eine Person, die nie ein Klavier gesehen hat, kann mehr angeborenes Talent als Pianistin haben als jemand, der dieses Instrument seit seiner Kindheit spielt. Ein Mensch mit langsamen Muskelfasern, der seit Jahren aktiver Leichtathlet ist, wird ein besserer Sprinter sein als ein Mensch mit schnellen Muskelfasern, der die meiste Zeit herumsitzt – aber das kann sich ganz schnell ändern, sollte sich diese bewegungsfaule Person irgendwann entscheiden, sich aufzuraffen und mit dem Training zu beginnen.

Der Mythos vom »unbeschriebenen Blatt«

Zahlreiche Forschungsergebnisse deuten darauf hin, dass eine Person, deren Eltern gute Schüler waren, wahrscheinlich ebenfalls gute Noten haben wird. Und das ist nicht einfach eine Frage der Intelligenz. Forscher am King's College in London haben herausgefunden, dass eine Reihe von anderen wichtigen Merkmalen, die sich auf die Leistungen auswirken, darunter Persönlichkeit, Selbstwirksamkeit und sogar Verhaltensprobleme, ebenfalls eine genetische Komponente aufweisen.[1]

Die Gene wirken sich auf unser Temperament aus, und unser Temperament kann sich auf unsere Talente auswirken. Die sogenannten »Big Five« unter den Persönlichkeitsmerkmalen, die im Fünf-Faktoren-Modell unter dem englischen Akronym OCEAN zusammengefasst werden, sind: Offenheit (*openness*), Gewissenhaftigkeit (*conscientiousness*), Extraversion (*extraversion*), Verträglichkeit (*agreeableness*) und Neurotizismus (*neuroticism*). Forscher haben begonnen, den genetischen Ursprüngen dieser Merkmale nachzuspüren. Obwohl sie an sich keine Talente sind, dienen sie oft als Bausteine für bestimmte Talente.

Auch die Reaktion auf Stress oder das Bedürfnis nach Sinneseindrücken können genetisch beeinflusst sein. In jüngster Zeit haben Wissenschaftler Genvarianten identifiziert, die sich auf die Expression eines als Neuropeptid Y (NPY) bezeichneten Moleküls auswirken, welches eine Vielzahl von Funktionen aktiviert, darunter das Körpergewicht und die emotionalen Reaktionen. Unterschiedliche NPY-Niveaus können helfen zu erklären, warum manche Menschen Stress besser aushalten als andere.[2] Gleichzeitig scheinen sich Mutationen des Dopaminrezeptors D_4 (DRD4) auf das Streben nach Neuem auszuwirken und können die Anfälligkeit für Drogenabhängigkeit erhöhen (allerdings werden diese Erkenntnisse kontrovers diskutiert).[3]

Aus der wachsenden Zahl von Forschungsergebnissen können wir schließen, dass die Vorstellung vom »unbeschriebenen Blatt«, der Tabula rasa, die erstmals im 17. Jahrhundert von dem Philosophen John Locke verfochten wurde, veraltet ist. Die moderne Wissenschaft hat gezeigt, dass wir nicht alle gleich geboren sind und dass es sinnvoll ist, die Menschen ihren naturgegebenen Fähigkeiten entsprechend zu behandeln. Die bloße Erwähnung dieses Themas löst bei vielen Leuten eine Bedrohungsreaktion aus, aber wir sind überzeugt, dass wir alle von einer ehrlichen Diskussion über die inhärenten Unterschiede zwischen den Menschen profitieren werden. In unseren Augen wird die Anerkennung dieser Tatsache die Welt zu einem besseren Ort machen, denn es ist sehr viel leichter, vergnüglicher und erfolgversprechender, in einer Umgebung zu arbeiten, in der unsere Stärken zur Geltung kommen und unsere persönlichen Bedürfnisse berücksichtigt werden.

Damit wir uns nicht falsch verstehen: Unsere Gene sind nicht zwangsläufig unser Schicksal. Aber wenn uns in einem bestimmten Bereich ein »naturgegebenes Talent« fehlt, kann das unser Leben erschweren. Beispielsweise verurteilen uns unsere Erbanlagen nicht dazu, an der Mathematik zu scheitern. Mit Geduld und Übung können wir trotzdem ein Mindestmaß an mathematischer Kompetenz erreichen. Aber jede Anstrengung, die über dieses Maß hinausgeht, lohnt sich wahrscheinlich nicht, vor allem wenn es andere Aktivitäten gibt, in denen wir von Natur aus Können besitzen und an denen wir mehr Spaß haben.[4]

Epigenetik: Was schaltet unsere Gene ein?

Eine Bombe wird erst wirklich gefährlich, wenn jemand den Zünder scharf macht. Eine Geburtstagstorte wird erst wirklich festlich, wenn jemand die Kerzen anzündet. So wie die nicht scharf gemachte Bombe oder die nicht angezündete Geburtstagstorte werden auch nicht alle unsere Gene automatisch bei unserer Geburt aktiviert. Einige von ihnen müssen erst noch exprimiert werden. Das faszinierende Forschungsgebiet der Epigenetik liefert Beweise dafür, wie äußere Faktoren, darunter zum Beispiel Ernährung, Stress oder die elterliche Zuwendung, unseren genetischen Code beeinflussen können. Das Epigenom ist das Streichholz, von dem es abhängt, ob bestimmte Gene »gezündet« werden, während andere inaktiv bleiben.

Talente ändern sich nicht

Viele von uns kennen das »Gelassenheitsgebet« des Theologen Reinhold Niebuhr.

> *Gott, gib mir die Gelassenheit, Dinge hinzunehmen,*
> *die ich nicht ändern kann,*
> *den Mut, Dinge zu ändern, die ich ändern kann,*
> *und die Weisheit, das eine vom anderen zu unterscheiden.*

Es mag sonderbar scheinen, aber die zentrale Botschaft dieses Gebets ist auch für Führungskräfte sehr wichtig: Es gibt Dinge an den Mitarbeitern, die man ändern kann, und es gibt Dinge, die man nicht ändern kann. Man muss den Unterschied zwischen beiden erkennen können. Der Unterschied zwischen den Dingen, die man ändern kann, und denen, die man nicht ändern kann, ist das Talent. Fähigkeiten können so wie Muskeln im Lauf der Zeit atrophieren; Talente hingegen bleiben unverändert. Ist ein Talent vorhanden, so können einige der benötigten Fähigkeiten gepflegt und weiterentwickelt werden. Fehlt das Talent, so ist das wahrscheinlich unmöglich.

Es gibt Dinge an den Mitarbeitern, die man ändern kann, und es gibt Dinge, die man nicht ändern kann.

Talent oder Stärke

Selbst wenn wir das Glück haben, mit den richtigen Genen geboren zu werden, ist das bloße Vorhandensein von Talent, so beeindruckend es auch sein mag, noch keine Erfolgsgarantie. Ein Talent ist eine angeborene Fähigkeit, die genutzt oder vergeudet werden kann. Stärken sind Talente, die durch den Erwerb von Kenntnissen und die Anhäufung von Wissen produktiv genutzt werden.

Kenntnisse sind grundlegende Fähigkeiten, die (durch Ausbildung und Praxis) erworben werden können und situationsspezifisch sind. Beispielsweise ist die Bedienung bestimmter Maschinen – von der Registrierkasse bis zum Auto – eine Kenntnis. Niemand wird mit der Fähigkeit geboren, ein Auto zu steuern. Das ist eine Kompetenz, die erworben werden muss. Viele Leser werden sich noch daran erinnern, wie ungeschickt sie sich anstellten, als sie lernten, eine Computermaus und die verschiedenen Varianten dieser Bedienhilfe bei Notebooks zu bedienen. Einige dieser Fähigkeiten sind intuitiver und folglich leichter zu erwerben, aber es sind trotzdem Kenntnisse.

Wenn Kenntnisse unsere Werkzeuge sind, so ist das Wissen unser Werkzeugkasten. Es ist die Gesamtheit der Kompetenz, die wir uns angeeignet haben. Es ist unsere gespeicherte Erfahrung. Es umfasst die im Gedächtnis gespeicherten Kenntnisse und Informationen und erfordert die Fähigkeit, Information von einer Situation auf eine andere zu übertragen. Wenn wir in einem VW Autofahren lernen, müssen wir es normalerweise nicht von vorne lernen, wenn wir uns in einen BMW setzen. Das erste Auto steuern zu lernen, ist der Erwerb von Kenntnis. In allen Autos, in denen wir von da an am Steuer sitzen, greifen wir in erster Linie auf unser Wissen zurück. Und auf unsere Übung.

Macht Übung den Meister?

Im Jahr 1993 veröffentlichte der schwedische Psychologe K. Anders Ericsson eine Studie, die der Autor Malcolm Gladwell mit seinem 2008 erschienen Buch *Outliers*[5] populär machte und deren Ergebnis seither als die »10 000-Stunden-Regel« bezeichnet wird. Die Grundaussage lautet, dass man in fast allem erfolgreich werden kann, wenn man 10 000 Stunden Übung in diese Fähigkeit investiert.

Das ist eine reizvolle Vorstellung. Reizvoll, aber falsch. Obwohl man oft sehr viel Übung braucht, um etwas meisterhaft zu beherrschen, ist ihr

Einfluss abhängig vom Gebiet sehr unterschiedlich. Eine von der Psychologin Brooke Macnamara von der Universität Princeton geleitete Metaanalyse aus dem Jahr 2014 brachte das Ergebnis, dass »gezielte Übung wichtig ist, aber nicht so wichtig, wie behauptet wurde«.[6]

Was bedeutet das konkret? Macnamara und ihre Kollegen stellten fest, dass Übung lediglich 12 Prozent zu Leistungsverbesserungen beiträgt. Am größten scheint ihre Wirkung in Spielen wie Schach zu sein, wo sie für 26 Prozent der Verbesserungen verantwortlich ist. In der Musik macht sie 21 Prozent aus, im Sport 18 Prozent. Sonderbarerweise sind die hochqualifizierten Tätigkeiten der Bereich, in dem sich die Übung am wenigsten auswirkt: Dort ist sie für nicht einmal 1 Prozent der Verbesserung verantwortlich.[7]

Die Grenzen des beruflichen Trainings

Übung kann einige Schwächen beheben, aber nicht alle. Nur mit Talent können wir zuversichtlich sein, dass die vielen Stunden der Übung zur Meisterschaft führen werden. Deshalb setzt man Training am besten ein, um bereits talentierten Menschen dabei zu helfen, noch besser zu werden.

Training setzt man am besten ein, um bereits talentierten Menschen dabei zu helfen, noch besser zu werden.

In einer Unternehmenskultur, in der es in erster Linie darum geht, Leistungsdefizite zu identifizieren, um sie zu korrigieren, wird die Aus- und Weiterbildung oft irrtümlich als Chance betrachtet, schwächeren Mitarbeitern beim Aufholen zu helfen. Leider kann man nur jene Talente zum Vorschein bringen und weiterentwickeln, die ein Mitarbeiter bereits besitzt. Man kann keine Talente erzeugen. Man kann nicht erwarten, dass sich ein Frosch in einen Prinzen verwandeln wird, nur weil man ihm einen Kuss gibt.

Unter praktischen Gesichtspunkten bedeutet das, dass wir mit den meisten Versuchen, Talente bei einer Person zu fördern, die diese Talente nicht bereits besitzt, nur Zeit und Geld verschwenden, für Frustration auf beiden Seiten sorgen und die gesamte Umgebung belasten werden. Wenn Sie nach einer Methode suchen, mit der Sie Ihren Teammitgliedern garantiert Energie und Motivation rauben können, dann müssen Sie ihnen nur Aufgaben geben, von denen sie nichts verstehen oder an denen sie keinen Spaß haben. (Übrigens werden Sie oft feststellen, dass beides Hand in Hand geht. Wir beziehen Freude und Motivation aus Dingen, in denen wir gut sind, und fürchten oder verabscheuen Dinge, von denen wir nichts verstehen. Der umgekehrte Fall ist selten.)

Man kann nicht erwarten, dass sich ein Frosch in einen Prinzen verwandeln wird, nur weil man ihm einen Kuss gibt.

In den Bereichen, in denen wir unsere größten Stärken haben, werden wir wahrscheinlich am meisten lernen und uns am besten weiterentwickeln. Die Psychologen wissen das seit Jahrzehnten. Vor mehr als 60 Jahren machten Forscher in Nebraska in einer Studie über die Erhöhung der Lesegeschwindigkeit eine verblüffende, scheinbar widersinnige Entdeckung: Am deutlichsten erhöhte sich die Geschwindigkeit bei Studenten, die bereits schnell lasen. Die Studenten profitierten mehr davon, auf ihren vorhandenen Talenten aufzubauen, als von Versuchen, ihre Schwachstellen zu beheben.[8]

Personen mit vorhandenem Talent verbessern ihre Fähigkeiten in einem Bereich mehr als Personen, die kein Talent besitzen. In den Bereichen, in denen wir Defizite haben, werden wir wahrscheinlich am wenigsten lernen. Wir sind besser beraten, unsere Stärken zu entwickeln, weil wir hier den Weg des geringsten Widerstands gehen können. Für die meisten von uns bedeutet das, dass es befriedigender ist.

Das bedeutet natürlich nicht, dass der Arbeitstag für talentierte Menschen nur aus Spiel und Spaß bestehen wird. Wir alle müssen manchmal Dinge tun, an denen wir keine Freude haben. Beispielsweise kennen wir nur wenige Personen, die gerne die Steuererklärung machen, Windeln wechseln, sich zur Stoßzeit auf den Heimweg machen oder den Müll hinaustragen. Diese lästigen, aber vergleichsweise schnell erledigten Aufgaben werden normalerweise jedoch durch die Dinge, die wir gerne tun, und durch die Chancen, die sich uns dabei eröffnen, mehr als aufgewogen. Wenn nicht, haben wir wahrscheinlich den falschen Beruf oder zumindest den falschen Arbeitsplatz gewählt. Wenn Sie eine Führungskraft sind, haben Sie es in der Hand, Ihre Mitarbeiter mit den Aufgaben zu betrauen, bei denen sie ihre Talente bestmöglich nutzen können. Lassen Sie die Mitarbeiter nicht auf Positionen, die nicht zu ihnen passen. Wenn es nicht möglich ist, ihre vorhandenen Fähigkeiten zu verbessern, sollten Sie sie in einer Umgebung platzieren, die besser zu ihnen passt.

Toptalente binden

»Gehirne sind wie Herzen«, sagte Robert McNamara, ehemaliger Manager und US- amerikanischer Verteidigungsminister. »Sie gehen dorthin, wo sie geschätzt werden.« Wenn man einmal ein Expertenteam zusammengestellt hat, muss man unbedingt dafür sorgen, dass diese Personen glücklich, produktiv und motiviert sind. Aber vor allem müssen sie das Gefühl haben, geschätzt zu werden. Das erreicht man, indem man eine den Bedürfnissen des Gehirns entsprechende Umgebung schafft und sinnvolle Leistungsanreize gibt.

Eine den Bedürfnissen des Gehirns entsprechende Umgebung

Die Schutzfaktoren, die emotionale Widerstandskraft und Regulierung gewährleisten (siehe Kapitel 2), und die Diversität, die Voraussetzung für bahnbrechende, innovative Zusammenarbeit ist (siehe Kapitel 7), kennzeichnen eine Arbeitsumgebung, die den Mitarbeitern als Team Rückhalt gibt und zugleich den individuellen Unterschieden gerecht wird, die es diesen Personen ermöglichen, einzigartige und wertvolle Beiträge zu leisten. Und mit »Umgebung« meinen wir nicht einfach Wände, Schreibtische und andere Annehmlichkeiten des typischen Büros. Wir meinen die Atmosphäre am Arbeitsplatz. Da Training und Ernährung nachweislich vor Stress schützen (siehe Kapitel 2) und das Lernen fördern (siehe Kapitel 6), muss man unbedingt eine Atmosphäre schaffen, die diese Wirkungen begünstigt.

Die Unternehmen der Zukunft werden erkennen, dass die Ernährung ebenso wichtig für den Erfolg ist wie eine angemessene Belüftung oder eine zeitgemäße Ausrüstung des Büros. Sie werden für Besprechungen gesunde Speisen bestellen, leicht zugängliche Küchen einrichten, damit die Mitarbeiter am Arbeitsplatz ihre Ernährungsbedürfnisse erfüllen können, und Meetings außer Haus an Orten abhalten, an denen das Essen so genussvoll und nahrhaft ist wie die Unterhaltung.

Ähnlich kann bei der sportlichen Aktivität vorgegangen werden. Manchmal genügen die Installation einer Dusche und die Einrichtung einer Umkleidekabine, um die Mitarbeiter, die in der Nähe wohnen, dazu zu bewegen, statt mit dem Auto oder mit dem Bus mit dem Fahrrad zur Arbeit zu kommen, und im gesamten Unternehmen einen Geist des Wohlbefindens zu erzeugen. Bei Trivago, dem größten Hotelsuchdienst im Internet, sind Wellness und Sport feste Bestandteile der Unternehmenskultur. »Golf, Boxen, Yoga, Badminton – was immer Sie wollen, wir haben es«, erklärt Malte Siewert, Mitgründer und geschäftsführender Direktor von Trivago. »Wir haben in der Personalabteilung ein großes Team, das sich ausschließlich auf das Wohlbefinden unserer Mitarbeiter am und abseits des Arbeitsplatzes konzentriert.«

Wenn man einen den Bedürfnissen des Gehirns entsprechenden Arbeitsplatz anbietet, werden die Mitarbeiter gerne zur Arbeit kommen. Und wenn man ihnen geeignete Leistungsanreize gibt, werden sie im Team bleiben wollen.

Sinnvolle Belohnungen und Leistungsanreize

Vor mehr als hundert Jahren mussten nach der Entdeckung der Quantenmechanik die Gesetze der Physik umgeschrieben werden, aber die meisten von uns leben weiter so, als hätte diese Revolution nie stattgefunden. Und in mancher Hinsicht funktioniert dieses obsolete Denken tatsächlich immer noch – es sei denn es funktioniert nicht. Moderne Standardtechnologie wie CD-Player, Laserchirurgie, Kassenscanner für Supermärkte, ja sogar dieses unverzichtbare Werkzeug der Gehirnforscher, der Magnetresonanztomograph, wären ohne die Quantenphysik undenkbar.

In der Unternehmenswelt hat eine ähnliche, wenn auch nicht ganz so umwälzende Revolution stattgefunden. Die Grundannahme, dass wir in erster Linie vom Geld motiviert werden, ist weitgehend entkräftet worden. Dennoch klammern sich viele Unternehmen bei der Definition ihrer Leistungsanreize weiterhin an veraltete Vorstellungen davon, was ihre Mitarbeiter antreibt.

Geht es wirklich nur ums Geld?

Wenn jemand Sie auf der Straße anhält, um Sie nach dem Weg zu fragen, wie viel verlangen Sie normalerweise für eine Wegbeschreibung von dieser Person? Wenn Sie eine Schachtel frischgebackener Kekse ins Büro mitbringen, akzeptieren Sie dann neben Bargeld auch Kreditkarten? Ach ja, und wie hoch ist Ihr üblicher Tarif dafür, den Müll hinauszutragen oder das Geschirr für die Familie abzuwaschen?

Das Konzept des Homo oeconomicus besagt, dass wir Menschen in erster Linie eigennützige Akteure sind. Und wenn man unser Verhalten als Spezies selektiv untersucht, findet man tatsächlich zahlreiche Belege für diese These. Aber in den letzten 25 Jahren wurden zahlreiche Forschungsergebnisse vorgelegt, die Zweifel geweckt haben: Sind wir wirklich so eigennützig, wie wir lange geglaubt haben?[9]

Beim »unpersönlichen Austausch«, zum Beispiel bei Investitionen an der Börse, entspricht das Verhalten der meisten Menschen dem Modell des Homo oeconomicus.[10] Aber im »persönlichen Austausch«, das heißt bei Transaktionen zwischen Personen, die einander kennen und direkt miteinander interagieren – zum Beispiel in Ihren Interaktionen mit Ihren Mitarbeitern –, liegen die Dinge ganz anders. Deshalb geben wir beispielsweise einem Kellner im Restaurant ein Trinkgeld, obwohl wir ihn vielleicht nie wiedersehen werden.[11]

Die unkritische Übernahme des Modells des Homo oeconomicus entsprang einem falschen Verständnis der Evolutionsbiologie. Genau gesagt, sind nicht *wir* eigennützig, sondern nur unsere Gene.[12] Oft können wir die Zukunft unserer kostbaren Gene nicht durch Eigennützigkeit und Wettkampf am besten sichern, sondern durch Altruismus und Kooperation. Wir sind eine soziale Spezies. Das ist keine schlichte Wohlfühlphilosophie. Es ist eine auf den Erkenntnissen über das Gehirn beruhende Feststellung, die durch eine große Menge wissenschaftlicher Daten bestätigt wird.

Eine Neueinschätzung der Rolle von Anreizen

Was bedeutet das für Leistungsanreize am Arbeitsplatz? Keine Sorge, das Geld ist weiterhin ein universell anerkannter Maßstab zur Beurteilung des Werts und zur Auslösung der Belohnungsreaktion. Aber all diese Dollars und Euros stoßen an Grenzen. Höhere finanzielle Anreize unterliegen dem Gesetz des sinkenden Grenzertrags und können manchmal sogar eine negative Wirkung haben. Und in vielen Fällen sind sie weniger effektiv als nicht standardmäßige, nicht monetäre Belohnungen.

Es gibt zahlreiche Optionen für Anreize, aber im Allgemeinen lassen sich zwei zentrale Prinzipien anwenden:

1. **Belohnungen sind sehr viel wirksamer, wenn sie unerwartet kommen.** Die meisten Anreizsysteme beruhen auf einer erwarteten Belohnung. Solche Belohnungen sind die vierteljährliche Dividendenausschüttung, der von der Zielerreichung abhängige Bonus am Jahresende oder der Preis für den erfolgreichen Abschluss eines Projekts. Leider können die mit diesen Anreizen verbundenen Erwartungen die Wirkung der Belohnung untergraben. Wirklich stimuliert wird das Gehirn durch Neues. Deshalb wirkt ein vorhersehbarer Preis weniger als einer, den wir nicht erwartet hatten. Tatsächlich ist es Wissenschaftlern anhand einer Technik, die als tiefe Hirnstimulation bezeichnet wird, gelungen, beim Menschen nachzuweisen, was sie bei anderen Tieren vor Jahrzehnten demonstriert haben: Unerwartete Belohnungen geben uns ein wirklich gutes Gefühl. Sie aktivieren das Belohnungszentrum im Gehirn und erhöhen die Rate, mit der die Cluster von Dopaminneuronen feuern, deutlich.[13]
2. **Individuelle Leistungsanreize wirken sich auf das ganze Team aus.** Wir dürfen nicht den Fehler begehen zu glauben, dass ein individueller Anreiz nur die Beziehung zwischen uns und der begünstigten Person betrifft. Ein Preis oder Bonus (insbesondere ein unerwarteter) mag beim Empfänger eine Belohnungsreaktion auslösen, aber bei seinen Kollegen kann er zu einer Bedrohungsreaktion führen. Wird der Anreiz als fair wahrgenommen (siehe Kapitel 8), so ist es wahrscheinlich, dass sich alle darüber freuen werden oder dass zumindest nur wenige Leute bezweifeln werden, dass die Belohnung verdient ist. Wird das

Vorgehen bei der Belohnung einzelner Mitarbeiter jedoch im Team als unbegründet, unausgewogen oder voreingenommen wahrgenommen, so kann die Gegenreaktion derer, die das Gefühl haben, unfair behandelt zu werden, dazu führen, dass der Leistungsanreiz letzten Endes mehr schadet als nutzt.

An diesen beiden Prinzipien können wir uns bei der Verteilung von Belohnungen orientieren. Außerdem haben die kognitive Neurowissenschaft und die Verhaltensökonomik eine Reihe weiterer überraschender Erkenntnisse dazu geliefert, welche Anreize funktionieren und welche nicht.

Zu wenig zu zahlen kann schlimmer sein als nichts zu zahlen

Es dürfte sich als kontraproduktiv erweisen, für eine Leistung, die normalerweise Teil der Stellenbeschreibung ist (zum Beispiel für das pünktliche Erscheinen am Arbeitsplatz), eine kleine Bonuszahlung anzubieten. Eine Person, die chronisch zu spät kommt, wird möglicherweise zu dem Schluss gelangen, dass es sich lohnt, auf den winzigen Bonus zu verzichten – und weiterhin ein wenig später am Arbeitsplatz zu erscheinen. Sie wird Pünktlichkeit als optional betrachten, als etwas, das ein wenig über das erwartete Mindestmaß hinausgeht.

Derselbe Zugang kann als Peitsche genauso wirkungslos sein wie als Zuckerbrot. Ein Beispiel: Die Leitung einer Kindertagesstätte wollte die Einrichtung nicht jeden Tag länger offenhalten, um auf Eltern zu warten, die ihre Sprösslinge zu spät abholten. Also führte sie in der Hoffnung, die Eltern zu größerer Pünktlichkeit zu erziehen, eine Strafgebühr für die Abholung nach der offiziellen Schließungszeit ein. Doch die Gebühr bewirkte genau das Gegenteil: Jetzt kamen noch mehr Eltern zu spät! Offenbar waren sie zu der Überzeugung gelangt, dass die Annehmlichkeit, sich mehr Zeit nehmen zu können, die zusätzliche Ausgabe wert war. Was Teil eines sozialen Vertrags hätte sein sollen – Rücksicht auf die Kita-Mitarbeiter zu nehmen, die selbst ebenfalls zu ihren Familien heimkehren wollten –, wurde Teil einer monetären Vereinbarung. Die Eltern, die ihre Kinder verspätet abholten, glaubten mit der Bezahlung der Zusatzgebühr ihren Teil der Vereinbarung zu erfüllen. Wenn der Anreiz oder die Strafe zu gering ist, kann dies das Problem vergrößern.

Eine Gehaltserhöhung kann zu einem Leistungsrückgang führen

Es wird Ihnen wahrscheinlich nicht schwerfallen, die Leute, die in Ihrem Unternehmen das Geld kontrollieren, davon zu überzeugen, für eine Tätigkeit oder eine Dienstleistung weniger zu bezahlen. Und in einigen Fällen wird eine schlechtere Bezahlung tatsächlich zu besseren Resultaten führen. Einer Tätigkeit einen außergewöhnlich hohen monetären Wert beizumessen, kann den Eindruck verstärken, dass mehr auf dem Spiel steht, und folglich den Stress derart erhöhen, dass er die Produktivität beeinträchtigt. Der Schuldige ist in diesem Fall das Noradrenalin, der Kampf-oder-Flucht-Botenstoff, der in moderater Dosierung die Aufmerksamkeit erhöht, in einer Überdosis jedoch Panik auslösen kann. Natürlich ist die Schwelle von Mitarbeiter zu Mitarbeiter unterschiedlich hoch, aber eine motivierende Herausforderung kann sich in eine schwächende Bedrohung verwandeln, wenn der Einsatz als zu hoch empfunden wird. Zugegeben, für Personen, die immerzu nach Sinneseindrücken suchen, kann der Einsatz kaum je zu hoch sein. Aber wir bringen alle die besten Leistungen, wenn uns eine Aufgabe nicht vollkommen überwältigt, sondern nur ein kleines bisschen überfordert.[14]

Unregelmäßige Belohnungen sind wirksamer als planmäßige

In einem mittelständischen Familienunternehmen, das wir kennen, geht der geschäftsführende Partner regelmäßig mit seinem Team ins Restaurant essen. Obwohl er problemlos jedes Mal für alle zahlen könnte, übernimmt er die Rechnung nur hin und wieder. Ansonsten teilt sich das Team die Rechnung. Da seine Einladungen nicht geplant und unvorhersehbar sind, fühlen sie sich wirklich wie eine Belohnung an. Für das kostenlose Essen, das viele Unternehmen in der Gemeinschaftsküche bereitstellen, gilt das nicht, weshalb es rasch als selbstverständlich betrachtet wird. Die Mitarbeiter dieses Unternehmens freuen sich über die unerwartete Ersparnis, und dasselbe gilt für den Geschäftsführer, der langfristig Geld spart und gleichzeitig allen ein besseres Gefühl gibt. Alle Beteiligten profitieren! Dies ist ein klassisches Beispiel für die Wirkung einer unerwarteten Belohnung.

Persönliche Anreize können weniger kosten und dem Empfänger mehr bedeuten

Kaum jemand hat etwas gegen mehr Geld einzuwenden, aber um eine Belohnungsreaktion auszulösen, ist es hilfreich, dem Anreiz einen persönlichen Charakter zu verleihen. Schließlich ist das Geld ein universelles Mittel für den wirtschaftlichen Austausch. Eine hohe Bonuszahlung beinhaltet nichts, das sagt: »Das ist speziell für dich.« Auf der anderen Seite kosten ein Wochenende für eine Mitarbeiterin und ihren Ehemann an ihrem bevorzugten Urlaubsort oder zwei Eintrittskarten für ein beliebtes Theaterstück oder für eine bereits ausverkaufte Sportveranstaltung möglicherweise weniger als der typische Bonus, bedeuten den Empfängern jedoch sehr viel mehr. Forscher der Cornell University und der University of Colorado in Boulder haben außerdem herausgefunden, dass Menschen Erlebnisse im Rückblick mehr genießen als materiellen Erwerb. Anders ausgedrückt: Geschickt gewählte Erlebnisanreize – zum Beispiel die zahlreichen Sportangebote, die Unternehmen wie Trivago ihren Mitarbeitern unterbreiten –, können sogar weniger kosten als monetäre Belohnungen, vor allem aber wird ihre motivierende Wirkung wahrscheinlich länger anhalten.[15]

Sogar eine Kleinigkeit wie ein Blumenstrauß oder ein sorgfältig ausgesuchtes Buch können eine länger anhaltende Wirkung haben als ein Geldbonus. Ein Anreiz, der speziell auf die Persönlichkeit eines Mitarbeiters zugeschnitten ist, sendet ein sehr starkes Signal: Er sieht, dass Sie sich mit ihm beschäftigt haben und dass er wichtig für Sie ist. Wie viel ist das in Euro wert? In vielen Fällen kann die Wirkung gewaltig sein.

Die Mitarbeiter vergleichen eher als zu zählen

Oft ist der Geldbetrag, den ein Mitarbeiter erhält, nicht so wichtig wie sein Verdienst im Vergleich zu Kollegen und gleichrangigen Mitarbeitern in anderen Unternehmen. In einer Umfrage stellte sich heraus, dass die Befragten lieber 50 000 Dollar im Jahr verdienen würden, wenn ihre Kollegen 25 000 Dollar erhielten, anstatt ein Jahreseinkommen von 100 000 Dollar zu haben, während die Kollegen 250 000 Dollar verdienten.[16] Hier haben wir es im Grunde mit der Frage der Fairness zu tun. Wie wir in Kapitel 8 gesehen haben, löst die Wahrnehmung von Fairness eine Belohnungsreaktion aus, während ein Mitarbeiter, der sich unfair behandelt fühlt, eine noch stärkere Bedrohungsreaktion zeigen wird. Es ist auch eine Frage des Status. Geld ist vielleicht nicht immer der wirksamste Anreiz, aber es ist zweifellos ein wichtiger Maßstab zur Messung des Werts. Wenn eine Mitarbeiterin das Gefühl hat, weniger zu verdienen als ihre Kollegen, ist es nicht unvernünftig von ihr, daraus den Schluss zu ziehen, dass ihre Arbeit weniger geschätzt wird. Unabhängig davon, ob ihr Eindruck begründet ist, kann ihr das eine soziale Verletzung zufügen, die genauso schmerzhaft wie eine körperliche Verletzung und manchmal sogar schmerzhafter ist.

Kollektive Höchstleistungen

»Es war fast so, als spielten wir in Zeitlupe.«[17] So beschrieb die Basketballlegende Bill Russell das »magische« Gefühl, das er zeitweise hatte, wenn er mit seinen Kameraden im Team der Boston Celtics zusammenspielte und sich alles perfekt zusammenzufügen schien. In seiner aktiven Zeit sprach Russell nicht gerne darüber, aber nach dem Ende seiner Spielerkarriere begann er sich damit zu beschäftigen, dass in jener Mannschaft »alle möglichen sonderbaren Dinge« geschehen waren«.[18] »In diesen Phasen«, schrieb er in seiner Autobiographie *Second Wind*, »konnte ich fast fühlen, wie sich der nächste Spielzug entwickeln und von wo der nächste Wurf kommen würde.«[19] Seine Vorahnungen waren normalerweise richtig, und obwohl er bereits einer der größten Basketballer aller Zeiten war, konnte er fühlen, wie sein Spiel ein noch höheres Niveau erreichte. Und obwohl er in diesen Situationen oft an seine körperlichen Grenzen ging, spürte er nur selten den Schmerz.[20]

Was seine Erfahrung so außergewöhnlich machte, war die Tatsache, dass Russell nicht der Einzige war, der das erlebte. In den meisten Fällen, wenn sich das Spiel so entwickelte, empfanden seine Mannschaftskameraden genauso. Bei einer denkwürdigen Gelegenheit sahen die Spieler einander nach dem Schlusspfiff, als sie als Sieger das Feld verließen, verblüfft an und sagten: »Wir müssen herausfinden, wie wir das wiederholen können!«[21]

Der Flow fühlt sich besser an, wenn man ihn gemeinsam erlebt

Wie Bill Russells Geschichte zeigt, kann der Flow, der individuelle Höchstleistungen ermöglicht, auch auf ein ganzes Team ausgeweitet werden. Der Psychologe Mihály Csíkszentmihályi, der Mann, der den Begriff »Flow« geprägt hat, um Erfahrungen des Leistungshochs zu beschreiben (siehe Kapitel 3), machte einige faszinierende Entdeckungen, als er seine Untersuchung von Individuen auf Gruppen ausweitete. Das Phänomen war keineswegs auf das Basketballfeld beschränkt. Csíkszentmihályi fand in zahlreichen Bereichen Belege für seine Existenz.

Der Flow wird vor allem mit Sport und Erholung verbunden, aber in Wahrheit ist er am Arbeitsplatz dreimal so oft zu beobachten wie in der Freizeit.[22] Chirurgenteams, die bei einer schwierigen Operation zusammenarbeiten, haben das Gefühl mit einem Balletttanz verglichen.[23] Die Mitglieder anderer Arbeitsgruppen haben das Gefühl beschrieben, Teil eines einzigen Organismus zu sein. Es ist nicht unbedingt überraschend, dass der Flow oft eine Schlüsselrolle in Startups spielt, wo das Team unter beträchtlichem Zeitdruck kollektiv ein klares Ziel verfolgt.

Der Flow fühlt sich stets gut an, aber »sozialer Flow« ist noch beglückender. Forschungsergebnisse deuten darauf hin, dass die kollektive Erfahrung des Flow in einem Team sehr viel befriedigender ist, als wenn ihn jedes Teammitglied individuell erlebt. Der Psychologe Charles Walker von der St. Bonaventure University stellte in einer Studie fest, dass das Maß der von den Teilnehmern empfundenen Freude umso höher war, je sozialer die Aktivität war. Eben diese soziale Komponente erhöht das Gefühl der Zufriedenheit.[24]

Stellen Sie sich vor, Sie und Ihr Team könnten kollektiv Höchstleistungen erreichen, wann immer das nötig wäre. In seinem Buch *Group*

Genius beschreibt Keith Sawyer, ein Experte für Kreativität und ehemaliger Schüler Csíkszentmihályi, zehn Bedingungen für den »Gruppen-Flow«.[25] Unserer Erfahrung nach gibt es vier Hauptfaktoren, die den sozialen Flow begünstigen: Gezielte Aufmerksamkeit, Flexibilität, Kooperation und Kosten.

Gezielte Aufmerksamkeit: Ein anspruchsvolles Ziel ins Visier nehmen, um »in die Zone« zu gelangen

In einer Atmosphäre der Zerstreuung wird sich kein sozialer Flow einstellen. Ein klares Ziel, völlige Konzentration und aufmerksames Zuhören werden jene gezielte Aufmerksamkeit ermöglichen, die ein Team braucht, um den Zustand des Flow zu erreichen. Die Erwartung, sich dem Ziel anzunähern oder einen bestimmten Schritt im Prozess abzuschließen, löst die Freisetzung von Dopamin aus, jenes Neurotransmitters, der Vorfreude auf eine Belohnung signalisiert, vor allem aber die Motivation erhöht. Eine angemessene Herausforderung sorgt für die Ausschüttung von Noradrenalin, das die Wachsamkeit aller Beteiligten gewährleistet. Schließlich fördert ein klar beschriebenes Ziel die gezielte Aufmerksamkeit, weil es die Bestimmung der für die Aufgabe relevanten Stimuli erleichtert. Die Intensität dieser zielgerichteten Aufmerksamkeit ist einem weiteren Botenstoff zu verdanken, dem Acetylcholin. Letzten Endes wird eine gekonnte Ausrichtung auf ein emotional relevantes Ziel die DNA der Höchstleistung liefern (siehe Kapitel 1 und 3) und die Wahrscheinlichkeit des sozialen Flow erhöhen.

Mit einem klaren Ziel vor Augen ist Konzentration einfacher. Um sich in einer Situation des sozialen Flow effektiv konzentrieren zu können, sollten Sie sich nicht auf externe Belohnungen oder äußeren Druck, der die Aktivität der Gruppen ursprünglich in Gang gesetzt hat, sondern auf die konkrete Aufgabe fixieren. Herausforderungen sind unverzichtbar für den Flow. Selbstverständlich sollten die Herausforderungen, die jene totale Konzentration wecken, die für den sozialen Flow erforderlich ist, mit der Aufgabe zu tun haben, anstatt Ihre Aufmerksamkeit auf Dinge zu lenken, die außerhalb des Bereichs liegen, auf den Sie sich konzentrieren sollten. Die Entstehung von sozialem Flow wird auch wahrscheinlicher, wenn die Gruppe eine Grenze zwischen ihrer Gruppenarbeit und allem anderen ziehen kann.[26] Gleichgültig ob diese Grenze materiell, zeitlich oder bloß symbolisch ist: Unter dem Schutz dieser vollkommenen Konzentration entsteht der fruchtbarste Flow.

Der letzte für den sozialen Flow unverzichtbare Bestandteil der gezielten Aufmerksamkeit ist aufmerksames Zuhören. Um einen Zustand des sozialen Flow über einen längeren Zeitraum hinweg aufrechterhalten zu können, müssen sich die Teammitglieder nicht nur ihrer eigenen Aktionen, sondern auch der Beiträge ihrer Teamkollegen vollkommen bewusst sein. Diese extreme Aufmerksamkeit ist in einem Gruppenkontext sehr viel komplexer. Jedermann muss den Verlauf seiner Aktionen und Aussagen laufend anpassen, um den Beiträgen seiner Teamkameraden Rechnung zu tragen. Jazzmusiker verstehen das ebenso wie Schauspieler, die auf der Bühne improvisieren. Anstatt für die Zukunft zu planen oder über das nachzudenken, was sie als Nächstes spielen oder sagen werden, reagieren sie in Echtzeit. Alle Beteiligten reagieren auf das, was sie hören.[27] Das fördert nicht nur die gezielte Aufmerksamkeit, sondern führt auch zu Flexibilität, welche die zweite Bedingung für den sozialen Flow ist.

Flexibilität: Beim Flow siegt »Ja« über »Nein«

Die gezielte Aufmerksamkeit ist unverzichtbar für den sozialen Flow, aber eine unangemessen strikte Ausrichtung unterdrückt diesen Zustand. Dies ist einer von vielen heiklen Balanceakten, von denen der soziale Flow abhängt. Wir müssen auf den Ideen anderer aufbauen, anstatt sie von vornherein abzulehnen, und unsere normale Neigung zur Manifestation unseres Egos unterdrücken, um in der Gruppenidentität aufzugehen.

Ein ausgezeichnetes Beispiel für sozialen Flow und Flexibilität ist die künstlerische Improvisation. Eine der Grundregeln der Improvisation in der Schauspielerei wird als »Ja, und …« bezeichnet. Erfahrene Improvisatoren sagen fast nie Nein. Sie versuchen normalerweise, mit der Information zu arbeiten, die sie erhalten, anstatt sie abzulehnen oder umzudrehen. Nein zu sagen ist fast eine Garantie dafür, dass die Amygdala aktiviert und eine Bedrohungsreaktion ausgelöst wird. Das Nein macht den Flow unmöglich. Ja zu sagen ist offenkundig vorteilhafter und kann oft eine Belohnungsreaktion auslösen; aber obwohl es Zustimmung signalisiert, verhindert es normalerweise jeden weiteren Fortschritt. Wenn Sie wollen, dass die Dinge in Bewegung bleiben, ist das »Und« unverzichtbar. Die Schauspielerin, Autorin und Komikerin Tina Fey, deren Laufbahn im Improvisationstheater begann, erklärt es in ihrer Autobiographie *Bossypants* sehr schön:

Das Nein macht den Flow unmöglich.

> *Wenn ich eine Szene beginne mit »Es ist unglaublich heiß hier drin« und Sie sagen bloß: »Jaaa«, kommen wir zum Stillstand. Aber wenn ich sage »Es ist unglaublich heiß hier drin«, und Sie sagen, »Was hast du erwartet? Wir befinden uns in der Hölle«, […] oder wenn ich sage, »Es ist unglaublich heiß hier drin«, und Sie sagen, »Ich habe dir doch gesagt, wir sollen nicht in dieses Hundemaul kriechen«, dann wird etwas daraus.*[28]

Flexibilität bedeutet auch zu lernen, unser Ego unter Kontrolle zu halten. Es kann schwierig sein, der Versuchung zu widerstehen, das Ruder an uns zu reißen und die Bemühungen der Gruppe zu lenken. Deshalb sind sowohl Neuankömmlinge als auch Superstars oft keine sehr guten Mannschaftsspieler. Die Neuankömmlinge wollen sich einen Namen machen, und die Stars wollen ihren Status verteidigen. Beim sozialen Flow sind alle Beteiligten auf derselben Wellenlänge und scheinen mit einem einzigen Verstand zu denken.[29] Der Schlüssel besteht darin, das eigene Ego mit dem der übrigen Teammitglieder zu verschmelzen und aufmerksam zuzuhören, um die eigene Stimme mit denen der anderen in Einklang zu bringen, anstatt zu versuchen, sie zu übertönen.

Wer führt die Rolling Stones? Viele Leute würden sagen, es ist Mick Jagger, aber jene, die sich eingehend mit der Band beschäftigt haben, sehen ein etwas komplexeres Bild. Der Gitarrist Keith Richards hat einige der besten Riffs in der Geschichte des Rock 'n' Roll geschrieben, aber viele halten den anderen Gitarristen, Ronnie Wood, insgesamt für den besseren Musiker. Und die Bandmitglieder sind der Meinung, dass der Schlagzeuger Charlie Watts die Gruppe zusammenhält. Wie Richards weise erklärte: »Es ist mir egal, wer die Führung innehat, es geht darum, was das Beste für das Team ist.«[30] Man kann kaum ein besseres Beispiel für Personen finden, die das Potenzial für ein überdimensioniertes Ego haben, jedoch klug genug sind, um zu wissen, dass es vorteilhaft ist, dieses unter Kontrolle zu halten.

Kooperation: Warum in Teams kein Platz für Egos ist

Die Unterordnung der individuellen Egos schafft die Voraussetzungen für den dritten unverzichtbaren Bestandteil des sozialen Flow: die Kooperation. Das Prinzip ist so offenkundig, dass es oft übersehen wird: Gruppen, die gut zusammenarbeiten, werden eher den Zustand des sozialen Flow erreichen. Ein optimales Niveau der Zusammenarbeit wird möglich, wenn die Teammitglieder mit der Vorgehensweise ihrer Kollegen vertraut sind, sich jedoch nicht so wohlfühlen, dass sie selbstzufrieden werden, wenn alle gleichberechtigt zusammenarbeiten und wenn die Kommunikation funktioniert.

Wer würde nicht gerne das Rezept für garantierten Erfolg kennen? Der Soziologe Brian Uzzi von der Northwestern University hat einen faszinierenden Zugang zu dieser uralten Aufgabe gewählt und sich die Teams genau angesehen, die hinter den erfolgreichsten Musicals in der Geschichte standen oder schlimme Fiaskos erlitten. Was macht den Unterschied zwischen einem Musical, das am Broadway triumphiert, und einem, das nicht einmal die Kosten einspielt?

Die Antwort bestätigt einen Verdacht, den viele von uns seit langem hegen: Es kommt darauf an, wen man kennt. Aber in diesem Fall bedeutet das nicht unbedingt, was wir darunter verstehen. Wie sich herausstellt, ist die Vertrautheit ein zweischneidiges Schwert.

Uzzi entwickelte eine fünfstufige Skala, die er als »Q« bezeichnete, um Zahl und Natur der Verbindungen der Broadway-Mitarbeiter einzuschätzen. Wenn sämtliche Mitglieder eines Teams schon in der Vergangenheit zusammengearbeitet hatten, hatte diese Gruppe einen hohen Q-Wert. War das Team eine Ansammlung von Fremden, so war sein Q-Wert niedrig.[31] Uzzi und sein Kollege Jarrett Spiro fanden heraus, dass man aus den Beziehungen zwischen den Schöpfern eines Musicals eine bemerkenswert präzise Vorhersage über den Erfolg oder Misserfolg der Produktion ableiten konnte. Bei Musicals mit einem Q-Wert von 1,7 oder weniger war die Wahrscheinlichkeit des Scheiterns hoch. Aber wenn der Q-Wert zu hoch war und über 3,2 lag, waren ebenfalls Probleme für die Show wahrscheinlich, was vermutlich daran lag, dass dem Team jene Art von Diversität fehlte, über die wir in Kapitel 7 gesprochen haben. Darunter litt seine Innovationsfähigkeit.[32]

All diese Ergebnisse könnte man eher als kurios einstufen, wäre da nicht die Tatsache, dass die Erkenntnis von Uzzi und Spiro auch auf zahlreiche andere Bereiche anwendbar ist. Die knappen Termine, der Zusammenprall der Egos und die unablässige Jagd nach dem nächsten Hit machen den Broadway zu einem überraschend guten Modell für das generelle Klima in der Unternehmenswelt.[33] Unabhängig davon, ob sie auf der Bühne oder an der Börse arbeiten, setzen sich die erfolgreichsten kreativen Teams aus Personen zusammen, die miteinander vertraut, aber nicht zu vertraut sind. Ohne »frisches Blut« verfallen Teams, die seit langer Zeit zusammenarbeiten, leicht in einen selbstgenügsamen Trott. Der Internet-Anthropologe Stowe Boyd erklärt es so: »Es muss eine Spannung, einen Nervenkitzel oder auch offene Meinungsverschiedenheiten – eine Auseinandersetzung mit unterschiedlichen Perspektiven und Hintergründen – zwischen den langjährigen Mitgliedern der Gruppe und einem oder mehreren Neuankömmlingen geben.«[34] Auf der anderen Seite mangelt es Teams, die zur Gänze aus Fremden bestehen, möglicherweise an Energie und Dynamik, weil ihren Mitgliedern die unausgesprochene Kenntnis der Arbeitsweise ihrer Kollegen fehlt. Die Kreativität wird leicht erstickt, wenn jede Idee erklärt oder jeder Ansatz erst in den Kontext eingeordnet werden muss.

Die Kooperation war das wichtigste Anliegen eines Klienten, der uns engagierte, um ihm dabei zu helfen, die Produktivität seiner Meetings zu erhöhen. Im Lauf der Zeit waren die Besprechungen immer länger geworden; gleichzeitig waren immer weniger Entscheidungen gefallen. Viele Mitglieder der Gruppe nahmen seit Jahren an den Meetings teil und verstanden sich sowohl innerhalb als auch außerhalb des Büros gut. Allen Beteiligten war klar, dass etwas vollkommen falsch lief. Die meisten langweilten sich, aber niemand war bereit, sich zu Wort zu melden und anzusprechen, was alle wussten, aber nicht offen zugeben wollten: Die Besprechungen zehrten nicht nur an der Energie aller Beteiligten, sondern verschlangen auch den Großteil eines Vormittags. Und wofür?

Das Format dieser Sitzungen ist eigentlich jedem vertraut. Es gab eine Reihe von Tagesordnungspunkten, die systematisch abgearbeitet wurden. Leider war das auch schon das Einzige, das effizient gehandhabt wurde. Wenn ein Punkt zur Sprache kam, konnte sich jeder Teilnehmer dazu äußern, unabhängig davon, ob er in diesem Bereich Kenntnisse besaß oder nicht. Und in vielen Fällen beteiligten sich tatsächlich alle Anwesenden. Aber viele von ihnen meldeten sich nicht zu Wort, weil sie etwas Relevantes beizutragen hatten, sondern weil die Teilnahme am Gespräch so etwas wie ein Ritual geworden war, fast wie eine schlechte Gewohnheit. Da die meisten Teilnehmer untereinander befreundet waren, verliefen die Diskussionen oft in freundlichem Ton. Aber der dünne Film des Wohlwollens schwamm an der Oberfläche eines tiefen Ozeans von Langeweile und Unzufriedenheit. Fast alle waren sich dessen bewusst, aber niemand sprach darüber. Das änderte sich, als wir auftauchten.

Nachdem wir die erste Sitzung überstanden hatten, nahmen wir den Leiter der Gruppe beiseite und legten ihm folgende Änderung nahe: Jedes Mal, wenn ein neuer Tagesordnungspunkt zur Sprache kam, sollten alle Teilnehmer, die nicht direkt davon betroffen oder keine Experten für das Thema waren, auf ihren Sesseln einen oder zwei Meter vom Tisch abrücken. So würden nur die Experten direkt am Tisch bleiben, um den Tagesordnungspunkt zu behandeln. Natürlich blieben alle Teilnehmer im Raum, aber die räumliche Distanz war ein wirksames Signal. Waren die Experten zu einer Entscheidung gelangt, ging man zum nächsten Tagesordnungspunkt über, und die Teammitglieder rückten abhängig vom Thema entweder an den Tisch oder entfernten sich davon. Die »Außenstehenden« behielten in jedem Augenblick ihr Vetorecht, aber abgesehen von einigen außergewöhnlichen Situationen überließen sie es den Experten, die Details zu behandeln, während sie warteten, bis sie an der Reihe waren, Entscheidungen zu fällen.

Die Gruppe gewöhnte sich rasch an das neue Verfahren, und die Resultate stellten sich fast augenblicklich ein. Die Sitzungen waren sehr viel schneller beendet, und alle Beteiligten waren mit neuer Begeisterung bei der Sache. In einer Reihe von Messungen stellten wir fest, dass die für die Behandlung der Themen aufgewandte Zeit im Durchschnitt um 28 Prozent sank, während die Zufriedenheit mit den Sitzungen auf einer fünfstufigen Skala von 3,6 auf 4,7 stieg. All das war mit einem einfachen Eingriff bewerkstelligt worden. In diesem Fall lieferte unsere Anwesenheit anscheinend das dringend benötigte »frische Blut«. Anstatt sich vor dem Meeting zu fürchten, freuten sich die Teammitglieder jetzt darauf.

Es überrascht nicht unbedingt, dass Mick Jagger offenbar ein intuitives Gespür für die gleichmäßige Beteiligung hat, die so wichtig für den sozialen Flow ist. »Man muss verstehen«, erklärte er im Jahr 1995 im Gespräch mit dem legendären Rock-Journalisten Jann Wenner, »dass die Mitglieder der Band mehr oder weniger zusammen sind, dass jeder seine eigene Nische hat und dass die einen in einer Hinsicht und die anderen in anderer Hinsicht die Führung übernehmen.«[35]

Abgesehen davon, dass für den sozialen Flow normalerweise keine klare Führungsrolle definiert werden muss, stellt er sich am ehesten ein, wenn alle Beteiligten im selben Maß zum Prozess beitragen. Das bedeutet, dass sämtliche Mitglieder der Gruppe, auch wenn sie unterschiedliche Fähigkeiten mitbringen, ein vergleichbares Niveau an Fähigkeiten haben sollten. Egal wie gut eine Profisportlerin in ihrem Bereich ist, wird sie kaum sozialen Flow erleben, wenn sie in einer Amateurmannschaft spielt. Auch die Autorität muss gleichmäßig verteilt sein. Manager können am sozialen Flow teilhaben, aber nur als Gleichgestellte, nicht als Vorgesetzte.[36]

Aus der Notwendigkeit der gleichmäßigen Beteiligung ergibt sich ein weiterer zentraler Aspekt der Zusammenarbeit, die Kommunikation. Das Wort kommt vom lateinischen *communicare*, »teilhaben, mitteilen«, das seinen Ursprung im Begriff *communis*, »gemeinsam«, hat. Um sozialen Flow zu erreichen, braucht ein Team unablässige Kommunikation. Ein Teil davon findet zwangsläufig in regelmäßigen Meetings statt, aber sehr viel Kommunikation entwickelt sich auch in informellen und weniger strukturierten Unterhaltungen auf dem Flur, im E-Mail-Verkehr oder in Telefongesprächen.[37] Wenn die Kommunikation effektiv sein soll, muss sie kollaborativ und offen sein.

Einer der lautlosen Killer der effektiven Kommunikation – und damit des sozialen Flow – ist die »gewalttätige Höflichkeit«, wie es der

Psychiater Gianpiero Petriglieri ausdrückt, der an der Business School INSEAD im französischen Fontainebleau Organisationsverhalten unterrichtet. Dies sind die Situationen, in denen sich Menschen in Gruppen lieber auf die Zunge beißen würden, als offen eine abweichende Meinung oder Bedenken zu äußern.[38] Problemlösung und Entscheidungsfindung leiden, weil die hohen Kosten der kognitiven Hemmung (siehe Kapitel 2) das Gehirn der Ressourcen berauben, die für die rationale Analyse benötigt werden. Gleichzeitig löst das unterschwellige Misstrauen eine Bedrohungsreaktion aus, was eine fruchtbare Zusammenarbeit unmöglich macht. So büßen wir auf einen Schlag die Fähigkeit, unsere Meinung zu sagen, sowie die Fähigkeit zum Aufbau sinnvoller Beziehungen ein.[39]

Die gewalttätige Höflichkeit ist auch problematisch, weil sie nicht nachlässt, sondern sich festsetzt. Zurückhaltung verschafft uns keine Zeit, um Mut und Entschlossenheit zu sammeln. Wahrscheinlicher ist, dass wir diese schädliche Rücksichtnahme zu einem festen Bestandteil unserer Persönlichkeit am Arbeitsplatz machen werden. Die Abneigung gegen Ehrlichkeit wird zu einem stabilen neuronalen Pfad, das Zögern zur Gewohnheit. Anstatt unsere Zunge bewusst im Zaum zu halten, tun wir es schließlich unbewusst. Und auf den höheren Hierarchieebenen breitet sich die gewalttätige Höflichkeit zusehends aus. Tatsächlich sind Geschäftsführer oft die unglücklichen Empfänger des Großteils dieser gut gemeinten Unaufrichtigkeit.[40] Ein Spitzenmanager erklärt: »Durch die Windschutzscheibe eines Streifenwagens sieht es fast immer so aus, als gäbe es keine Verstöße im Straßenverkehr.« Führungskräfte, die nicht lernen, selbst das Wetter vorherzusagen, bekommen am Ende möglicherweise eine Prognose für warme und sonnige Tage, obwohl dem Unternehmen in Wahrheit stürmische Zeiten bevorstehen.

Den Kreislauf der gewalttätigen Höflichkeit kann man nur mit Mut durchbrechen. Man muss den Mut aufbringen zu sagen, was man wirklich denkt, und jene Kollegen respektieren, die aufrichtig und gewissenhaft genug sind, dasselbe zu tun. So wird man die Beziehungen eher festigen, als sie zu gefährden.[41] Und das wird die Aussichten auf sozialen Flow erheblich verbessern. Selbstverständlich hat die Aufrichtigkeit ihren Preis. Aber dasselbe gilt für den sozialen Flow.

Die Kosten: Flow wird sich eher einstellen, wenn man etwas zu verlieren hat

Haben Sie beim Pokern schon einmal um Streichhölzer statt um Geld gespielt? Eine Weile kann das ganz nett sein, aber wenn es um nichts geht, lässt man sich letzten Endes viel zu leicht ablenken. Man beginnt, um unvernünftig hohe Einsätze zu spielen, und verliert langsam aber sicher das Interesse am Spiel. Dabei geht es nicht ums Geld: Es geht um die Bereitschaft, etwas Wertvolles aufs Spiel zu setzen. In anderen Kontexten könnte das der Arbeitsplatz, das Ansehen, die Selbstachtung oder sogar das eigene Leben sein. Wie der Dichter Samuel Johnson bemerkte: »Ein Mann, der weiß, dass er in zwei Wochen am Galgen hängen wird, konzentriert sich sehr gut.«

Wenn nichts auf dem Spiel steht, stellt sich der Zustand des sozialen Flow selten ein. Er erfordert ein Gefühl der Kontrolle, das mit Autonomie einhergeht, sowie die reale Möglichkeit des Scheiterns. Sämtliche Mitglieder der Gruppe sollten dieselbe Einschätzung der Situation teilen: Es ist unsere Entscheidung, und sie ist riskant, aber wir sind entschlossen, unser Ziel zu verfolgen und die Konsequenzen zu tragen.

Obwohl die Kooperation unverzichtbar für den Erfolg der Gruppe ist, sollten die einzelnen Beteiligten das Gefühl haben, die Kontrolle zu haben. Entscheidend ist, dass jedes Mitglied der Gruppe das Gefühl hat, dass ihm das Management Autonomie zugestanden hat.[42] Zahlreiche Studien sind zum selben Ergebnis gelangt: Die Leistungen eines Teams stehen in Relation zum Grad seiner Autonomie.[43] Ein Mangel an Autonomie kann auch den besten Teams den Wind aus den Segeln nehmen. Richard Ryan, der an der University of Rochester Psychologie unterrichtet, erklärt: »Der Verlust an Energie tritt am deutlichsten zutage, wenn Menschen das Gefühl haben, keine Autonomie zu genießen.«[44]

Wie kann man Mitgliedern einer Gruppe das Gefühl geben, individuell die Kontrolle zu haben? Dies ist eines der faszinierenden Paradoxe des sozialen Flow. Der Schlüssel ist, dass man allen Gruppenmitgliedern das Gefühl geben muss, dass ihnen das Management Autonomie zugestanden hat und dass sie aus freien Stücken ihre persönliche Autonomie für die kollektive Autonomie der Gruppe opfern.[45]

Damit sich Projekte wirklich entwickeln und damit Meetings wirklich Substanz haben können, muss für alle Beteiligten etwas auf dem Spiel stehen. Wir haben in unserer Beratungspraxis ein ausgezeichnetes Beispiel dafür gesehen, was geschieht, wenn nicht genug auf dem Spiel steht.

Einer unserer Klienten, ein Geschäftsführer, war nicht einfach verärgert, sondern tatsächlich besorgt. Das Montagsmeeting, einst eine Oase der Klarheit und Tatkraft, die man am Wochenanfang besuchte, hatte sich langsam aber sicher in eine Wüste der Unentschlossenheit und Ineffizienz verwandelt. Besonders beunruhigt war er, weil sich seine direkten Mitarbeiter und Vertrauten offensichtlich nicht mehr mit den Bestrebungen des Unternehmens identifizierten.

Eigentlich hätten die Meetings kurz und effizient sein sollen. Schließlich herrschte im Konferenzzimmer kein Gedränge: An der Besprechung nahmen nur die fünf Manager teil, die dem Geschäftsführer direkt unterstanden. Komischerweise waren die Schwierigkeiten ausgerechnet durch eine Veränderung verursacht worden, die eigentlich eine Verbesserung hätte bewirken sollen: Jeder Teilnehmer konnte zwei Experten aus dem eigenen Team mitbringen, die wertvolle Details und Daten beitragen sollten.

Die Annahme war, dass alle Beteiligten von den Beiträgen dieser Fachleute profitieren würden, die besser mit den einzelnen Themen vertraut waren als jeder andere. Anstatt Vermutungen zu den spezifischen Fragen anstellen zu müssen, konnte sich das Führungsteam direkt an die Experten wenden, um sich zu vergewissern, ob ein Vorschlag tatsächlich umgesetzt werden konnte. In der Theorie klang das wunderbar. In der Praxis hatte es katastrophale Auswirkungen.

Die Gegenwart von jeweils zwei sorgfältig ausgewählten Experten aus ihrem jeweiligen Team gab den fünf Managern die Möglichkeit, sich zurückzulehnen und ihren Mitarbeitern das Wort zu überlassen. Selbst das schien anfangs sinnvoll: Schließlich überlässt man Entscheidungen, für die man Fachwissen braucht, am besten den Experten.

Wo lag also der Fehler?

Die Gegenwart der Experten machte die Teilnahme der direkt dem Geschäftsführer unterstellten Manager rasch überflüssig. Tatsächlich war sie *mehr als überflüssig*. Abgesehen davon, dass die Experten die gesamte Arbeit machten (und den Großteil der Wortmeldungen übernahmen), nutzten die Manager das auch als Ausrede, um sich aus der Verantwortung zu stehlen. Führten die Empfehlungen der Experten nicht zu den erwarteten Ergebnissen, so konnten die Manager mit dem Finger auf die Experten zeigen. Funktionierte hingegen alles wie geplant, so nahmen die Manager den Erfolg bereitwillig für sich in Anspruch.

Was konnte man tun? Eine Möglichkeit war, die direkten Mitarbeiter anzuweisen, nicht mehr an den Montagsmeetings teilzunehmen, und nur ihre Experten zurate zu ziehen. Wer die Unternehmenswelt ein bisschen kennt, ahnt natürlich, wie diese Idee aufgenommen wurde: Aus Angst, ihren Job an einen ihrer eigenen Mitarbeiter zu verlieren, aktivierten die fünf Manager die Bedrohungsreaktion und beharrten unter dem Vorwand der Rationalität darauf, dass ihre Anwesenheit in den Sitzungen vollkommen unverzichtbar sei.

Die beste Lösung wirkte auf den ersten Blick widersinnig: Man musste auf die Experten verzichten. Der Geschäftsführer begrenzte die Gruppe der Teilnehmer wieder auf seine fünf direkten Mitarbeiter. So gewannen diese Manager das zurück, was sie mit der Vergrößerung der Teilnehmergruppe eingebüßt hatten: die Verantwortung.

Die Sitzungen wurden nicht nur effizienter, sondern die Veränderung stärkte auch das Unternehmen als Ganzes, indem sie das Vertrauen allgemein festigte. Der Geschäftsführer signalisierte sein Vertrauen in das Urteil seiner direkten Mitarbeiter, indem er darauf verzichtete, die Bestätigung der Experten einzuholen. Diese spielten natürlich weiterhin eine Schlüsselrolle. Nur taten sie es hinter den Kulissen. Anstatt an der wöchentlichen Sitzung teilzunehmen, setzten sie sich jetzt im Vorfeld mit ihren Managern zusammen, um diese gründlich vorzubereiten, damit sie sich sachkundig zu den anstehenden Fragen äußern und fundiert argumentieren konnten. Das führte zu einem korrekten Justieren und Leben der Verantwortung bei wachsendem Vertrauen. Die Experten mussten darauf vertrauen, dass ihre Manager in der Lage sein würden, ihre Erkenntnisse richtig und effektiv zu vermitteln, und die Manager mussten sich darauf verlassen, dass ihre Experten sie mit guten, fundierten Ratschlägen versorgen würden.

Ein Problem wurde in einen Durchbruch verwandelt.

Ein Problem wurde in einen Durchbruch verwandelt. Alle Beteiligten gingen gestärkt und zuversichtlicher aus der Erfahrung hervor. Der Vertrauenszuwachs im gesamten Unternehmen war nicht der einzige Nutzen. Es gelang auch besser, wichtige Ideen zu vermitteln, und das Gefühl für Status und Verantwortung wurde gestärkt.

Und die Verantwortung bringt Risiken mit sich. Schließlich kann man nur schwer anderen die Schuld zuschieben, wenn man klargestellt hat, dass man selbst die Kontrolle hat. Das Gefühl, für die eigenen Aktionen verantwortlich zu sein, erhöht die zielgerichtete Aufmerksamkeit, und diese ermöglicht Flow. Wagemutigen Bergsteigern wie Dean Potter ist das vollkommen bewusst (siehe Kapitel 3). Das Streben nach der Erfahrung des Flow bewegt sie dazu, immer gefährlichere Herausforderungen zu suchen.

Natürlich müssen Teams in Unternehmen normalerweise nicht ihr Leben aufs Spiel setzen, um den Zustand des sozialen Flow zu erreichen. Aber wenn der Einsatz erhöht wird, steigt auch die Wahrscheinlichkeit des sozialen Flow. Deshalb lernen erfahrene Schauspieler oft, das Lampenfieber zu begrüßen und zu nutzen, um die Flow-Erfahrung in Gang zu bringen.[46] Deshalb wachsen viele Menschen an der Aufgabe, wenn viel auf dem Spiel steht, und begehen bedauerliche Fehler, wenn sie sich entspannen.

Wenn der Einsatz erhöht wird, steigt auch die Wahrscheinlichkeit des sozialen Flow.

Das Problem ist natürlich, dass die Tätigkeit der meisten Unternehmen dafür ausgelegt ist, die Risiken zu minimieren. Wer in einem Unternehmen an einer Aufgabe scheitert, wird oft bestraft.[47] Das ist eine durchaus verständliche Bedrohungsreaktion angesichts der finanziellen Realität, aber der Autor Keith Sawyer ruft uns eine weitere Realität in Erinnerung: »Die Forschung zeigt ein ums andere Mal«, schreibt er in seinem Buch *Group Genius*, »dass der Zwillingsbruder der Innovation das häufige Scheitern ist.«[48] Wenn das Gespenst des Scheiterns nicht im Raum steht, wird sich die Chance auf die Art von Flow, die wir brauchen, wahrscheinlich in Luft auflösen. Es steht außer Frage, dass der soziale Flow einen Preis hat. Aber jene, die in den Genuss der mit dem Flow verbundenen Leistungssteigerung und Befriedigung gekommen sind, wissen, dass es sich lohnt, diesen Preis zu bezahlen.

Wie sich herausgestellt hat, war einer der größten Hits der Rolling Stones auch eine ihrer größten Lügen. Der Song »(I Can't Get No) Satisfaction« mochte seinerzeit der Angst der Jugend Ausdruck verleihen, aber die Zeit hat gezeigt, dass die Band in den mehr als 50 Jahren, in denen sie eines der bekanntesten und leistungsfähigsten Teams der Welt gewesen ist, nicht nur Ruhm und Reichtum erworben hat, sondern auch etwas, das wir sowohl individuell als auch als Teams anstreben: Befriedigung.

Kapitel 9 auf einen Blick

Kernaussagen aus »Das Team der Zukunft entwickeln«

T steht für Team. T steht für Tal**ent.** Um ein Hochleistungsteam aufzubauen, muss man vor allem Spitzentalente anwerben und entwickeln. Eine der wichtigsten Aufgaben einer Führungskraft ist es, wirkliches Talent zu erkennen. Wenn man es sieht, muss man zugreifen!

Gezielte Entwicklungsanstrengungen. Man sollte nicht Geld und kostbare Entwicklungszeit vergeuden, indem man allen Teammitgliedern dasselbe Training angedeihen lässt. Personen, die bereits Talent in einem Bereich besitzen, profitieren am meisten von entsprechenden Weiterbildungsmaßnahmen. Mitarbeiter profitieren mehr von einer Weiterentwicklung ihres vorhandenen Talents als von Versuchen, ihre Schwächen zu korrigieren.

Ein den Bedürfnissen des Gehirns entsprechender Arbeitsplatz. Talentierte Menschen brauchen eine Umgebung, die bei ihnen den Wunsch weckt, zur Arbeit zu kommen, und in der sie geeignete Bedingungen für erfolgreiche Arbeit vorfinden. Da Sport, Ernährung und Schlaf das Trio der Stressprotektoren bilden, muss die Atmosphäre im Unternehmen diese Dinge möglich machen.

Sinnvolle Leistungsanreize. An einem Arbeitsplatz, der die Bedürfnisse des Gehirns erfüllt, kommen die Mitarbeiter gerne zur Arbeit. Und wenn man ihnen die richtigen Anreize gibt, werden sie im Team bleiben wollen. Um sinnvolle Anreize geben zu können, muss man zwei gehirnbasierte Prinzipien beachten: Fairness und Neuheit.

Die Gruppe hat an individuellen Belohnungen teil. Ob es uns gefällt oder nicht, jede Vergütung findet in einem sozialen Kontext statt. Das Geld an sich ist weniger bedeutsam als der Eindruck, dass eine Person in Relation zu ihren Kollegen fair bezahlt wird. Das Gefühl der Fairness löst die Freisetzung von Oxytocin aus, und Oxytocin begünstigt die Zusammenarbeit.

Wir alle lieben eine angenehme Überraschung. Unerwartete Belohnungen wirken sich stärker auf das Gehirn aus als erwartete

Leistungsanreize. Den Unterschied macht Dopamin, der Neuheitsbotenstoff, der sehr motivierend wirken kann. Versuchen Sie, einen Teil Ihres Budgets für punktuelle, unerwartete Bonuszahlungen zu reservieren. Sie werden überrascht von der Wirkung dieser ungeplanten Belohnungen sein.

Sozialer Flow ist potenzierter Flow. Der Flow, der individuelle Höchstleistungen ermöglicht, kann auf ein ganzes Team ausgeweitet werden. Psychologen, die den sozialen Flow eingehend studiert haben, haben die Faktoren beschrieben, die ihn begünstigen. Diese vier Faktoren sind gezielte Aufmerksamkeit, Flexibilität, Kooperation und Kosten.

Gezielte Aufmerksamkeit: In einer Atmosphäre der Ablenkung kann kein sozialer Flow entstehen. Ein klares Ziel, völlige Konzentration und aufmerksames Zuhören sorgen für die zielgerichtete Aufmerksamkeit, die ein Team braucht, um kollektiv den Zustand des Flow zu erreichen.

Flexibilität. In einem zu engen Korsett kann kein Flow entstehen. Wir müssen auf den Ideen anderer aufbauen, anstatt sie von der Hand zu weisen, und unsere natürliche Neigung zur Manifestation des eigenen Egos unterdrücken, um uns in den Dienst der Gruppenidentität zu stellen.

Kooperation. Gruppen, die gut zusammenarbeiten, werden eher den Zustand des sozialen Flow erreichen. Das optimale Maß an Kooperation erreichen wir, wenn jedes Gruppenmitglied mit der Denk- und Vorgehensweise der anderen vertraut ist, ohne sich so wohlzufühlen, dass es selbstgenügsam wird. Alle Mitglieder der Gruppe müssen sich auf demselben Niveau beteiligen, und die Kommunikation muss effektiv sein.

Kosten. Sozialer Flow ist unwahrscheinlich, wenn nichts auf dem Spiel steht. Ein greifbares Risiko löst die Freisetzung von Noradrenalin aus, was die zielgerichtete Aufmerksamkeit aller Beteiligten fördert. Sowohl auf individueller als auch auf kollektiver Ebene ist eine sehr gezielte Aufmerksamkeit eine unverzichtbare Voraussetzung für den befriedigenden Zustand des Flow.

Eine abschließende Bemerkung: An das Gehirn denken

Natürlich können wir nicht alle Mick Jagger sein (und einige von uns würden das auch gar nicht wollen). Und nicht jedes Team kann erwarten, ähnlich überwältigende Erfolge zu feiern wie die Rolling Stones. Aber eine Vielzahl neuer neurowissenschaftlicher Erkenntnisse eröffnet uns eine beispiellose Chance, unsere Träume und Bestrebungen auf eine Art und Weise zu verwirklichen, an die vor einem Jahrzehnt noch nicht zu denken war. In diesem Buch haben wir versucht, diese bahnbrechenden Entwicklungen nachvollziehbar, denkwürdig und vor allem nutzbar zu machen. Das, was wir mittlerweile über die neurochemischen Voraussetzungen für persönliche Bestleistungen wissen, das, was wir über die neuronalen Pfade gelernt haben, die wir unser Leben lang anlegen und neu gestalten können, und das, was wir über die Bausteine für ein glückliches und erfolgreiches Team herausgefunden haben, eröffnet uns die Chance, sowohl beruflich als auch im Privatleben Großes zu erreichen und uns wirklich zu führenden Köpfen zu entwickeln!

Anmerkungen

Kapitel 1: Persönliche Bestleistung erreichen

1 Cooper, Gordon, und Bruce B. Henderson, *Leap of Faith: An Astronaut's Journey into the Unknown* (New York: Harper Collins, 2000), S. 2.
2 Wolfe, Tom, *Die Helden der Nation – Reportage-Roman* (Berlin: Ullstein, 1986) S. 426.
3 Ebd., S. 354–363.
4 Ebd., S. 426.
5 Keim, Albert, und Louis Lumet, *Louis Pasteur* (New York: Frederick A. Stokes Co., 1914), S. 53.
6 Ebd., S. 65.
7 Ebd., S. 53.
8 Beilock, Sian, *Choke: What the Secrets of the Brain Reveal About Getting It Right When You Have To* (New York: Free Press, 2010), S. 40.
9 Bell, Vaughan, »The Unsexy Truth About Dopamine«, *Observer*, 2. Februar 2013, http://www.theguardian.com/science/2013/feb/03/dopamine-the-unsexy-truth.
10 Beilock, *Choke*, S. 81–82.
11 Doidge, Norman, *Neustart im Kopf: Wie sich unser Gehirn selbst repariert* (Frankfurt a. M.: Campus, 2007), Kap. 3.
12 Lusher, J. M., C. Chandler, und D. Ball, »Dopamine D4 Receptor Gene (DRD4) Is Associated with Novelty Seeking and Substance Abuse: The Saga Continues …«, in: *Molecular Psychiatry* 6 (2001): 497–99.
13 Rabl, Ulrich, u. a., »Additive Gene-Environment Effects on Hippocampal Structure in Healthy Humans«, in: *Journal of Neuroscience* 34, Nr. 30 (23. Juli 2014): 9917–26.
14 Davidson, Richard J., und Sharon Begley, *Warum regst du dich so auf?: Wie die Gehirnstruktur unsere Emotionen bestimmt* (München: Goldmann, 2016), S. 152.
15 Ebd., S. 159.
16 The Endocrine Society, »Older Age Does Not Cause Testosterone Levels to Decline in Healthy Mensch«, *Science Daily*, 7. Juni 2011, https://www.sciencedaily.com/releases/2011/06/110607121129.htm.
17 Norton, Elizabeth, »Fatherhood Decreases Testosterone«, in: *Science*, 12. September 2011, http://news.sciencemag.org/social-sciences/2011/09/fatherhood-decreases-testosterone. Barrett, E. S., u. a., »Marriage and Motherhood Are Associated with Lower Testosterone Concentrations in Women«, in: *Hormones and Behavior* 63 (2013): 72–79.
18 Interview mit den Autoren.
19 Zoefel, Benedikt, René J. Huster und Christoph S. Herrmann, »Neurofeedback Training of the Upper Alpha Frequency Band in EEG Improves Cognitive Performance«, in: *Neuroimage* 54, Nr. 2 (15. Januar 2011): 1427–31.

20 Cohen, Sheldon, Tom Kamarck und Robin Mermelstein, »A Global Measure of Perceived Stress«, in: *Journal of Health and Social Behavior* 24 (1983): 385–96.
21 Keim und Lumet, *Louis Pasteur*, S. 70.
22 Wolfe, *Helden der Nation*, S. 432.
23 Ebd., S. 433.

Kapitel 2: Die Emotionen regulieren

1 Pychyl, Timothy A., »Self-Regulation Failure (Part 4): 8 Tips to Strengthen Willpower«, *Psychology Today*, 3. März 2009, http://www.psychologytoday.com/blog/dont-delay/200903/self-regulation-failure-part-4-8-tips-strengthen-willpower.
2 Derickson, Alan, »Real Men Go to Sleep«, in: *Harvard Business Review*, 11. November 2013, http://blogs.hbr.org/2013/11/real-men-go-to-sleep/.
3 Anwar, Yasmin, »Sleep Loss Linked to Psychiatric Disorders«, *UC Berkeley News*, Pressemitteilung, 22. Oktober 2007, http://berkeley.edu/news/media/releases/2007/10/22_sleeploss.shtml.
4 Ebd.
5 Breus, Michael J., »Insomnia Impairs Emotional Regulation«, *Psychology Today*, 5. Juli 2013, http://www.psychologytoday.com/blog/sleep-newzzz/201307/insomnia-impairs-emotional-regulation.
6 Derickson, »Real Men Go to Sleep«.
7 Anwar, »Sleep Loss Linked to Psychiatric Disorders«.
8 Breus, »Insomnia Impairs Emotional Regulation«.
9 Anwar, »Sleep Loss Linked to Psychiatric Disorders«.
10 McNamara, Patrick, »REM Sleep, Emotional Regulation and Prefrontal Cortex«, *Psychology Today*, 28. Dezember 2011, http://www.psychologytoday.com/blog/dream-catcher/201112/rem-sleep-emotional-regulation-and-prefrontal-cortex.
11 Ebd.
12 Sleep.org, »Sleeping at Work: Companies with Nap Rooms and Snooze-Friendly Policies«, https://sleep.org/articles/sleeping-work-companies-nap-rooms-snooze-friendly-policies/.
13 Derickson, »Real Men Go to Sleep«.
14 Medina, John, *Gehirn und Erfolg: 12 Regeln für Schule, Beruf und Alltag* (Heidelberg: Springer Spektrum, 2009), S. 7.
15 Ebd., S. 10.
16 Ebd.
17 Ebd., S. 11.
18 Ebd., S. 11–12.
19 Blumenthal, James A., u.a., »Effects of Exercise Training on Older Patients with Major Depression«. in: *Archives of Internal Medicine* (25. Oktober 1999).
20 Medina, *Gehirn und Erfolg*, S. 18.
21 Schwarz, Joel. »Scenes of Nature Trump Technology in Reducing Low-Level Stress«, University of Washington, 10. Juni 2008, http://www.washington.edu/news/2008/06/10/scenes-of-nature-trump-technology-in-reducing-low-level-stress/.
22 Wang, Shirley S., »Coffee Break? Walk in the Park? Why Unwinding Is Hard«, *Wall Street Journal*, 30. August 2011.
23 Berman, Marc G., John Jonides, und Stephen Kaplan, »The Cognitive Benefits of Interacting with Nature«, in: *Psychological Science* 19, Nr. 12 (Dezember 2008): 1207–12.
24 Wang, »Coffee Break?«

25 Interview mit den Autoren.
26 Wurtman, Richard J., u.a., »Effects of Normal Meals Rich in Carbohydrates or Proteins on Plasma Tryptophan and Tyrosine Ratios«, in: *American Journal of Clinical Nutrition* 77 (2003): 128–32.
27 Huang, Li., Adam D. Galinsky, Deborah H. Gruenfeld und Lucia E. Guillory, »Powerful Postures Versus Powerful Roles: Which Is the Proximate Correlate of Thought and Behavior?«, in: *Psychological Science* 22, Nr. 1 (2011): 95–102.
28 Cuddy, Amy J.C., Caroline A. Wilmuth und Dana R. Carney, »The Benefit of Power Posing Before a High-Stakes Social Evaluation«, *Harvard Business School Working Paper*, Nr. 13-027, September 2012.
29 Emmons, Robert A., und Michael E. McCullough, »Counting Blessings Versus Burdens: An Experimental Investigation of Gratitude and Subjective Well-Being in Daily Life«, in: *Journal of Personality and Social Psychology* 84, Nr. 2 (2003): 377.
30 Korb, Alex, »The Grateful Brain«, *Psychology Today*, 20. November 2010, http://www.psychologytoday.com/blog/prefrontal-nudity/201211/the-grateful-brain.
31 Ebd.
32 Ebd.
33 Emmons und McCullough, »Counting Blessings Versus Burdens«.
34 Bandura, Albert (1994), »Self-Efficacy«, in: V.S. Ramachaudran (Hg.), *Encyclopedia of Human Behavior*, Bd. 4 (New York: Academic Press), S. 71–81; Nachdruck in: H. Friedman (Hg.), *Encyclopedia of Mental Health* (San Diego: Academic Press, 1998).
35 Warrell, Margie, »Afraid of Being ›Found Out?‹ Overcome Impostor Syndrome«, *Forbes*, 3. April 2014, http://www.forbes.com/sites/margiewarrell/2014/04/03/impostor-syndrome/.
36 Weir, Kirsten, »Feel Like a Fraud?«, *gradPSYCH* (American Psychological Association), November 2013, http://www.apa.org/gradpsych/2013/11/fraud.aspx.
37 Warrell, »Afraid of Being ›Found Out?‹«.
38 Pinker, Susan, »Field Guide to the Self-Doubter: Extra Credit«, *Psychology Today*, 1. November 2009, http://www.psychologytoday.com/articles/200911/field-guide-the-self-doubter-extra-credit.
39 Warrell, »Afraid of Being ›Found Out‹?«
40 Weir, »Feel Like a Fraud?«
41 Pillay, Srinivasan S. *Your Brain and Business: The Neuroscience of Great Leaders* (Upper Saddle River: FT Press, 2011), S. 104.
42 Ebd.
43 Pinker, »Field Guide to the Self-Doubter«.
44 Ebd.
45 Warrell, »Afraid of Being ›Found Out?‹«
46 Weir, »Feel Like a Fraud?«
47 Ebd.
48 Ebd.
49 Pinker, »Field Guide to the Self-Doubter«.
50 Carey, Benedict, »Feel Like a Fraud? At Times, Maybe You Should«, *New York Times*, 5. Februar 2008.
51 Pinker, »Field Guide to the Self-Doubter«; Carey, »Feel Like a Fraud? At Times, Maybe You Should«.
52 Ebd.
53 Pinker, »Field Guide to the Self-Doubter«.
54 Ebd.
55 Weir, »Feel Like a Fraud?«
56 Ebd.
57 Carey, »Feel Like a Fraud? At Times, Maybe You Should«.

58 Warrell, »Afraid of Being ›Found Out‹?«
59 Pinker, »Field Guide to the Self-Doubter«.
60 Ebd.
61 Weir, »Feel Like a Fraud?«
62 Warrell, »Afraid of Being ›Found Out‹?«
63 Pinker, »Field Guide to the Self-Doubter«.
64 Ebd.
65 Ebd.
66 Warrell, »Afraid of Being ›Found Out‹?«
67 Ebd.
68 Pinker, »Field Guide to the Self-Doubter«.
69 Weir,»Feel Like a Fraud?«
70 Pinker, »Field Guide to the Self-Doubter«.
71 Weir, »Feel Like a Fraud?«
72 Pinker, «Field Guide to the Self-Doubter«.
73 Ebd.
74 Dutton, D.G., und Aron, A.S., »Some Evidence for Heightened Sexual Attraction Under Conditions of High Anxiety«, in: *Journal of Personality and Social Psychology* 30 (1974): 510–17.
75 Lieberman, M.D., *Social: Why Our Brains Are Wired to Connect* (New York: Crown, 2013), Kap. 9.
76 University of California, Los Angeles, »Putting Feelings into Words Produces Therapeutic Effects in the Brain«, *ScienceDaily*, 22. Juni 2007, www.sciencedaily.com/releases/2007/06/070622090727.htm.
77 Lieberman, *Social.*
78 Beilock, *Choke*, S. 161.
79 University of California, Los Angeles, »Putting Feelings into Words Produces Therapeutic Effects in the Brain«.

Kapitel 3: Gezielt aufmerksam sein

1 »U.S. Slackline Walker Dean Potter Crosses China Canyon«, *BBC News* (Asia), April 23, 2012, http://www.bbc.com/news/world-asia-17811115.
2 Arnold, Katie, »The Man Who Thinks He Can Fly«, *ESPN*, 10. Juli 2012, http://sports.espn.go.com/espn/magazine/archives/news/story?page=magazine-20071115-article43.
3 Chabris, Christopher, und Daniel Simons, *Der unsichtbare Gorilla: Wie unser Gehirn sich täuschen lässt* (München: Piper, 2010), S. 17.
4 Ebd., S. 18.
5 Ebd., S. 37.
6 Davidson, *Warum regst du dich so auf?*, S. 143–44 (Kanal, Signale), 146–47 (präfrontaler Cortex, selektive Wahrnehmung).
7 Smaers J.B., u.a., »Primate Prefrontal Cortex Evolution: Human Brains Are the Extreme of a Lateralized Ape Trend«, in: *Brain, Behavior and Evolution* 77, Nr. 2 (2011): 67–78, https://www.karger.com/Article/FullText/323671.
8 Kotler, Steven, *The Rise of Superman: Decoding the Science of Ultimate Human Performance* (Seattle: Amazon Publishing, 2014), Kap. 3.
9 »Fuzzy Brain? Increase Your Attention Span«, CNNhealth.com, 9. Dezember 2008, http://www.cnn.com/2008/HEALTH/11/14/rs.increase.your.attention.span/.
10 Ebd.

11 Tierney, John, »When the Mind Wanders, Happiness Also Strays«, *New York Times*, 16. November 2010, S. D1.
12 Medina, *Gehirn und Erfolg*, S. 93.
13 Ebd., S. 94.
14 Ebd., S. 95
15 Richtel, Matt, »Multitasking Takes Toll on Memory, Study Finds«, *New York Times*, 11. April 2011, http://bits.blogs.nytimes.com/2011/04/11/multitasking-takes-toll-on-memory-study-finds/?_r=0.
16 Rock, David, *Brain at Work: Intelligenter arbeiten, mehr erreichen* (Frankfurt a. M.: Campus, 2011), S. 61.
17 Silverman, Rachel Emma, »Workplace Distractions: Here's Why You Won't Finish This Article«, *Wall Street Journal*, 11. Dezember 2012, http://online.wsj.com/news/articles/SB10001424127887324339204578173252223022388.
18 Gold, Sunny Sea, »How to Be a Better Driver«, in: *Scientific American Mind*, März/April 2013, http://www.scientificamerican.com/article/how-to-be-a-better-driver/.
19 Kotler, *Rise of Superman*, Kap. 7.
20 Loh, Kep Kee, und Ryota Kanai, »Higher Media Multi-Tasking Activity Is Associated with Smaller Gray-Matter Density in the Anterior Cingulate Cortex«, in: *PLOS ONE* 9, Nr. 9 (24. September 2014), http://journals.plos.org/plosone/article?id=10.1371/journal.pone.0106698.
21 Poldrack, Russell, »Multitasking: The Brain Seeks Novelty«, *Huffington Post*, 28. Oktober 2009, http://www.huffingtonpost.com/russell-poldrack/multitasking-the-brain-se_b_334674.html.
22 Richtel, »Multitasking Takes Toll on Memory«.
23 Poldrack, »Multitasking«.
24 Richtel, »Multitasking Takes Toll on Memory«.
25 University of Utah, »Frequent Multitaskers Are Bad at It: Can't Talk and Drive Well«, *ScienceDaily*, 23. Januar 2013, http://www.sciencedaily.com/releases/2013/01/130123195101.htm.
26 Carr, Nicholas, *Wer bin ich, wenn ich im Internet bin … und was macht mein Gehirn solange? Wie das Internet unser Denken verändert* (München: Blessing, 2010), S. 224.
27 Ebd.
28 *Science Friday*, »The Myth of Multitasking«, 10. Mai 2013 (Radiosendung).
29 Mäntylä, Timo, »Gender Differences in Multitasking Reflect Spatial Ability«, in: *Psychological Science* 24 (2013): 514–20.
30 Hassed, Craig, »Mindfulness, Well-being and Performance«, in: *NeuroLeadership Journal* 1 (2008).
31 Lapowsky, Issie, »Don't Multitask: Your Brain Will Thank You«, *Inc.*, April 2013, http://www.inc.com/magazine/201304/issie-lapowsky/get-more-done-dont-multitask.html.
32 Paul, Annie Murphy, »You'll Never Learn! Students Can't Resist Multitasking, and It's Impairing Their Memory«, *Slate*, 3. Mai 2013, http://www.slate.com/articles/health_and_science/science/2013/05/multitasking_while_studying_divided_attention_and_technological_gadgets.html.
33 Hill, Audrey, u. a., *Prefrontal Cortex Activity During Walking While Multitasking: An fNIR Study, beim* Jahrestreffen der Human Factors and Ergonomics Society vorgelegtes Paper, 2013.
34 Cantor, Joanne, »Is Background Music a Boost or a Bummer?«, *Psychology Today*, 27. Mai 2013.
35 Lapowsky, »Don't Multitask«.
36 Poldrack, »Multitasking«.
37 Blacksmith, Nikki, und Jim Harter, »Majority of American Workers Not Engaged in

Their Jobs«, *Gallup*, 28. Oktober 2011, http://www.gallup.com/poll/150383/majority-american-workers-not-engaged-jobs.aspx.

38 Brewer, Judson A., u. a., »Meditation Experience Is Associated with Differences in Default Mode Network Activity and Connectivity«, in: *PNAS* 108, Nr. 50 (13. Dezember 2011): S. 20254.

39 Ebd., S. 20254–59.

40 Tierney, »When the Mind Wanders«.

41 Ebd.

42 Ebd.

43 Eisold, Ken, »Concentrating Makes You Happy«, *Psychology Today*, 8. Februar 2011, http://www.psychologytoday.com/blog/hidden-motives/201102/concentrating-makes-you-happy.

44 »Super Bowl XLVIII Most-Watched TV Program in U.S. History«, NFL.com, 3. Februar 2014, http://www.nfl.com/superbowl/story/0ap2000000323430/article/super-bowl-xlviii-mostwatched-tv-program-in-us-history.

45 Roenigk, Alyssa, »Lotus Pose on Two«, *ESPN the Magazine*, 21. August 2013, http://espn.go.com/nfl/story/_/id/9581925/seattle-seahawks-use-unusual-techniques-practice-espn-magazine.

46 Jha, Amishi S., »Being in the Now«, in: *Scientific American Mind* 24 (März /April 2013): 28, http://www.nature.com/scientificamericanmind/journal/v24/n1/full/scientificamericanmind0313-26.html.

47 Davidson, *Warum regst du dich so auf?*, S. 362–63.

48 Brewer, »Meditation Experience«.

49 Davidson, Richard J., »Transform Your Mind, Change Your Brain«, YouTube-Video, 1:05:21, gepostet von Google TechTalks, 23. September 2009, https://www.youtube.com/watch?v=7tRdDqXgsJ0.

50 Hölzel, Britta K., u. a., »Mindfulness Practice Leads to Increases in Regional Brain Gray Matter Density«, in: *Psychiatry Research: Neuroimaging* 191, Nr. 1 (Januar 2011): 36, doi: 10.1016/j.pscychresns.2010.08.006.

51 Murakami, Hiroki, u. a., »The Structure of Mindful Brain«, in: *PLOS* ONE 7, Nr. 9 (28. September 2012), http://journals.plos.org/plosone/article?id=10.1371/journal.pone.0046377.

52 Konnikova, Maria, »The Power of Concentration«, *New York Times*, 15. Dezember 2012. Massachusetts General Hospital, »Mindfulness Meditation Training Changes Brain Structure in Eight Weeks«, *ScienceDaily*, 21. Januar 2011, www.sciencedaily.com/releases/2011/01/110121144007.htm.

53 Murakami, »Structure of Mindful Brain«.

54 Hölzel, »Mindfulness Practice«.

55 Konnikova, »Power of Concentration«.

56 Massachusetts General Hospital, »Mindfulness Meditation Training«.

57 Brewer, »Meditation Experience«, S. 20257.

58 Jha, »Being in the Now«.

59 Davidson, *Warum regst du dich so auf?*, S. 367.

60 Ebd., S. 368.

61 Ebd., S. 373.

62 Stahl, Bob, und Elisha Goldstein: *Stressbewältigung durch Achtsamkeit: Das MBSR-Praxisbuch: Das MBSR-Praxisbuch* (Freiburg: Arbor, 2012), S. 101.

63 Ebd.

64 Ebd.

65 Csíkszentmihályi, Mihály, Sami Abuhamdeh, und Jeanne Nakamura, »Flow«, Kap. 32 in: Andrew J. Elliot und Carol S. Dweck (Hg.), *Handbook of Competence and Motivation* (New York: Guilford Press, 2005), S. 599.

66 Ebd., S. 600.
67 Ebd., S. 601.
68 Csíkszentmihályi, Mihály, *Flow im Beruf: Das Geheimnis des Glücks am Arbeitsplatz* (Stuttgart: Klett-Cotta, 2014), S. 104.
69 Kotler, *Rise of Superman*, Kap. 1.
70 Pink, Daniel, »The Puzzle of Motivation«, TED.com, Juli 2009, http://www.ted.com/talks/dan_pink_on_motivation?c=67552.
71 Herrero, J. L., u. a., »Acetylcholine Contributes Through Muscarinic Receptors to Attentional Modulation in V1«, in: *Nature* 454, Nr. 7208 (28. August 2008): 1110–14.
72 Kotler, *Rise of Superman*, Kap. 7.
73 Csíkszentmihályi, *Flow im Beruf*, S. 73.
74 Csíkszentmihályi, Abuhamdeh und Nakamura, »Flow«, S. 602.
75 Ebd., S. 603.
76 Ebd., S. 602.
77 Kotler, *Rise of Superman*, Kap. 6.
78 »U. S. Slackline Walker Dean Potter«.
79 Kotler, *Rise of Superman*, Kap. 3.
80 Longman, Jeré, »900 Feet Up With Nowhere to Go but Down«, *New York Times*, 14. März 2008.
81 Ebd.
82 Branch, John, »Dean Potter, Extreme Climber, Dies in BASE-Jumping Accident at Yosemite«, *New York Times*, 17. Mai 2015.

Kapitel 4: Gewohnheiten managen

1 World Entertainment News Network, »Jennifer Aniston Beats the Habit, Quits Smoking«, Contactmusic.com, 27. Oktober 2011, http://www.contactmusic.com/news/jennifer-aniston-beats-the-habit-quits-smoking_1252963.
2 Ebd.
3 »Jennifer Aniston Kisses Justin Theroux, Smokes Cigarette at Birthday Party«, PageSix.com, 13. Februar 2012, http://pagesix.com/2012/02/13/jennifer-aniston-kisses-justin-theroux-smokes-cigarette-at-birthday-party/.
4 »Barack Obama's Smoking Habit: Q&A«, *Telegraph*, 9. Februar 2011, http://www.telegraph.co.uk/news/worldnews/barackobama/8313620/Barack-Obamas-smoking-habit-QandA.html.
5 Hurst, Steven R., »Obama Doctor: President Still Smoking Cigarettes, Needs to Lower Cholesterol«, *Huffington Post*, 28. Februar 2010, http://www.huffingtonpost.com/2010/03/01/obama-doctor-president-st_n_480450.html.
6 Ebd.
7 Diemer, Tom, »Has Obama Finally Licked His Smoking Habit?«, *Huffington Post*, 10. Dezember 2010.
8 »Barack Obama's Smoking Habit«.
9 »Obama: I Quit Smoking ›Because I'm Scared of My Wife‹«, *CBS Chicago*, 24. September 2013, http://chicago.cbslocal.com/2013/09/24/obama-quit-smoking-because-im-scared-of-my-wife/.
10 University of Southern California, »Habit Makes Bad Food Too Easy to Swallow«, *ScienceDaily*, 1. September 2011, www.sciencedaily.com/releases/2011/09/110901135108.htm.
11 Duhigg, Charles, *Die Macht der Gewohnheit: Warum wir tun, was wir tun* (Berlin: Berlin Verlag, 2012), S. 34 f.

12 Ebd., S. 127.
13 Maurer, Robert, *Kleine Schritte, die Ihr Leben verändern: Kaizen für die persönliche Entwicklung* (Kirchzarten bei Freiburg: VAK, 2009), Vorwort.
14 Ebd., Kap. 2.
15 Ebd., Kap. 3.
16 Ebd., Kap. 4.
17 Ebd., Kap. 5.
18 Ebd., Kap. 6.
19 Ariely, Dan, Uri Gneezy, George Loewenstein und Nina Mazar, »Large Stakes and Big Mistakes«, in: *Review of Economic Studies* 76 (2009): 451–69.
20 Maurer, *Kleine Schritte, die Ihr Leben verändern*, Kap. 6.
21 »Making Money Fast«, *Lewiston (Maine) Evening Journal*, 7. Juli 1893, S. 3.
22 Bonné, Jon, »How to Cure Airlines' Ills«, NBCNews.com, 18. Februar 2003, http://www.nbcnews.com/id/3073562/ns/business-us_business/t/how-cure-airlines-ills/.
23 Gottman, John M., und Nan Silver, *Die 7 Geheimnisse der glücklichen Ehe,* 9. Aufl. (Berlin: Ullstein, 2021), S. 103.
24 Maurer, *Kleine Schritte, die Ihr Leben verändern*, Kap. 7.
25 Ebd., Kap. 1.
26 Interview der Autoren mit Dr. Schooler.
27 Schwartz, Jeffrey, und Sharon Begley, *The Mind and the Brain: Neuroplasticity and the Power of Mental Force* (New York: ReganBooks, 2002), S. 79–91.
28 Ebd., S. 85.
29 Weil, Andrew, »Sure Cure for Nail-Biting«, DrWeil.com, 7. Februar 2008, http://www.drweil.com/drw/u/QAA400350/Sure-Cure-for-Nail-Biting.html.
30 Schwartz und Begley, S. 83.
31 Duhigg, Charles, *Die Macht der Gewohnheit: Warum wir tun, was wir tun* (Berlin: Berlin Verlag, 2012).
32 Thaler, Richard, Nudge: *Wie man kluge Entscheidungen anstößt* (Berlin: Ullstein Verlag, 2009).

Kapitel 5: Das Unbewusstsein von der Leine lassen

1 Klein, Gary A., *Natürliche Entscheidungsprozesse: Über die »Quellen der Macht«, die unsere Entscheidungen lenken* (Paderborn: Junfermann, 2003), S. 52.
2 Tierney, John, »Do You Suffer from Decision Fatigue?«, *New York Times*, 17. August 2011.
3 Snyder, Kristy M., u. a., »What Skilled Typists Don't Know About the QWERTY Keyboard«, in: *Attention, Perception, & Psychophysics* 76 (2014): 162–71.
4 Vgl. https://www.researchgate.net/publication/228654100_Instant_Customer_Base_Analysis_Managerial_Heuristics_Often_Get_It_Right
5 Couric, Katie, »Capt. Sully Worried About Airline Industry«, *CBS Evening News*, 10. Februar 2009, http://www.cbsnews.com/news/capt-sully-worried-about-airline-industry/.
6 MacKay, Karen, »Intuition: How Leaders Use Their Bias to Evaluate Situations«, *Phoenix Legal Inc.*, 6. März 2010, http://www.phoenix-legal.com/documents/articles/intuition_practice_bias.php.
7 »Wayne Gretzky«, Wikipedia, http://en.wikipedia.org/w/index.php?title=Wayne_Gretzky&oldid=664984820 (abgerufen am 4. Juni 2015).
8 Vgl. https://www.ncbi.nlm.nih.gov/pmc/articles/PMC3328124/
9 Beilock, *Choke*, S. 194–95.

10 Sandbu, Martin, »Lunch with the FT: Magnus Carlsen«, *Financial Times*, 7. Dezember 2012, http://www.ft.com/cms/s/2/2164608e-3ed2-11e2-87bc-00144feabdc0.html#axzz2yo0k9wvd.
11 Fox, Justin, »Instinct Can Beat Analytical Thinking«, in: *Harvard Business Review*, Juni 2014, https://hbr.org/2014/06/instinct-can-beat-analytical-thinking/.
12 Gigerenzer, Gerd, *Bauchentscheidungen: Die Intelligenz des Unbewussten und die Macht der Intuition* (München: Goldmann, 2008), S. 80 ff.
13 Burton, Robert A., *A Skeptic's Guide to the Mind: What Neuroscience Can and Cannot Tell Us About Ourselves* (New York: St. Martin's Griffin, 2013), S. 51.
14 Eagleman, David, *Inkognito: Die geheimen Eigenleben unseres Gehirns* (Berlin: Pantheon, 2013), S. 120–23.
15 Thagard, Paul, und Allison Barnes, »Emotional Decisions«, *Proceedings of the Eighteenth Annual Conference of the Cognitive Science Society* (Mahwah: Erlbaum, 1996), S. 426–29.
16 Ebd.
17 Hayashi, Alden, »When to Trust Your Gut«, in: *Harvard Business Review*, Februar 2001, S. 9.
18 Ebd., S. 7.
19 Ebd.
20 Christensen, Clayton M., *The Innovators Dilemma: Warum etablierte Unternehmen den Wettbewerb um bahnbrechende Innovationen verlieren* (München: Vahlen, 2011).
21 Crovitz, Gordon L., »Who Really Invented the Internet?«, *Wall Street Journal*, 22. Juli 2012, http://online.wsj.com/articles/SB10000872396390444464304577539063008406518.
22 Lazar, Sara W., u. a., »Meditation Experience Is Associated with Increased Cortical Thickness«, in: *Neuroreport* 16, Nr. 17 (28. November 2005): 1893–97.
23 Stashower, Daniel, *The Boy Genius and the Mogul: The Untold Story of Television* (New York: Broadway Books, 2002), S. 23.
24 Vgl. https://www.ncbi.nlm.nih.gov/pmc/articles/PMC5035735/
sowie https://www.researchgate.net/publication/12127302_Information_Processing_and_Insight_A_Process_Model_of_Performance_on_the_Nine-Dot_and_Related_Problems
25 Norwegian University of Science and Technology (NTNU), »Brain Waves and Meditation«, *ScienceDaily*, 31. März, 2010, http://www.sciencedaily.com/releases/2010/03/100319210631.htm (abgerufen am 1. Januar 2014).
26 Jung-Beeman, Mark, u. a., »Neural Activity When People Solve Verbal Problems with Insight«, in: *PLOS Biology* 2, Nr. 4 (13. April 2004): e97, doi: 10.1371/journal.pbio.0020097.
27 Ebd.
28 Vgl. insgesamt https://journals.sagepub.com/doi/abs/10.1111/j.1467-8721.2009.01638.x
https://pubmed.ncbi.nlm.nih.gov/14620371/
29 Bower, Bruce, »Road to Eureka«, in: *Science News* 173 (22. März 2008): S. 184.
30 Vgl. https://journals.sagepub.com/doi/abs/10.1111/j.1467-8721.2009.01638.x sowie https://pubmed.ncbi.nlm.nih.gov/14620371/.
31 Winkielman, Piotr, und Jonathan W. Schooler, »Unconscious, Conscious, and Metaconscious in Social Cognition«, in: Fritz Strack und Jens Förster (Hg.), *Social Cognition: The Basis of Human Interaction* (New York: Psychology Press, 2009), S. 62.
32 Andreasen, Nancy C., »A Journey into Chaos: Creativity and the Unconscious«. in: *Mens Sana Monographs* 9, Nr. 1 (Januar–Dezember 2011): 42–53. doi: 10.4103/0973-1229.77424.

33 Klein, Gary A., *Natürliche Entscheidungsprozesse*, S. 53.
34 Ebd., S. 52.
35 Ebd., S. 52 f.

Kapitel 6: Das Lernen fördern

1 Hirstein, William, und V. S. Ramachandran, »Capgras Syndrome: A Novel Probe for Understanding the Neural Representation of the Identity and Familiarity of Persons«, in: *Proceedings of the Royal Society B: Biological Sciences* 264, Nr. 1380 (22. März 1997): 437–44.
2 »Secrets of the Mind«, *NOVA*, PBS.org. Public Broadcasting System, 23. Oktober 2001, Internettranskript.
3 Hirstein und Ramachandran, »Capgras Syndrome«.
4 Barry, Dave, »Navigating London's Street Witness Protection Program«. *McClatchyDC*, 25. Juli 2012, http://www.mcclatchydc.com/2012/07/25/157647/dave-barry-navigating-londons.html.
5 Maguire, Eleanor A., Katherine Woollett und Hugo J. Spiers, »London Taxi Drivers and Bus Drivers: A Structural MRI and Neuropsychological Analysis«, in: *Hippocampus* 16, Nr. 12 (2006): 1091–1101.
6 University of Oxford, »Juggling Enhances Connections in the Brain«, *ScienceDaily*, 17. Oktober 2009, http://www.sciencedaily.com/releases/2009/10/091016114055.htm (abgerufen am 14. September 2013).
7 Hamzelou, Jessica, »Learning to Juggle Grows Brain Networks for Good«, in: *New Scientist*, 11. Oktober 2009.
8 University of Oxford, »Juggling Enhances Connections«.
9 Hamzelou, »Learning to Juggle«.
10 Doidge, *Neustart im Kopf*, Kap. 3.
11 Ebd., Kap. 8.
12 Carr, Nicholas, *Wer bin ich, wenn ich online bin … und was macht mein Gehirn solange? Wie das Internet unser Denken verändert* (München: Blessing, 2010), S. 73 f.
13 Doidge, *Neustart im Kopf*.
14 Ebd.
15 Doidge, *Neustart im Kopf*, Kap. 3.
16 Hendel-Giller, Ronni, u. a., »The Neuroscience of Learning: A New Paradigm for Corporate Education«, Maritz Institute, Mai 2010, http://www.maritz.com/~/media/Files/MaritzDotCom/White%20Papers/Institute/Neuroscience-of-Learning.pdf (abgerufen am 23. Mai 2014).
17 Doidge, *Neustart im Kopf*, Kap. 3.
18 Ebd.
19 Ebd.
20 Ebd.
21 Ebd., Kap. 4.
22 Ebd.
23 Freeman, Walter J., *How Brains Make Up Their Minds* (New York: Columbia University Press, 2001).
24 Doidge, *Neustart im Kopf*, Kap. 3.
25 Carr, *Wer bin ich, wenn ich im Internet bin …*, S. 57.
26 Ebd.
27 Hofer, Sonja B., und Tobias Bonhoeffer, »Dendritic Spines: The Stuff That Memories Are Made Of?«, in: *Current Biology* 20, Nr. 4 (23. Februar 2010): R157–59.

28 Medina, *Gehirn und Erfolg: 12 Regeln für Schule, Beruf und Alltag* (Springer Spektrum, 2009), S. 131.
29 Coyle, Daniel, »Growing a Talent Hotbed: Dan Coyle at TEDx Sitka« (Videodatei), http://www.youtube.com/watch?v=Aq0pH pNy6bs (abgerufen am 18. August 2012).
30 Ebd.
31 Maurer, *Kleine Schritte, die Ihr Leben verändern*, Kap. 1.
32 Medina, *Gehirn und Erfolg*, S. 126.
33 Wilhelm, I., u.a., »Sleep Selectively Enhances Memory Expected to Be of Future Relevance«, in: *Journal of Neuroscience* 31, Nr. 5 (2. Februar 2011): 1563.
34 Ariely, Dan, *Wer denken will, muss fühlen: Die heimliche Macht der Unvernunft* (München: Knaur, 2012), S. 143.
35 Beilock, *Choke*, S. 18.
36 Hills, Jan, »How to Use Storytelling to Influence People«. *HRZone*, 2. August 2013, http://www.hrzone.com/feature/ld/how-use-storytelling-influence-people/140417.
37 Hsu, Jeremy, »The Secrets of Storytelling: Why We Love a Good Yarn«, *Scientific American Mind*, 1. August 2008, http://www.scientificamerican.com/article/the-secrets-of-storytelling/.
38 Ebd.
39 Hills, »How to Use Storytelling«.
40 Stephens, Greg J., Lauren J. Silbert und Uri Hasson, »Speaker-Listener Neural Coupling Underlies Successful Communication«, in: *PNAS* 107, Nr. 32 (10. August 2010): 14428.
41 Hsu, »Secrets of Storytelling«.
42 Ebd.

Kapitel 7: Erfolg durch Diversität

1 Carroll, Robert Todd, »Forer Effect«, in: *The Skeptics Dictionary*, http://www.skepdic.com/forer.html.
2 Ebd.
3 Thomas, Ben, »Are the Brains of Introverts and Extroverts Actually Different?«, *Discover*, 27. August 2013, http://blogs.discovermagazine.com/crux/2013/08/27/are-the-brains-of-introverts-and-extroverts-actually-different/.
4 Ebd.
5 Ebd.
6 Cain, Susan, »The Power of Introverts«, *Huffington Post*, 18. April 2012, http://www.huffingtonpost.com/susan-cain/introverts-_b_1432650.html.
7 »Estimated Frequencies of the Types in the United States Population«, *Center for Applications of Psychological Type*, http://www.capt.org/mbti-assessment/estimated-frequencies.htm.
8 Fisher, Helen E., *Die vier Typen der Liebe: Wer zu wem passt und warum* (München: Droemer, 2009), S. 21.
9 Fisher, Helen, »What's Your Love Type?«, CNN.com, 16. November 2007, http://edition.cnn.com/2007/LIVING/personal/11/12/o.love.types/.
10 Ebd.
11 Ebd.
12 Fisher, *Die vier Typen der Liebe*, S. 96.
13 Fisher, »What's Your Love Type?«
14 Ebd.

15 Fisher, *Die vier Typen der Liebe*, S. 156.
16 Fisher, »What's Your Love Type?«
17 Vgl. https://www.youtube.com/watch?v=PgoN0k0_0bg.
18 Ebd., S. 140.
19 Fisher, »What's Your Love Type?«
20 Fisher, Helen, »Why the Clintons Are Married«, in: *Big Think*, 12. Februar 2010, http://bigthink.com/videos/why-the-clintons-are-married.
21 Fisher, »What's Your Love Type?«
22 Malloy, Michelle, »Managerial Courage: Actively Managing Conflict«, Center for Creative Leadership [PowerPoint-Präsentation], 2011, http://www.ccl.org/leadership/pdf/community/ManagerialPresentation.pdf.
23 Wilde, Douglass J., *Teamology: The Construction and Organization of Effective Teams* (London: Springer, 2010).
24 Fisher, *Die vier Typen der Liebe*, S. 98.
25 Ebd., S. 121.
26 Ebd., S. 162.
27 Ebd., S. 138.
28 Ebd., S. 160.
29 Ebd., S. 119.
30 Ebd., S. 98.
31 Ebd., S. 72.
32 Ebd., S. 73.
33 Mueller-Hanson, Rose A., und Elaine D. Pulakos, »Putting the ›Performance‹ Back in Performance Management«, Society for Human Resource Management and Society for Industrial and Organizational Psychology, SHRM-SIOP Science of HR White Paper Series, 2015.
34 McGregor, Jena, »Study Finds That Basically Every Single Person Hates Performance Reviews«, *Washington Post*, 27. Januar 2014, https://www.washingtonpost.com/news/on-leadership/wp/2014/01/27/study-finds-that-basically-every-single-person-hates-performance-reviews/.
35 Fox, Cynthia, »Brain Region for Musical Talent Found, Says New Study«, *Bioscience Technology*, 1. September 2015, http://www.biosciencetechnology.com/articles/2015/09/brain-region-musical-talent-found-says-new-study.

Kapitel 8: Vertrauen schaffen

1 Blakeslee, Sandra, »Cells That Read Minds«, *New York Times*, 10. Januar 2006, http://www.nytimes.com/2006/01/10/science/10mirr.html.
2 Rock, *Brain at Work*, S. 252–255.
3 Ebd.
4 Lieberman, Matthew D., *Social: Why Our Brains Are Wired to Connect* (New York: Crown, 2013), Kap. 11.
5 Gilbert, Daniel, *Stumbling on Happiness* (New York: Vintage, 2006), S. 5.
6 Lieberman, *Social*, Kap. 3.
7 Ebd.
8 Eisenberger, Naomi I., Matthew D. Lieberman und Kipling D. Williams, »Does Rejection Hurt? An fMRI Study of Social Exclusion«, in: *Science* 302, Nr. 5643 (10. Oktober 2003): 290–92.
9 Ebd.
10 Lieberman, *Social*, Kap. 4.

11 Ebd.
12 Ebd., Kap. 11.
13 Zak, Paul J., »The Neurobiology of Trust«, in: *Scientific American*, Juni 2008, S. 91.

Kapitel 9: Das Team der Zukunft entwickeln

1 King's College London, »Why Is Educational Achievement Heritable?«, *ScienceDaily*, 6. Oktober 2014, www.sciencedaily.com/releases/2014/10/141006152151.htm.
2 NIH/National Institute on Alcohol Abuse and Alcoholism, »Genetic Factor in Stress Response Variability Discovered«, *ScienceDaily*, 5. April 2008, www.sciencedaily.com/releases/2008/04/080402131150.htm.
3 Lusher, Chandler und Ball, »Dopamine D4 Receptor Gene (DRD4)«.
4 Rosen, Julia, »About Half of Kids' Learning Ability Is in Their DNA, Study Says«, *Los Angeles Times*, 11. Juli 2014, http://www.latimes.com/science/sciencenow/la-sci-sn-math-reading-genes-20140711-story.
5 Gladwell, Malcolm, *Überflieger: Warum manche Menschen erfolgreich sind – und andere nicht* (Frankfurt a. M.: Campus, 2009).
6 Macnamara, Brooke N., David Z. Hambrick und Frederick L. Oswald, »Deliberate Practice and Performance in Music, Games, Sports, Education, and Professions: A Meta-Analysis«, *Psychological Science Online*, 1. Juli 2014.
7 Ebd.
8 Clifton, Donald O., und Harter, James K., »Investing in Strengths«, in: K.S. Cameron, J.E. Dutton und R.E. Quinn (Hg.), *Positive Organizational Scholarship: Foundations of a New Discipline* (San Francisco: Berrett-Koehler, 2003), S. 111–21.
9 Aktipis, C. Athena, und Robert O. Kurzban, »Is Homo Economicus Extinct? Vernon Smith, Daniel Kahneman and the Evolutionary Perspective«, in: *Advances in Austrian Economics* 7 (2004): 135–53.
10 Ebd.
11 Ebd.
12 Ebd.
13 Schnabel, Jim, »Scientists Measure ›Unexpected Reward‹ Response in Humans«, Dana Foundation, 4. Juni 2009, http://www.dana.org/News/Details.aspx?id=42964.
14 Kamenica, Emir, »Behavioral Economics and Psychology of Incentives«, in: *Annual Review of Economics* 4 (Juli 2012): 427–52.
15 Van Boven, Leaf, und Thomas Gilovich, »To Do or to Have? That Is the Question«, in: *Journal of Personality and Social Psychology* 85, Nr. 6 (2003): 1193–1202.
16 Shermer, Michael, »It Doesn't Add Up: When It Comes to Money, People Are Irrational. Evolution Accounts for a Lot of It«, *Los Angeles Times*, 13. Januar 2008, http://articles.latimes.com/2008/jan/13/opinion/op-schermer13.
17 Russell, Bill, und Taylor Branch, *Second Wind: The Memoirs of an Opinionated Man* (New York: Ballantine, 1979), S. 177.
18 Ebd.
19 Ebd.
20 Ebd.
21 Walker, Jeffrey, »Collective Flow State: From the Who to Your Team«, *Huffington Post*, 4. Februar 2013, http://www9780143129356_LeadingBrain.indd 302 12/22/16. huffingtonpost.com/jeffrey-walker/collective-flow-state-fro_b_2614505.html.
22 Csíkszentmihályi, Mihály, und Judith LeFevre, »Optimal Experience in Work and Leisure«, in: *Journal of Personality and Social Psychology* 56, Nr. 5 (Mai 1989): 815–22.

23 Csíkszentmihályi, Mihály, *Flow: Das Geheimnis des Glücks* 6. Aufl. (Stuttgart: Klett-Cotta, 2019), S. 110.
24 Walker, Charles J., »Experiencing Flow: Is Doing It Together Better Than Doing It Alone?«, in: *Journal of Positive Psychology* 5, Nr. 1 (2010): 3–11, http://www.tandfonline.com/doi/abs/10.1080/17439760903271116?journalCode=rpos20#preview.
25 Sawyer, Keith, *Group Genius: The Creative Power of Collaboration* (New York: Basic Books, 2007), S. 43–56.
26 Ebd., S. 47–48.
27 Ebd., S. 46.
28 Fey, Tina, *Bossypants: Haben Männer Humor?* (Reinbek: Rowohlt, 2013), S. 89–90.
29 Sawyer, *Group Genius*, S. 49–50.
30 Kerr, Michael, »Business, Teamwork and Creativity Advice from Keith Richards?«, *Humor at Work*, August 23, 2012, http://www.mikekerr.com/humour-at-work-blog/teamwork-business-and-creativity-advice-from-keith-richards/.
31 Vgl. https://www.kellogg.northwestern.edu/faculty/uzzi/ftp/uzzi%27s_research_papers/uzzi-spiroajs_smallworlds.pdf
32 Rosen, Rebecca J., »The Q Score: How Y Combinator's Startups Are Like Broadway Musicals«, Atlantic.com, März 2012, http://www.theatlantic.com/technology/archive/2012/03/the-q-score-how-y-combinators-startups-are-like-broadway-musicals/254531/.
33 Burkus, David, »Why the Best Teams Might Be Temporary«, *Harvard Business Review*, 17. September 2013, https://hbr.org/2013/09/why-the-best-teams-might-be-temporary/.
34 Boyd, Stowe, »What Makes the Most Creative Teams?«, in: *Nexalogy Environics*, 17. Februar 2012, http://nexalogy.com/uncategorized/what-makes-the-most-creative-teams/.
35 Wenner, Jann S., »The Rolling Stone Interview: Jagger Remembers«, *Rolling Stone*, 14. Dezember 1995, http://www.jannswenner.com/archives/jagger_remembers.aspx.
36 Sawyer, *Group Genius*, S. 50.
37 Ebd., S. 53.
38 Petriglieri, Gianpiero, »Why Work Is Lonely«, *Harvard Business Review*, 5. März 2014, https://hbr.org/2014/03/why-work-is-lonely/.
39 Ebd.
40 Ebd.
41 Ebd.
42 Sawyer, *Group Genius*, S. 49.
43 Ebd.
44 Villarica, Hans, »To Keep Willpower from Flagging, Remember the F-Word: ›Fun‹«, *Time*, 21. Oktober 2010, http://healthland.time.com/2010/10/21/to-keep-willpower-from-flagging-remember-the-f-word-fun/.
45 Sawyer, *Group Genius*, S. 49.
46 Ebd., S. 55.
47 Ebd.
48 Ebd.

Dank

Wenige Bücher werden in Isolation geschrieben. Die besten Projekte sind das Produkt der Arbeit eines »Dream-Teams« von Experten, Beratern und Inspirationen. Das gilt auch für *Neurohacks.*

Wir danken unserem Ghostwriter Ross Owens, mit dem wir über mehrere Jahre intensiv an diesem Buch gearbeitet haben. Wir möchten an dieser Stelle auch Dr. Janin Schwartau danken, der Leiterin der Thyssenkrupp Academy: Janin, Du hast damals an unser erstes gehirngerechtes Führungsseminar geglaubt, auf dem dieses Buch basiert. Großer Dank gebührt auch unserem Agenten Jeff Herman von der Jeff Herman Agency und unserer Lektorin Marian Lizzi von Random House.

Viele der Beispiele und Erfahrungen in diesem Buch stammen aus unserer Arbeit in der Munich Leadership Group (MLG). Wir danken allen Kollegen in Europa, in den Vereinigten Staaten und in der AsienPazifik-Region, die zu diesem Buch beigetragen haben – und jeden Tag daran arbeiten, die Unternehmenswelt zu einem Ort zu machen, der von Respekt, Zusammenarbeit, kreativer Innovation und leidenschaftlichem Engagement geprägt ist. Simone Albrecht, Dr. Ulrich Albrecht-Früh, Matt Beadle, Martina Bohnenstiel, Klaus Dürrbeck, Dr. Roland Fichtel, Thomas Ganslmayr, Dr. Paige K. Graham, Jürgen Hessenauer, Gabor Holch, Dr. David Hyatt, Stephanie Jagdhuber, Michael Knieling, Doreen Köhler, Jutta Juliane Meier, Vivianne Näslund, Susanne Rentel, Natalie Rosengart, Dr. Paul Schürmann, Georg Schuster, Martin Spütz, Heather L Todd, Dr. Eric Vanetti, Christine Westermayr, Anja Wiendl, Christine Xue, und Magdalena Ziaja. Ihr lebt jeden Tag das vor, was wir in allen Unternehmen sehen möchten.

Dieses Buch unterscheidet sich unter anderem dadurch von herkömmlichen Managementbüchern, dass es sich auf solide neurowissenschaftliche Forschungsergebnisse stützt. Obwohl beide Autoren fundierte Ausbildungen in Psychologie und Neuropsychologie besitzen, haben wir immer wieder auf das Wissen von Experten zurückgegriffen, um unsere Argumentation wissenschaftlich zu untermauern. Hier möchten wir insbesondere Dr. Helen Fisher von der Rutgers University danken, deren bahnbrechende Forschung uns zu Kapitel 7 des Buchs inspiriert hat. Helen war so freundlich, das Kapitel durchzusehen und uns hilfreiche Anregungen zu geben. Jonathan Schooler, Professor für Psychologie und Gehirnwissenschaft an der University of California in Santa Barbara, vermittelte uns wichtige wissenschaftliche Erkenntnisse und inspirierte uns in mehreren Gesprächen.

Natürlich geht es in diesem Buch nicht nur um wissenschaftliche Erkenntnisse über das Gehirn. Es ist auch ein Managementbuch, und zu unserer großen Freude standen uns mehrere wirklich visionäre Unternehmensleiter mit Unterstützung und Rat zur Seite. Liam Condon, Mitglied des Vorstands der Bayer AG, bemüht sich seit langem, die Unternehmenswelt zu einem besseren Ort zu machen. Uli Heitzlhofer, der das globale Personalentwicklungsprogramm von Google leitete und heute die Human Relations bei Lyft verantwortet, ist ein Manager, der mit Lichtgeschwindigkeit lernt und stets bereit war, einzigartige und faszinierende Erkenntnisse auszutauschen (und zu hinterfragen!). Peter Gerber, der ehemalige Geschäftsführer der Lufthansa Cargo AG und heutige CEO der Brussels Airlines, nutzte sein beeindruckendes Wissen und seine umfassende praktische Erfahrung, um uns wertvolles Feedback zu einem Entwurf des Buchs zu geben.

Wir möchten uns auch bei den zahlreichen Neuerern in der akademischen Welt bedanken, die mit beharrlicher Arbeit in Vorlesungssälen und Laboren wesentlich zur Verbreitung der Forschungsergebnisse in der Unternehmenswelt beigetragen haben. Eine herausragende Rolle in diesen Bemühungen spielt Ken Singer, der geschäftsführende Direktor des Sutardja Center for Entrepreneurship and Technology an der University of California in Berkeley. Ken ist ein Phänomen, nicht nur aufgrund seiner unstillbaren Neugier und seiner innovativen Theorien und Praktiken, sondern auch aufgrund seiner einzigartigen Fähigkeit, all das in verblüffende Erkenntnisse für Startup-Unternehmen zu übersetzen. Professor Henry Chesbrough, ein Kollege von Ken in Berkeley, betrachtet die

Innovation seit langem als eines der wichtigsten Themen auf dem Gebiet der Führung und reagierte begeistert auf unsere Bemühungen, die Erkenntnisse der Neurowissenschaft auf die Führungspraxis anzuwenden. Dan Ariely von der Duke University, ein erfolgreicher Autor und eine Autorität auf dem Gebiet der Verhaltensökonomik, machte uns nicht nur faszinierende Forschungsergebnisse zugänglich, sondern half uns auch bei der Orientierung auf dem manchmal verwirrenden Buchmarkt. Matthias Hohensee, der für das Silicon Valley zuständige US-Korrespondent der *Wirtschaftswoche,* ist ein herausragender Journalist und bemerkenswerter Trendspotter, der frühzeitig erkannte, dass die Anwendung der Neurowissenschaft auf die Managementpraktiken großes Potenzial besitzt. Professor Dietmar Harhoff, Leiter des Max-Planck-Instituts für Innovation und Wettbewerb und eine der intelligentesten Personen auf dem Planeten, gab uns immer zur rechten Zeit Feedback und Ratschläge von unschätzbarem Wert.

Ein ganz besonderer Dank geht an Dr. Judith Wilke-Primavesi und ihr Team im Campus Verlag, das den Wert unseres Buches erkannte und mit großem Engagement die deutsche Übersetzung ermöglichte.

Über die Autoren

© Stephan Brendgen

Friederike Fabritius ist Neurowissenschaftlerin, Keynote-Speaker und preisgekrönte Autorin. Sie arbeitet mit großen Unternehmen auf der ganzen Welt zu den Themen Höchstleistung, Zusammenarbeit und Change. Dabei schlägt sie die Brücke zwischen den Neurowissenschaften und dem Top Management. Als Führungsspezialistin hat sie umfassende Erfahrung in der Arbeit mit Spitzenmanagern in multinationalen Konzernen wie Google, Boston Consulting Group (BCG), Bayer, Volkswagen, Siemens, ING Bank, Accenture, EY und Harvard Business Review. Ihre Klienten sind begeistert von ihren Vorträgen, die sie als »sehr praxisnah« und sogar »lebensverändernd« beschreiben. Friederike Fabritius ist Mitglied im gesellschaftspolitischen Beirat von Acatech, wo sie die Bundesregierung zu den Themen Digitalisierung, neue Technologien und Künstliche Intelligenz berät. Vor ihrer Tätigkeit als selbständiger Keynote-Speaker für das Topmanagement multinationaler Konzerne war sie Beraterin bei McKinsey & Company und wissenschaftliche Mitarbeiterin im Max Planck Institut für Hirnforschung. Friederike Fabritius spricht sechs Sprachen und hat fünf Kinder.

Von 2010 bis 2017 arbeitete Friederike Fabritius bei der Munich Leadership Group. Hans Werner Hagemann war damals ihr Chef. Sie entwickelte ein innovatives und bahnbrechendes gehirngerechtes Programm für Führungskräfte, welches sich schnell zu einem großen Erfolg entwickelte. Dieses Buch basiert auf diesem Programm und damit auf ihren Ideen und ihrem Fachwissen im Bereich der Neurowissenschaften. 2017 kündigte Friederike Fabritius bei der Munich Leadership Group und machte sich als Keynote-Speaker selbständig. Sie ist sehr erfolgreich mit ihren gehirnfreundlichen Ansätzen für Lernen, Arbeiten und Change und weltweit als Pionierin im Bereich des Neuroleadership in großen Konzernen und den Medien bekannt. Ihr Talk bei Google hat über 50 000 Views, und in den sozialen Medien gehen ihre Beiträge regelmäßig viral.

© Pino von Kienlin

Dr. Hans W. Hagemann ist geschäftsführender Partner und Gründer der Munich Leadership Group (MLG) und hat sich auf gehirnbasierte Führung und Transformation spezialisiert. Er ist der führende Experte für die Frage, wie Individuen, Teams und Organisationen dauerhaft Bestleistung erbringen können. Spitzenmanager und Taskforces aus Unternehmen in mehr als vierzig Ländern suchen seinen Rat. Hagemann zählt ARAG, Bayer, BMW, Boehringer Ingelheim, Disney, EY, Fraunhofer, KUKA, Mercedes-Benz, Montblanc, SAP, Siemens und TK Elevator zu seinen Klienten.

Hagemann, der Psychologie und Wirtschaftswissenschaften studiert hat, unterhält ein internationales Netzwerk von Experten, mit denen er in ständigem Austausch steht. Er entdeckte das gewaltige Potenzial der Neurowissenschaften für Führung und Innovation im digitalen Zeitalter. Als Friederike Fabritius zur MLG stieß, begannen die beiden gemeinsam, die neuesten Forschungsergebnisse mit Hagemanns umfangreicher praktischer Erfahrung zu verbinden. Hagemann und sein Team wandeln wissenschaftliche Erkenntnisse in pragmatische neue Methoden und Techniken um, mit denen unternehmerisches Denken, Innovation, Leistung und Wachstum in Unternehmen gefördert und Transformationsprozesse beschleunigt werden.